彩图 1　九斤黄（公）

彩图 2　九斤黄（母）

彩图 3　狼山鸡（公）

彩图 4　狼山鸡（母）

彩图 5　横斑洛克鸡（公）

彩图 6　横斑洛克鸡（母）

彩图 7　庄河鸡（公）

彩图 8　庄河鸡（母）

彩图 9　新汉夏鸡

彩图 10　洛岛红鸡

彩图 11　白来航鸡

彩图 12　奥品顿鸡

彩图 13　澳洲黑鸡

彩图 14　浅花苏赛斯鸡

彩图 15　丝毛乌骨鸡

彩图 16　惠阳鸡

彩图 17　浦东鸡

彩图 18　寿光鸡

彩图 19　萧山鸡

彩图 20　北京鸭

彩图 21　高邮鸭

彩图 22　金定鸭

彩图 23　瘤头鸭

彩图 24　绍兴鸭

彩图 25　樱桃谷鸭

彩图 26　豁眼鹅

彩图 27　莱茵鹅

彩图 28　朗德鹅

彩图 29　狮头鹅

彩图 30　浙东白鹅

彩图 31　四川白鹅（公）

彩图 32　四川白鹅（母）

高职高专教育“十二五”规划建设教材
高职高专畜牧兽医专业群“工学结合”系列教材建设

养禽生产技术

郑万来　徐　英　主编

中国农业大学出版社
·北京·

内容简介

本教材以现代养禽生产岗位所必需的知识和技能为主线，按照“项目导向，任务驱动”的教学方法，基于工作过程设定了禽场建设规划与禽舍建筑、养禽设备配置与环境控制、家禽的饲料筹划与引种选育、家禽的人工授精与孵化生产、家禽的饲养管理和兽医保健、家禽的养殖成本和效益分析等教学内容。具体编写结构以工作项目为基础，分设【学习目标】、【学习任务】、【案例分析】、【阅读材料】、【考核评价】和【信息链接】6个教学组织单元，并渗透了相关行业的技术规范或标准。这种编排设计既利于教师和学生按照“产教融合、校企合作”的人才培养机制，开展诸如集中讲授、岗位操练、分析讨论、考核评价、自学提高等灵活多样的教学方法，又便于教师和学生在养禽生产一线，开展“做中学、学中做”的专业技能训练活动，符合现代职业教育培养高素质技能型人才的基本要求。

本教材图文并茂、通俗易懂，职教特色明显，既可作为教师和学生开展“产教融合、校企合作”人才培养模式的特色教材，又可作为企业技术人员的培训教程，还可作为广大畜牧兽医工作者短期培训、技术服务和继续学习的参考用书。

图书在版编目(CIP)数据

养禽生产技术/郑万来，徐英主编．—北京：中国农业大学出版社，2014.9(2022.3 重印)
ISBN 978-7-5655-1036-6

Ⅰ.①养…　Ⅱ.①郑…②徐…　Ⅲ.①养禽学　Ⅳ.①S83

中国版本图书馆 CIP 数据核字(2014)第 184183 号

书　　名　养禽生产技术
作　　者　郑万来　徐　英　主编

策划编辑　康昊婷　伍　斌　　**责任编辑**　韩元凤
封面设计　郑　川　　**责任校对**　陈　莹　王晓凤
出版发行　中国农业大学出版社
社　　址　北京市海淀区圆明园西路 2 号　　**邮政编码**　100193
电　　话　发行部 010-62818525，8625　　读者服务部 010-62732336
　　　　　编辑部 010-62732617，2618　　出　版　部 010-62733440
网　　址　http://www.cau.edu.cn/caup　　**e-mail** cbsszs @ cau.edu.cn
经　　销　新华书店
印　　刷　运河(唐山)印务有限公司
版　　次　2014 年 8 月第 1 版　　2022 年 3 月第 3 次印刷
规　　格　787×1 092　16 开本　13.25 印张　325 千字　彩插 2
定　　价　35.00 元

编审人员

主　编　郑万来（甘肃畜牧工程职业技术学院）

徐　英（云南农业职业学院）

参　编　杜建峰（宁夏晓鸣农牧股份有限公司）

郭晓秋（信阳农林学院）

苗　旭（甘肃畜牧工程职业技术学院）

周淑芹（黑龙江农业工程职业学院）

殷永忠（酒泉市中心种鸡场）

董　飚（江苏农牧科技职业学院）

吴宝新（黑龙江农业经济职业学院）

张建华（甘肃畜牧工程职业技术学院）

审　稿　史兆国（甘肃农业大学动物科技学院）

董　俊（甘肃省农业科学院畜草与绿色农业研究中心）

前 言

为了认真贯彻落实《国家中长期教育改革和发展规划纲要(2010—2020年)》、教职成[2011]11号《关于支持高等职业教育提升专业服务产业发展能力的通知》、教职成[2011]12号《关于推进高等职业教育改革创新,引领职业教育科学发展的若干意见》、教职成[2012]9号《关于"十二五"职业教育教材建设的若干意见》等政策文件精神,完善现代职业教育"产教融合、校企合作"的人才培养模式,切实做到专业建设与产业需求对接、课程内容与职业标准对接、教学过程与工作过程对接,中国农业大学出版社根据国家教育部《高等职业学校专业教学标准(试行)》,以"专业教材包"的形式,组织甘肃畜牧工程职业技术学院等15所高职院校的教师和宁夏晓鸣农牧股份有限公司等8家大型养殖企业的技术专家,编写了高职高专畜牧兽医专业群基于工作过程和职业标准的"工学结合"系列教材,期望为畜牧专业课程开展基于"项目导向、任务驱动"的教学方法,提供必要的教学支撑。以"专业"为基础,开发系列教材,可以统筹兼顾专业课程体系,有机衔接课程教学内容,有效提高人才培养质量。

本教材的编写以高职高专畜牧专业人才培养方案为基础,以突出"产教融合、校企合作"为特色,遵循"理论够用"、"技能突出"、"技术实用"的教学思想,内容设计充分关注了学生对知识的思考、兴趣、爱好和分析问题、解决问题的能力;结构编排以"项目导向、任务驱动"为主要形式,尽可能要求开展"教、学、做"一体化的教学模式,让学生置身于现场工作情景、模拟场景及仿真环境中学习,体现学习与实际工作的一致性;应积极引导学生通过网络、图书室和课外生产实践等途径,注重学习信息资源的收集,提高学习质量;在教材使用过程中还要充分关注学生的个性、态度、兴趣、习惯、品质等方面的职业素养,促使其职业技能达到从事相应职业岗位群工作所必需的要求和标准。

本教材由郑万来、徐英任主编。其中项目一由吴宝新编写,项目二由苗旭编写,项目三(任务1、2)由郭晓秋编写,项目三(任务3、4)由周淑芹编写,项目四(任务1、2)由徐英编写,项目四(任务3、4)由董飚编写,项目五由郑万来编写,项目六由张建华编写,全书由郑万来、徐英统稿。教材的编写渗透了企业专家杜建峰、殷永忠提供的饲养管理技术规程,甘肃农业大学动物科技学院史兆国教授、甘肃省农业科学院畜草与绿色农业研究中心董俊研究员审阅了书稿,并提出了许多宝贵意见和建议,在此一并深表谢意。

由于养禽业生产理论和技术发展很快,加之编者水平有限,书中错误和不妥之处在所难免。为此,深切盼望读者在使用本教材的过程中能够提出批评和建议,以备再版时修改。

编写组

2014年5月20日

目 录

项目一

禽场建设规划与禽舍建筑

【学习目标】

了解禽场选址的基本原则；掌握禽场建筑规划布局的基本方法；熟知禽舍常见类型及特点；掌握禽舍建筑设计的基本方法。

【学习任务】

任务1 禽场建设选址与规划布局

禽场是禽类生产活动的主要场所，其选址、规划和舍内环境条件直接影响到禽类的健康和生产性能的发挥，决定着禽场未来是否有利于经营管理及长远发展。因此，必须注重对禽场的场址选择与规划布局。

一、场址选择

禽场场址的好坏直接关系到投产后场区小气候状况、经营管理及环境保护状况。现代化的家禽生产必须综合考虑占地规模、场区内外环境、市场与交通运输条件、区域基础设施、生产与饲养管理水平等因素。场址选择不当，不但可能导致整个禽场在运营过程中得不到理想的经济效益，而且还有可能因为对周围的大气、水、土壤等环境污染而遭到周边企业或城乡居民的反对。场址选择需要考虑以下因素。

(一)自然条件

1.地势地形

禽场应选在地势较高、平坦干燥、向阳背风和排水良好的地方，这样有利于禽场的保暖、采光、通风和干燥。低洼、泥泞的地势，易使禽舍潮湿，不利于禽群的防疫。平原地区一般场地比较平坦、开阔，场址应选择在较周围地段稍高的地方，以利排水；在靠近河流、湖泊地区的场地，应比当地最高水位高 1～2 m；山区建场应选在稍平的缓坡，坡面向阳，禽场总坡度不超过 25%，建筑区坡度应在 2.5%以内，地势力求平整，场地开阔。

2. 水源水质

禽场场址应水源充足，能满足场内人禽饮用和其他生产、生活用水的需要。水质应符合 NY 5027—2008《畜禽饮用水水质要求》，见表 1-1。水质要清洁，不含细菌、寄生虫卵及矿物毒物。各种禽类需水量见表 1-2。选择地下水作水源时，要调查是否因水质不良而出现过某些地方性疾病。

表 1-1　畜禽饮用水质量

（NY 5027—2008 畜禽饮用水水质要求）

序号	项目	单位	自备井	地面水	自来水
1	大肠菌群	个/L	3	3	
2	细菌总数	个/L	100	200	
3	pH		5.5～8.5		
4	总硬度	mg/L	600		
5	溶解性总固体	mg/L	2 000*		
6	铅	mg/L	Ⅳ类地下水标准	Ⅳ类地面水标准	饮用水标准
7	铬(六价)	mg/L	Ⅳ类地下水标准	Ⅳ类地面水标准	饮用水标准

注：* 甘肃、青海、新疆和沿海、岛屿地区可放宽到 3 000 mg/L。

表 1-2　各种禽类每只每天的饮水量

类别	雏鸡	成年鸡	火鸡	鸭	鹅
饮水量/L	0.5	1	1	1.25	1.25

3. 土壤地质

主要考察禽场所在地的土壤特性和土质结构。在很多地方土质一般都不是禽场建筑要考虑的主要内容，因为其性质和特点在一定的地方往往比较稳定，而且容易在施工和管理中对其缺陷进行弥补，但是缺乏长远考虑而忽视土壤潜在的危险因素也可能会导致严重的问题，比如场地土壤的膨胀性、承压能力及可能存在的恶性传染病原，如果考虑不周，可能对禽群的健康带来致命的危害。因此，在选择场址时，对土壤的情况作一定的调查也是很必要的。土壤卫生环境质量指标见表 1-3。如果其他条件差异不大，选择沙壤土比选择沙土和黏土有较大的好处，沙壤土透气性好，自净能力强，污水或雨水容易渗透，场区地面易保持干燥。但在一些客观条件限制的地方，选择理想的土壤条件很不容易，需要在规划设计、施工建造和日常使用管理上，设法弥补土壤缺陷。土地质量应符合 GB 15618—1995《土壤环境质量标准的规定》。

4. 气候因素

气候状况不仅影响建筑物规划、布局和设计，而且会影响禽舍朝向、防寒与遮阳设施的设置，与禽场防暑、防寒日程安排等也十分密切。因此，在规划禽场时，需要收集拟建地区与建筑设计有关和影响禽场小气候的气候气象资料以及常年气象变化、灾害性天气情况等，如平均气温，绝对最高气温、最低气温，土壤冻结深度，降雨量与积雪深度，最大风力，常年主导风向、风向频率，日照情况等。各地均有民用建筑施工设计规范和标准，在禽舍建筑的施工时可以参照使用。

表 1-3　畜禽场土壤卫生环境质量指标

（NY/T 1167—2006 畜禽场环境质量及卫生控制规范）

项目	单位	缓冲区	场区	舍区
镉	mg/kg	0.3	0.3	0.6
砷	mg/kg	30	25	20
铜	mg/kg	50	100	100
铅	mg/kg	250	300	350
铬	mg/kg	250	300	350
锌	mg/kg	200	250	300
细菌总数	万个/g	1	5	—
大肠杆菌	g/L	2	50	—

（二）社会条件

1. 城乡建设规划

禽场选择场址应符合本地区农牧业生产发展总体规划、土地利用发展规划、城乡建设发展规划和环境保护规划的要求。不要在城镇建设发展方向上选址，以免影响城乡人民的生活环境，造成频繁的搬迁和重建。

2. 交通运输条件

禽场每天都有大量的饲料、粪便、产品进出，所以场址应尽可能接近饲料产地和加工地，靠近产品销售地，确保其有合理的运输半径。大型集约化商品禽场，其物资需求和产品供销量极大，对外联系密切，故应保证交通方便，场外应通有公路，但应远离交通干线。

3. 电力供应情况

禽场生产、生活用电都要求有可靠的供电条件，一些养禽生产环节如孵化、育雏、机械通风等电力供应必须绝对保证。通常，建设禽场要求有Ⅱ级供电电源。在Ⅲ级以下供电电源时，则需自备发电机，以保证禽场内供电的稳定可靠。

4. 卫生防疫要求

为防止禽场受到周围环境的污染，选址时应避开居民点的污水排出口，不能将场址选在化工厂、屠宰厂、制革厂等容易产生环境污染企业的下风向处或附近。在城镇郊区建场，距离大城市 10 km，小城镇 2～5 km；距铁路、高速公路、交通干线不小于 1 km；距一般道路不小于 500 m；距其他畜牧场、兽医机构、畜禽屠宰厂不小于 2 km；距居民区不小于 3 km，并且应位于居民区及公共建筑群常年主导风向的下风向处。禁止在以下地区或地段建场：规定的自然保护区、生活饮用水水源保护区、风景旅游区；受洪水或山洪威胁及有泥石流、滑坡等自然灾害多发地带；自然环境污染严重的地区。

5. 土地征用需要

选择场址应遵守十分珍惜和合理利用土地的原则，不应占用基本农田，尽量利用荒地建场。大型禽场分期建设时，选址应按总体规划需要一次完成，土地随用随征，预留远期工程建设用地。征用土地可按场区总平面设计图计算实际占地面积。禽场征用面积可参考表1-4。

表1-4 土地征用面积估算

(NY/T 682—2003 畜禽场场区设计技术规范)

场别	饲养规模	占地面积/(m^2/只)	备注
种鸡场	1万～5万只种鸡	0.6～1.0	按种鸡计
蛋鸡场	10万～20万只产蛋鸡	0.5～0.8	按种鸡计
肉鸡场	年出栏肉鸡100万只	0.2～0.3	按年出栏计

6.协调的周边环境

禽场新建场址周围应具备就地无害化处理粪尿、污水的足够场地和排污条件,并通过畜禽场建设环境影响评价。

二、场区规划

(一)场区规划

禽场按建筑物功能分为生活区、管理区、生产区、隔离区。各区按主导风向,地势高低及水流方向依次排列。如果地势与风向不一致时则以风向为主,因地势而使水的地面径流造成污染的,可用地下沟改变流水方向,避免污染重点禽舍;或者利用侧风避开主风向,将要保护的禽舍建在安全位置。分区规划的总体原则是人、禽、污三者以人为先、污为后;风与水以风为主的排列顺序。

管理区设主大门,并设消毒池。管理区、生产区应严格分开并相隔一定距离。管理区与生产区间还要设大门、隔离墙(或沟、林带)、消毒池和消毒室。

生产区是禽场布局中的主体,应慎重对待,孵化室应和所有的禽舍相隔一定距离,最好设立于整个禽场之外。禽场生产区内,应按规模大小,饲养批次将禽群分成数个饲养小区,区与区之间应有一定的隔离距离,各类禽舍之间的距离应因各品种各代次不同而不同,祖代为60～80 m,父母代为40～60 m,商品代为20～40 m。总之,禽代次越高,禽舍间距应越大。每栋禽舍之间应有隔离措施,如围墙或沙沟等。生产区内布局还应考虑风向,从上风方向至下风方向按禽的生长期应安排育雏舍、育成舍和成年种禽舍,这样有利于保护重要禽群的安全。

隔离区是病禽、粪便等污物集中之处,是卫生防疫和环境保护工作的重点,其隔离要更严格,与外界接触要有专门的道路相通。

(二)禽场道路

禽场内道路分为清洁道和脏污道,两者不能相互交叉。净道作为场内运输饲料、鸡群和鸡蛋之用,其走向为孵化室、育雏舍、育成舍、成年禽舍,各舍有入口连接清洁道;脏污道主要用于运输禽粪、死禽及禽舍内需要外出清洗的脏污设备,其走向也为孵化室、育雏舍、育成舍、成年禽舍,各舍均有出口连接脏污道。净道和污道以沟渠或林带相隔。场内道路应不透水,材料可选择柏油、混凝土、砖、石或焦渣等,路面断面的坡度为1%～3%,道路宽度根据用途和车宽决定。场外的道路不能与生产区的道路直接相通。

(三)禽场的绿化

绿化能改善场区的小气候和舍内环境,有利于提高生产率。进行绿化设计必须注意不影响场区通风和禽舍的自然通风效果。场区设置防风林、隔离林、行道绿化、遮阳绿化、绿地等,根据实际种植不同种类的树木或花草。

有的集约化种禽场为了确保卫生防疫安全有效,场区内不种树,避免鸟类在树上栖息,以防病原微生物通过鸟粪等杂物在场内传播,继而引起传染病。场区内除道路及建筑物之外全部铺种草坪,可起到调节场区内小气候、净化环境的作用。

任务2　禽舍建筑类型与结构设计

禽舍作为家禽生长繁育的场所,其设计水平的高低会影响家禽的健康水平和生产性能的发挥。因此,禽舍的建筑设计是现代养禽生产中非常重要的环节。

一、禽舍的建筑类型

1. 密闭式

又称无窗鸡舍。鸡舍四壁无窗(可设应急窗),隔绝自然光源,采用人工光照和机械通风。这种鸡舍的优点是鸡受外界环境的影响小,能够人为调控鸡的性成熟日龄。缺点是投资大,光照完全靠人工加光,耗能多。由于密闭舍具有防寒容易防热难的特点,故我国北方地区一些大型工厂化蛋鸡养禽场往往采用这种类型的鸡舍。

2. 开放式

为利用自然环境因素的节能型鸡舍建筑。鸡舍南北两侧墙壁上设有窗洞或通风带;鸡舍不供暖,靠太阳能和鸡体散发的热能来维持舍内温度;通风也以自然通风为主,必要时辅以机械通风;采用自然光照。开放式鸡舍主要有两种:一是有窗鸡舍;二是卷帘简易鸡舍,雏鸡舍不能用这种鸡舍,寒冷地区也不适用。开放式鸡舍优点是:造价低,节省能源。缺点是:受外界环境的影响较大,尤其是光照的影响最大,不能很好地控制鸡的性成熟,强光下鸡容易引起啄癖。我国南方地区一些中小型养禽场或家庭式养鸡专业户往往采用这种类型的鸡舍。

3. 半开放半密闭式

这种鸡舍在南北两侧墙上设窗户作为进风口,通过开窗机构来调节窗的开启程度。在气候温和的季节里依靠自然通风,不必开动风机;在气候不利的情况下则关闭南北两侧墙上大窗,开启一侧山墙上的进风口,并开动另一侧山墙上的风机进行纵向通风。该种鸡舍既能充分利用阳光和通风,又能在恶劣的气候条件下实现人工调控室内环境。在通风形式上实现了纵向、横向通风相结合,因此兼具了开放与密闭鸡舍的双重特点。需要注意的是,鸡舍在建造时一定要选择密闭性好的窗户,以防南北两侧窗户漏风,造成机械通风时的通风短路。

二、鸡舍结构设计

(一)鸡舍外形结构设计

1.鸡舍的跨度、长度和高度

(1)鸡舍的跨度　视鸡舍屋顶的形式、鸡舍类型和饲养方式而定。单坡式与拱顶式鸡舍跨度不能太大,双坡式和平顶式鸡舍可大些;开放式鸡舍跨度不宜太大,密闭式鸡舍跨度可大些;笼养鸡舍要根据安装鸡笼的组数,并留出适当的通道后,再决定鸡舍的跨度;平养鸡舍则要看供水、供料系统的多寡,并以最有效地利用地面为原则决定其跨度。一般跨度为:开放式鸡舍6~10 m;密闭式鸡舍12~15 m。计算鸡舍跨度公式如下:

平养鸡舍的跨度$=n$个饲养区宽度$+m$个走道宽度

笼养鸡舍的跨度$=n$个鸡笼架宽度$+m$个走道宽度

(2)鸡舍的长度　一般取决于鸡舍的跨度和管理的机械化程度,跨度6~10 m的鸡舍,长度一般在30~60 m;跨度较大的鸡舍如12 m,长度一般在70~80 m。机械化程度较高的鸡舍可长一些,但一般不宜超过150 m,否则,机械设备的制作与安装难度较大,材料不易解决。鸡舍长度确定时,主要考虑以下几个方面:饲养量、选用的饲喂设备和清粪设备的布置要求及其使用效率、场区的地形条件与总体布置。

平养鸡舍的长度=鸡舍的总面积/鸡舍的跨度

笼养鸡舍的长度=每组笼长×每列笼组数+饲喂机头尾长度
　　　　　　　　+操作通道所需长度

(3)鸡舍的高度　应根据饲养方式、清粪方法、跨度与气候条件确定。跨度不大、平养及不太热的地区,鸡舍不必太高,一般鸡舍屋顶高度2~2.5 m;跨度大、夏季气候较热的地区,又是多层笼养,鸡舍的高度为3 m左右,或者以最上层的鸡笼距屋顶1~1.5 m为宜;若为高床密闭式鸡舍,由于下部设粪坑,高度一般为4.5~5 m(比一般鸡舍高出1.8~2 m)。

2.地面

鸡舍地面应高出舍外地面0.3~0.5 m,表面坚固无缝隙,多采用混凝土铺平,易于洗刷消毒、保持干燥。笼养鸡舍地面设有浅粪沟,比地面低30~40 cm。为了有利于舍内清洗消毒时的排水,中间地面与两边地面之间应有一定的坡度。

3.墙壁

选用隔热性能良好的材料,保证最好的隔热设计,应具有一定的厚度且严密无缝。多用砖或石头垒砌,墙外面用水泥抹缝,墙内面用水泥或白灰挂面,以便防潮和利于冲刷。

4.屋顶

屋顶必须有较好的保温隔热性能。此外,屋顶还要求承重、防水、防火、不透气、光滑、耐久、结构轻便、简单、造价低。小跨度鸡舍为单坡式,一般鸡舍常用双坡式、拱形或平顶式。在气温高雨量大的地区屋顶坡度要大一些,屋顶两侧加长房檐。

5.门窗

鸡舍的门宽应考虑所有设施和工作车辆都能顺利进出。一般单扇门高2 m、宽1.2 m;双扇门高 2 m、宽 1.8 m。

鸡舍的窗户要考虑鸡舍的采光和通风，窗户与地面面积之比为 1：(10～18)。开放式鸡舍的前窗应宽大，离地面可较低，以便于采光。后窗应小，约为前窗面积的 2/3，离地面可较高，以利于夏季通风、冬季保温。网上或栅状地面养鸡，在南北墙的下部应留有通风窗，尺寸为 30 cm×30 cm，在内侧覆以铁丝网和设外开的小门，以防兽害和便于冬季关闭。密闭鸡舍不设窗户，只设应急窗和通风进出气孔。

6. 操作间与走道

操作间是饲养员进行操作和存放工具的地方。鸡舍的长度若不超过 40 m，操作间可设在鸡舍的一端，若鸡舍长度超过 40 m，则应设在鸡舍中央。

走道的位置，视鸡舍的跨度而定，平养鸡舍跨度比较小时，走道一般设在鸡舍的一侧，宽度 1～1.2 m；跨度大于 9 m 时，走道设在中间，宽度 1.5～1.8 m，便于采用小车喂料。笼养鸡舍无论鸡舍跨度多大，视鸡笼的排列方式而定，鸡笼之间的走道为 1.0～1.2 m。

7. 运动场

开放式鸡舍地面平养时，一般都设有运动场。运动场与鸡舍等长，宽度约为鸡舍跨度的 2 倍。

(二)鸡舍内布局

1. 平养鸡舍

根据走道与饲养区的布置形式，平养鸡舍分无走道式、单走道式、中走道双列式、双走道双列式等。

(1)无走道式　鸡舍长度由饲养密度和饲养定额来确定；跨度没有限制，跨度在 10 m 以内设一台喂料器。鸡舍一端设置工作间，工作间与饲养间用墙隔开，饲养间另一端设出粪和鸡转运大门。

(2)单走道单列式　多将走道设在北侧主要用于种禽饲养，有的南侧还设运动场。但利用率较低；受饲喂宽度和集蛋操作长度限制，建筑跨度不大。

(3)中走道双列式　两列饲养区设走道，利用率较高，比较经济。但如只用一台链式喂料机，存在走道和链板交叉问题；若为网上平养，必须用两套喂料设备。此外，对于有窗鸡舍，开窗困难。

(4)双走道双列式　在鸡舍南北两侧各设一走道，配置一套饲喂设备和一套清粪设备即可，利于开窗。

2. 笼养鸡舍

根据笼架配置和排列方式上的差异，笼养鸡舍的平面布置分为无走道式和走道式两大类。

(1)无走道式　一般用于平置笼养鸡舍，把鸡笼分布在同一个平面上，两个鸡笼相对布置成一组，合用一条食槽、水槽和集蛋带。通过纵向和横向水平集蛋机定时集蛋；由笼架上的行车完成给料、观察和捉鸡等工作。其优点是鸡舍面积利用充分，鸡群环境条件差异不大。

(2)走道式　平置式有走道布置时，鸡笼悬挂在支撑屋架的立柱上，并布置在同一平面上，鸡笼间设走道作为机具给料、人工拣蛋之用。两列三走道仅布置两列鸡笼架，靠两侧纵墙和中间共设三个走道，适用于阶梯式、叠层式和混合式笼养。三列两走道一般在中间布置阶梯式全笼架,靠两侧纵墙布置阶梯式半笼架。三列四走道布置三列鸡笼架,设四条走道,是较为常用的布置方式,建筑跨度适中。还有四列五走道式,多列多走道式等。

3. 鸡舍管理间布置

鸡舍管理间布置有一端式和中间式两种。一端式有利于发挥机械效率,便于组织交通,是常用的平面组合方式。中间式布置在有两栋以上鸡舍时,饲料和粪污通道的布置会出现交叉,不利于防疫,规模化禽场不宜采用。

【案例分析】

北京家禽育种有限公司肉用种鸡场的设计方案分析

一、设计方案简介

北京家禽育种有限公司是中美泰合资企业,拥有目前亚洲最大的肉鸡基因库——原种鸡场,饲养着国际上一流水平的艾维茵种鸡。1991 年公司根据市场需求决定再建一座目前亚洲最大的祖代鸡场。设计的祖代鸡场于 1992 年 1 月动工,1993 年 6 月竣工,已投入生产。生产运行考核结果表明,鸡场的工艺设计和土建设计都基本满足了生产要求。

1. 场址选择和总体规划

场址选在北京市顺义县赵古营乡和北石槽乡,共占地 36 hm^2,选址理由如下:

(1)两乡人均占有耕地超过 0.2 hm^2,是顺义县人均占有耕地最多的乡。符合用地原则。

(2)土壤贫瘠,鸡场建在这里,每年可为当地提供 900 t 鸡粪。

(3)这里地面空旷,远离村庄,鸡场的布局可以满足防疫要求,有利于采用先进的饲养工艺和对鸡场、孵化厂进行合理布局。

鸡场和孵化厂从北到南,在 5 km 以内依次排列。每个场(厂)保持间距 600 m 左右。这种布局相对集中,同以往的设计 6 个场(厂)分散建于几个郊区县乡相比,不仅满足了防疫和饲养工艺的要求,而且管理和运输十分方便,可以集中供电、供水和进行污水处理,节省基建投资。比如,仅管理人员就比以往设计减少 4/5。本设计坚持以防疫为主和少占地的原则,鸡场距村庄在 1 km 以上,每栋鸡舍间距为 36 m,平均每场占地 5 hm^2,比原计划每场占地减少了 3 hm^2。

2. 工艺流程

对于祖代种鸡场,采用每个鸡场全进全出制,即从原种场按系配套引进种鸡雏,一次进入每个祖代鸡场,按系别要求,从 1 日龄起到 66 周龄止分别送往鸡舍。

对于母鸡的饲喂,采用链式喂料机加人工补料箱的方式;对于公鸡,则采用弹簧搅龙料线饲喂。采用乳头饮水器。舍内沿高床边缘设产蛋箱,中间设悬挂式单轨捡蛋吊车,全程一次清粪、清洗、消毒。

3. 总体平面布置

(1)祖代种鸡场　防疫要求严格。为了确保安全,全场严格分为 2 个区域:生产区和辅助生产区。全场采用全进全出制,饲养母系 2 万套肉种鸡。为节省用地,均采用双层楼鸡舍形式。在生产区内设有双层鸡舍 4 栋,每栋鸡舍的间距为 36 m,鸡舍与围墙间距最小处只有 39 m。

本设计的饲养密度比以往的鸡场增大了 1 倍,节约了占地面积,减少了道路和管网;但是,饲养密度的增大也为防疫提出了更高的要求,必须采取相应的措施:鸡舍为东西走向,有利于冬季保温、夏季隔热;鸡舍的长轴与主导风向呈 60°交角,有利于生产区的排污;生产区入口处设有一次更衣室，供进入生产区的工作人员和车辆进行强制性清洗消毒；三源建筑即锅炉房、变电室和水泵房严格与生产区分开，其工作人员未经强制性消毒不得进入生产区；生产区不得种植高树，以防大群鸟进入引起疫情。

(2)孵化场　孵化场按功能分为2个区域：生产区和集中生活管理区。生产区位于全场的东侧，靠近水处理厂，以方便孵化厅内大量污水的排放，并节省排污管线，节约投资。生产区内设有孵化厅、锅炉房和发配电室。孵化厅的电、水、热的用量最大，故三源建筑靠近孵化厅，以减少能源损失。集中生活管理区的北侧为生活区，设有宿舍楼、食堂、专家楼和运动场等；南侧为办公区，靠近入场大门处设有消毒门廊、办公室和仓库，便于全场的生产和生活管理。

入场大门处设有消毒门廊、办公室和仓库，便于全场的生产和生活管理。

4. 祖代种鸡舍、孵化厅、一次更衣室的设计

(1)祖代种鸡舍　种鸡舍为主要生产车间，建筑面积最大，建造栋数最多，其设计的好坏将影响到生产和投资。设计中力求既能为鸡只创造良好的生活环境，又能降低土建费用。鸡舍为2层建筑，为便于管理每层均设有工作间。饲养间夏季采用纵向湿帘降温系统，冬季采用暖风机采暖。鸡舍喂料、通风、灯光的控制均采用控制柜，既可自动控制，也可手动控制。灯光照度和光照制度可任意调整。鸡舍的建筑形式1层为框架结构，2层为轻钢结构。工作间的围护结构为180砖墙，饲养间为卷帘。鸡舍的土建投资为270元/m^2。

(2)孵化厅　孵化厅的房间按工艺流程设置。设计中解决了以往孵化厅设计中难以解决的一些问题。例如，将孵化厅的污道和净道分开，使蛋车从选蛋间→冷库→孵化室→出雏室→鉴别室→冲洗间→储存间，选蛋间的循环中不交叉污染，工作人员可以经过净道进出各办公室和工作间，不必穿行污区。又如，孵化室和出雏室的夏季降温采用屋顶湿帘降温系统，比之以往的空调系统既节约了造价，又可免用加湿系统。另外，出雏室加设了绒毛处理系统，使排出的绒毛直接进入室外排水沟，避免了绒毛乱飞污染。

(3)一次更衣室　一次更衣室是鸡场内工作人员和车辆的消毒设施，主要有以下几个部分。

①汽车消毒门廊　高4.5 m，宽4 m，长12 m。地面设有深200 mm的消毒池，两侧墙壁、地面中部及两边、顶棚均设有药液自动喷淋装置，可对汽车进行全方位的药液消毒，而以往的设计只有消毒池，对车辆的消毒不全面，不彻底。

②洗衣间　不只用来清洗工作服，还起着通道消毒的作用。在洗衣间与辅助生产区之间设有紫外线消毒箱，凡需进入生产区而又不能着水的物品如香烟、打火机、书籍、职工的盒饭等均需经此箱进行消毒。

③消毒淋浴间　设有第一更衣室、药液喷淋室、淋浴室和第二更衣室。工作人员入场要依次完成入场前的换衣、喷药液、淋浴、换衣的消毒淋浴过程。为了确保防疫，特设了强制性药液喷淋室，以防工作人员不洗澡入场。

二、案例分析

从北京家禽育种有限公司肉用种鸡场的设计方案可以看出：

1. 场址选择和总体规划布局合理

场址地面空旷，远离村庄，鸡场的布局可以满足防疫要求，有利于采用先进的饲养工艺和对鸡场、孵化厂进行合理布局。设计时把各分场相对集中，可以方便运输、供电、管理及污水处理，从而使产品成本降低。

2.工艺流程科学

对于祖代种鸡场，采用每个鸡场全进全出制，有利于防疫。

3.祖代种鸡场设计合理

祖代种鸡场防疫要求严格。为了确保安全，全场严格分为2个区域：生产区和辅助生产区。为节省用地，均采用双层楼鸡舍形式。鸡舍为东西走向，有利于冬季保温、夏季隔热；鸡舍的长轴与主导风向呈60°交角，有利于生产区的排污；生产区入口处设有一次更衣室，供进入生产区的工作人员和车辆进行强制性清洗消毒；三源建筑即锅炉房、变电室和水泵房严格与生产区分开，其工作人员未经强制性消毒不得进入生产区；生产区不得种植高树，以防大群鸟进入引起疫情。

4.孵化场布局合理

孵化场按功能分为2个区域：生产区和集中生活管理区。生产区位于全场的东侧，靠近水处理厂，以方便孵化厅内大量污水的排放，并节省排污管线，节约投资。生产区内设有孵化厅、锅炉房和发配电室。孵化厅的电、水、热的用量最大，故三源建筑靠近孵化厅，以减少能源损失。集中生活管理区的北侧为生活区，设有宿舍楼、食堂、专家楼和运动场等；南侧为办公区，靠近入场大门处设有消毒门廊、办公室和仓库，便于全场的生产和生活管理。

5.祖代种鸡舍、孵化厅、一次更衣室的设计合理

(1)祖代种鸡舍　鸡舍为2层建筑，为便于管理每层均设有工作间。饲养间夏季采用纵向湿帘降温系统，冬季采用暖风机采暖。鸡舍喂料、通风、灯光的控制均采用控制柜，既可自动控制，也可手动控制。灯光照度和光照制度可任意调整。鸡舍的建筑形式1层为框架结构，2层为轻钢结构。这种设计既能为鸡只创造良好的生活环境，又能降低土建费用。

(2)孵化厅　孵化厅的房间按工艺流程设置。设计中解决了以往孵化厅设计中难以解决的一些问题。例如，将孵化厅的污道和净道分开；孵化室和出雏室的夏季降温采用屋顶湿帘降温系统，比之以往的空调系统既节约了造价，又可免用加湿系统。另外，出雏室加设了绒毛处理系统，使排出的绒毛直接进入室外排水沟，避免了绒毛乱飞污染。

(3)一次更衣室　一次更衣室是鸡场内工作人员和车辆的消毒设施，确保了防疫。

【阅读材料】

商品肉鸡场建设标准

一、肉鸡场选址

1.自然条件

(1)地形地势　养鸡场选择在地势较高、干燥平坦、排水良好和向阳背风的地方。

(2)水源水质　应具有独立的自备水源(井)，饮用水水质必须符合GB 5749《生活饮用水标准》。

2.社会条件

(1)地理位置　距铁路、省级公路3 000 m以上；距乡(镇)居民区、学校、医院等公共场3 000 m以上；距屠宰厂、畜产品加工厂、畜禽交易市场、垃圾及污水处理场所、风景旅游以及水源保护区3 000 m以上；距村级公路及村内其他养殖场1 000 m以上。

(2)其他条件　肉鸡场选址必须符合当地农牧业总体发展规划、土地利用开发规划和城乡

建设发展规划的用地要求。

二、分区、布局与要求

1. 分区与布局

鸡场应由办公生活区、生产区和污物处理区三大部分组成。办公生活区设有办公室、宿舍、库房、饲养员专用更衣室；生产区应建有鸡舍、隔离观察室、饲草料库房和饲养员工作间；污物处理区应有尸体、粪便、污水集中处理设施。

主导风向：办公生活区→生产区→粪污处理区。

2. 要求

(1)生产区与办公生活区分开。

(2)污物处理区设在生产区下风口 50 m 以外。

(3)鸡舍布局形式应采用单列式或双列式。

(4)每个鸡场鸡舍栋数为 8～10 栋，鸡舍按育雏、育成和育肥一体化建设，每栋饲养量为 4 000～5 000 只，鸡场饲养量为 32 000～50 000 只/批。

(5)以鸡舍檐口高度(H)为基准，通风与防疫间距要求不得小于 3～5 H，一般应为 10～15 m。

(6)鸡舍内宽 9～12 m，中间留 2 m 的走道；鸡舍内长 70～100 m；净道一侧建设饲料贮藏间。

三、鸡场建筑及设施设备

1. 鸡舍的基本结构

(1)基础和地基　基础应坚固、耐久，具有抗机械作用能力和防潮。基础的防潮层应设在基础墙的顶部；下沉度不超过 2～3 cm。

(2)墙体　墙体必须具备坚固、耐久、抗震、耐水、防火、抗冻能力；便于清扫和消毒；墙体散热占整个鸡舍总失热量的 35%～40%。外墙四周必须做好水泥散水(宽为 30 cm、厚为 5 cm)和水泥排水沟(直径为 40 cm 的半圆形)，散水和排水沟为水泥一体；能够将清洗鸡舍的污水不渗漏地排出鸡场做无害化处理。

两侧墙体在距地面高 2 m 的位置，设置长 0.5～1.0 m、宽 0.4 m 的换气窗。换气窗间距 3 m，南北两侧相互交错。换气窗以木框、木窗为宜，窗与框以下边为连接，窗向里开启。

(3)屋顶　屋顶必须具备结构轻便、防水、防火、防风和保温性能(屋顶散热占整个鸡舍总失热量的 60%～65%)；屋顶最好使用 100～150 mm 厚防火聚苯作保温层，屋顶形式可采用单坡式、双坡式、联合式、拱顶式、平顶式等。脊高 3～5 m，檐高 2 m；在屋顶的脊线上，设置直径为 0.3 m 的换气口。换气口高出鸡舍外屋顶 0.5 m，换气口上面做防雨帽；换气口内做可调节换气大小的调节板。换气口间隔 6 m。南北两侧每间隔 3 m 处开 1 个地窗，地窗长 30 cm，高 20 cm。

(4)地面　地面应坚实、致密、平坦、防滑；有利于消毒和排污；保温、不渗水、不返潮，应采用混凝土地面；厚度为 3～10 cm。

地面也可以设计为中间低(鸡舍正中间)，侧墙两边高(有 3°～5°的倾斜)，便于清理鸡粪。中间低的方向以操作间(人员活动区)高，污道一端(风机端)低为宜，一般有 5°～8°的倾斜，其作用是将清洗鸡舍的污水全部排除，鸡舍以外有相连接的不渗漏的管道或明沟排出围墙外，做无害化处理。

2.设施

(1)防护设施　鸡场场界划分明确,并有与外界的隔离设施,如构筑围墙、拉铁丝网、沿鸡场四周掘防疫沟或采取其他有效隔离措施。场区大门口设有隔离、消毒设施;人员专用道设有消毒液喷淋装置和鞋底消毒池。饲养区进出口应分别设有车辆消毒液喷淋装置、车轮消毒池和人员更衣室、消毒通道;每栋禽舍门口设有消毒池或消毒垫。消毒设施、消毒液必须保证其有效性。

(2)道路　道路包括鸡场与外界联系的场外主干道和场区内部道路。场外主干道路面宽不低于4.5 m;生产区内分净道和污道,人员、饲料、疫苗、兽药、垫料等生产生活物资的运输走净道,运输鸡粪、病死鸡、废旧垫料、场内垃圾等走污道,净道、污道严格分开。

(3)排水设施　饲养场周围应设排水明沟,各栋鸡舍周围应有排污暗沟或明沟,并与场外明沟相连。如果暗沟长度超过200 m,中间应设沉淀井。在设计排污沟大小时应考虑最大排水量。场内明沟尺寸大小为:深30 cm,上口宽30～60 cm,沟底坡度1%～2%。

(4)粪便、污水处理设施　饲养场应具备与生产能力相适应的粪便、污水集中处理设施。鸡粪必须采用干法清掏,日产日清,并将鸡粪运至处理池堆放,发酵。鸡粪堆放处应位于生产区下风向,距生产区至少50 m。根据每采食1.4～2 t饲料,产生1 m^3 的鸡粪,建设鸡粪处理池。冲洗鸡舍、设备和日常生活、生产污水,排放达到GB 8978《污水综合排放标准》。

3.饲养设备

(1)喂饲设备　应配有自动饮水系统,如普拉松饮水器或乳头饮水器,饮水位置与鸡群规模相匹配。喂料系统可使用料桶(人工)或链式、盘式自动喂料系统。

(2)通风设备　每栋鸡舍根据饲养规模(4 000～5 000只的标准化鸡舍)一般应安装扇叶直径为125 cm的风机至少两台(依据夏天最大通风量(m^3/h)= 入舍鸡只数×只重×0.155×60)。

(3)降温设备　鸡舍应安装降温设备,采用湿帘风机降温系统和喷雾降温系统。湿帘安装应根据风机数量和排风量大小,计算出该鸡舍安装湿帘的最小需要面积=(风机排风量×风机数量/3 600)/过帘风速。湿帘厚10 cm,过帘风速为1.5 m/s;湿帘厚15 cm,过帘风速为2 m/s。因此,4 000～5 000只规模的标准化鸡舍,应在鸡舍纵向进风口(前端)每侧安装1.8 m×4 m的水帘降温设施。

【考核评价】

万只蛋鸡舍设计

一、考核题目

万只鸡舍的设计要求:立体笼养、湿帘风机降温系统、自动喂料系统的密闭式鸡舍。采用9LTZ型三层全阶梯中型鸡笼,单元鸡笼长度2 078 mm,共饲养96只蛋鸡,四列五走道布置形式,则所需鸡笼单元数=饲养量/单元饲养量=10 000/96=104(个),采用四列布置,每列单元数=104/4=26(个),鸡笼安装长度 $L1$=单元鸡笼长度×每列单元数=2 078 mm×26=72 730 mm=54.028 m。舍的净长还需要加上设备安装和两端走道长度,包括:工作间开间如取3.6 m;鸡笼架头架尺寸1.01 m;头架过渡食槽长度0.27 m;尾架尺寸0.5 m;尾架过渡食槽长度0.195 m;两端走道各取1.5 m。则鸡舍净长度:

$$L=54.028+3.6+1.01+0.27+0.5+0.195+2\times1.5=62.6(\text{m})$$

鸡舍的高度应根据饲养方式、清粪方法、跨度与气候条件确定。由于万只鸡舍跨度大,又是多层笼养,鸡舍的屋顶高度为3.8 m左右,墙高2.5 m。

刮粪沟宽1.8 m、高0.3～0.4 m,过道宽1.0 m。

二、评价标准

绘制该鸡舍的剖面图(图1-1)。

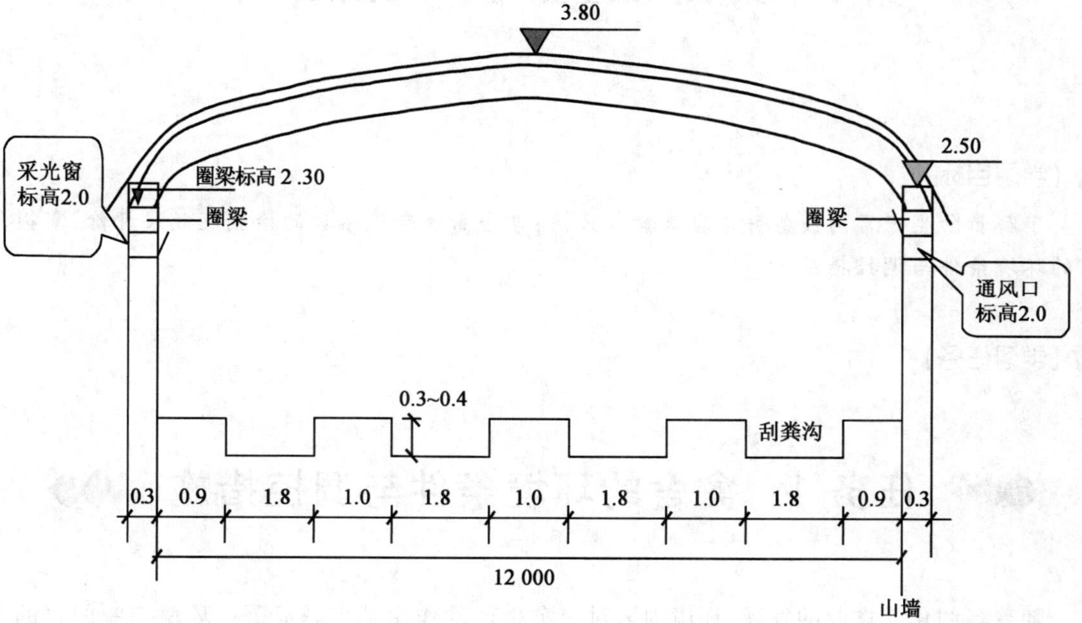

图1-1 1万只蛋鸡舍剖面图(单位:m)

规格(长×宽)=62.6 m×12.6 m

【信息链接】

1. NY/T 682—2003 畜禽场场区设计技术规范
2. NY/T 1566—2007 标准化肉鸡养殖场建设规划
3. NY/T 1755—2009 畜禽舍通风系统技术规范
4. NY 5027—2008 无公害食品 畜禽饮用水水质
5. NY/T 1566—2007 标准化肉鸡养殖场建设规范

项目二

养禽设备配置与环境控制

【学习目标】

了解养禽生产常用设备并学会其操作方法；学会禽舍环境参数的检测及效果评价；掌握禽舍的环境条件与调控措施。

【学习任务】

任务1　禽舍的环境条件与调控措施

随着集约化养禽业的发展，环境因素对家禽生产的作用越来越显著。环境控制的目的在于减少或消除不利的环境因素对家禽的危害和影响，保持家禽健康，预防疾病，提高生产力和降低生产成本，为家禽创造适宜的环境条件。目前用于禽舍的环境调控技术，主要包括禽舍的温度控制、湿度控制、空气质量控制、光照控制及通风控制等。

一、温度控制

(一)环境温度对家禽的影响

气温过高过低都影响家禽的生长、产蛋和饲料利用率。雏鸡生长的最适温度随日龄的增加而下降，温度过高导致鸡的生长迟缓，死亡率增加，过低导致饲料利用率下降。肉鸡在21℃时生产性能最高，鸡产蛋的适宜温度是13～23℃。在较高环境温度下，25℃以上，蛋重开始降低；27℃时产蛋量、蛋重、总蛋重降低，蛋壳厚度迅速下降，同时死亡率增加；37.5℃时产蛋量急剧下降；43℃以上，超过3 h，鸡就会死亡。相对来讲，低温对育成鸡和产蛋鸡的影响较少。成年家禽可以抵抗0℃以下的低温，但是饲料利用率下降。一般认为持续在7℃以下对产蛋量和饲料利用率有不良影响。鸭和鹅对温度的敏感性要比鸡低，对低温和高温(只要有水)的耐受性均比鸡高。表 2-1 为不同温度对鸡的饲料消耗量和产蛋量的影响。

表 2-1 不同温度下鸡的饲料消耗和产蛋量

(蔡长霞.畜禽环境卫生.2006)

项目	环境温度/℃				
	7.2	14.6	23.9	29.4	35.0
日采食量(干物质)/g	101.5	93.3	88.4	83.3	76.1
日食入代谢能/kJ	1 301	1 197	1 138	1 075	98.3
产蛋率/%	76.2	86.3	84.1	82.1	79.2
平均蛋重/g	64.9	59.3	59.6	60.1	58.5
鸡平均日产蛋量/g	49.4	51.1	50.6	49.5	46.2

(二)禽舍的温度控制

1.建筑措施

禽舍屋顶和墙壁应选择导热系数较小的建筑材料,确定合理结构,并具有足够的厚度以加强防暑隔热。屋面和外墙面采用白色或浅色,增加其反射太阳辐射的作用,减少太阳辐射向舍内传入。在炎热地区通过挂竹帘、搭凉棚、植树、棚架攀缘植物和在窗口设置水平和垂直挡板等形式遮阳是防暑的重要措施。

寒冷地区,在受寒风侵袭的北侧、西侧墙应少设门窗,并注意对北墙和西墙加强保温,以及在门外加门斗、设双层窗或临时加塑料薄膜、窗帘等,对加强禽舍冬季保温均有重要作用。

2.通风

通风可以将污浊的空气和水汽排出,同时补充新鲜空气,而且一定的风速可以降低禽舍的温度。风速达 0.5 m/s,禽舍可降温 1.7℃;风速达 2.5 m/s,禽舍可降温 5.6℃。在禽舍安装机械通风设备,可以加大通风量,以缓解热应激。

3.蒸发降温

(1)实行绿化降温 在禽舍周围植树、棚架攀缘植物,具有缓和太阳辐射热和降温的作用。

(2)低压喷雾降温 喷嘴安装在舍内,以常规压力实行喷雾。水温越低,空气越干燥,降温效果越好。当舍内相对湿度小于 70%时,采用喷雾降温,可使气温下降 3~4℃。当空气相对湿度大于 85%时,喷雾降温效果不显著,所以在湿热天气和地区不适用。

(3)喷雾风机降温系统 在进风口处设置高压喷嘴风罩,将低温的水喷成雾状,当空气经过时,温度就会降低,降温效果显著。

(4)湿帘风机降温系统 主要作用是夏季空气通过湿帘进入禽舍,可以降低进入禽舍空气的温度,起到降温的效果。在密闭禽舍内湿帘降温和纵向通风结合使用,能使舍温降低 5~7℃。在舍外温度高达 35℃时,舍内平均气温不超过 30℃。湿帘可以用麻布、刨花或专用蜂窝状纸等吸水、透风材料制作。

4.禽舍的供暖

(1)热风采暖 是利用热源将空气加热到要求的温度,然后送入禽舍进行加热。按照加热器的类型不同可分为热风炉式采暖、暖风机采暖和太阳能空气加热采暖。

热风采暖时，通常要求送风管内的风速为 2～10 m/s，热空气从侧向送风孔向舍内送风，可使鸡只活动区温度和气流比较均匀，且气流速度不致太大。送风孔直径一般取 20～50 mm，孔距为 1.0～2.0 m。为使舍内温度更加均匀，风管上的风孔应沿热风流动方向由疏而密布置。

(2)热水散热器采暖　主要由热水锅炉、管道和散热器三部分组成。散热器布置时应尽可能使舍内温度分布均匀，同时考虑到缩短管路长度，一般布置在窗下或喂饲通道上。

(3)局部采暖　主要用于雏鸡保温，可通过火炉、火炕、火墙、烟道以及电热保温伞、红外加热设备、热风机、保温箱或局部安装加温地板等对局部区域实施供暖。图 2-1 所示的就是一种电热保温伞，伞内有照明灯。利用保温伞育雏，一般每 800～1 000 只雏鸡一个保温伞。

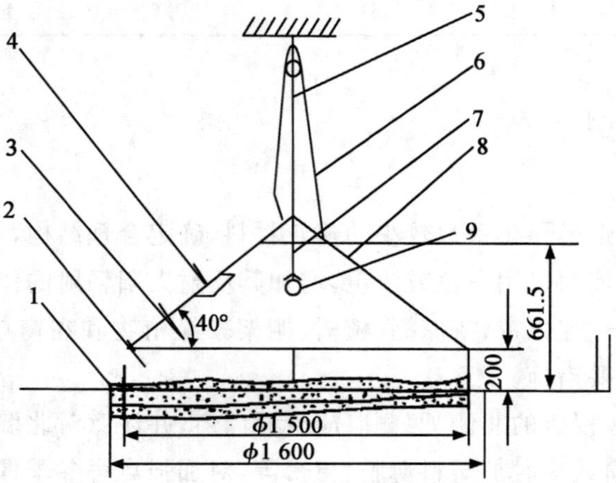

图 2-1　电热保温伞示意图（单位：mm）

1.保温地面　2.保温区　3.保温伞与地面夹角　4.观察孔

5.电源线　6.吊线　7.照明灯头　8.保温伞罩　9.灯泡

二、湿度控制

湿度对家禽的影响是与温度结合共同作用的。如鸡舍内湿度的来源主要是鸡呼吸产生的水蒸气、粪便带出的水分、大气中的水分。湿度对鸡的影响只有在高温或低温情况下才明显，在适宜温度下无明显的影响。高温时，鸡主要通过蒸发散热，如果湿度较大，会阻碍蒸发散热，造成高温应激。如气温 34℃，相对湿度由 40％增高到 90％，则蒸发散热占总散热量的比例从 80％下降到 39％，此时散热受阻，体内热量不能及时散失而积热，轻者导致采食量下降，饮水增加，生产性能降低；重者鸡难以耐受，体温升高，导致中暑而死亡。低温高湿环境下，鸡失热较多，采食量加大，饲料消耗增加，严寒时会降低生产性能。低湿容易引起雏鸡的脱水反应，羽毛生长不良。一般来讲，密闭式禽舍中的水汽，有 70％～75％来自鸡机体，10％～25％来自地面、墙壁等物体表面，10％～15％来自大气。

鸡只适宜的湿度为 60％～65％，肉用仔鸡的理想湿度为 60％～70％。一般只要环境温度适宜，在 40％～72％范围也能适应。

湿度的控制措施：

(1)增湿方法　在空气干燥的情况下，可向禽舍内喷雾或洒水，既可以增加湿度，又可以降低室内的温度。

(2)降湿方法　为了减少室内湿度过大，确定场址时选择地势高燥，通风向阳的地方，材料应具有较好的保温防湿效果。在饲养管理中，应尽量减少用水，防止水槽溢水、漏水；垫料应具有良好的吸水性等。

三、空气质量控制

大气中各种气体组成的成分相当稳定，鸡舍内由于鸡群的呼吸，排出的粪便、饲料等有机物分解，使原有成分比例有所变化，同时还增加了一些有害气体，如氨气、甲烷、硫醇、粪臭素等。其中危害最大的是硫化氢和氨气。

1.氨气

氨气主要由含氮物质，如粪便与饲料、垫草等腐烂，由厌气菌分解而产生，尤其是高热、潮湿环境会促使其大量产生。管理不善，通风不良可使舍内的氨气含量大大增加。氨易溶于水，所以易被人和鸡的呼吸道黏膜、眼结膜吸附而产生刺激作用。如果鸡只吸入氨的数量不太多，时间不太长，进入体内的氨易形成尿素排出体外，即使中毒也容易痊愈。但若超过一定的浓度，浓度越大，对鸡的危害越大(表2-2)。要求雏鸡舍中氨气的浓度≤10 mg/m^3，成鸡舍≤15 mg/m^3。

表2-2　氨气浓度对蛋鸡生产性能的影响

NH_3 浓度/(mg/m^3)	性成熟(达50%产蛋率的日龄)	产蛋率/%	
		23～26周	35～38周
0	158 d(22.5周)	70.2	90.9
40	172 d(24.5周)	51.2	86.7
56	177 d(25周)	49.2	83.8

2.硫化氢

禽舍空气中的硫化氢，是由含硫有机物分解而来。当鸡只采食了含蛋白质饲料，而且发生消化障碍时，可由肠道排出大量的硫化氢。硫化氢毒性很强，对黏膜有强烈的刺激作用，易引起眼结膜炎、鼻炎、气管炎等。所以长期处在低浓度硫化氢的环境下，畜禽体质变弱，抗病力下降，易患胃肠炎、心脏衰弱等。高浓度的硫化氢可直接抑制动物的呼吸中枢，引起窒息和死亡。在禽舍及养禽场中，硫化氢比氨的产量少，但毒性大。要求鸡舍空气中硫化氢浓度≤10 mg/m^3。

3.二氧化碳

鸡舍中的 CO_2 是由鸡呼吸而排出，CO_2 本身并无毒性，鸡对 CO_2 的耐受性较高，短时间4%含量的条件下没有明显的生理反应，但舍内 CO_2 浓度过高，氧的含量相对较低，鸡群长期生活在相对缺氧的环境中，表现为精神委顿，食欲减退，体质下降，生产力降低，对疾病的抵抗力减弱，极易感染一些传染病。鸡舍空气中 CO_2 浓度应以0.15%(1 500 mg/kg)为限。

4. 控制措施

在禽场场址选择和建场过程中，要进行全面规划和合理布局，避免工厂排放物对禽场环境的污染；合理设计禽场和禽舍的排水系统、粪尿和污水处理设施及绿化等环境保护设施；及时清除禽舍内的粪尿；保持舍内干燥；合理通风换气，将有害气体及时排出舍外，是预防禽舍空气污染的重要措施。

四、光照控制

（一）光照对鸡的影响

光照不仅影响鸡的饮水、采食、活动，而且对鸡的繁殖有决定性的刺激作用，即对鸡的性成熟、排卵和产蛋均有影响。

对于雏鸡和肉仔鸡，光照的作用主要是使它们能熟悉周围环境，进行正常的饮水和采食。对于育成鸡，在 12～26 周龄期间日光照时间长于 10 h，或处于每日光照时间逐渐延长的环境中，会促使生殖器官发育、性成熟提早。相反，若光照时间短于 10 h 或处于每日光照时间逐渐缩短的情况下，则会推迟性成熟期。光照时间长短对 12 周龄前的鸡生殖器官发育的影响不大。对于产蛋鸡，每天给予的光照刺激时间为 14～16 h 才能保证良好的产蛋水平，而且必须稳定。

光照强度对鸡的生长发育、性成熟和产蛋都可产生影响。强度小时，鸡表现安静，活动量和代谢产热较少，利于生长；强度过大，则会表现烦躁，啄癖发生较多。5 lx 光照强度已能刺激肉用仔鸡的最大生长，而强度大于 100 lx 对生长不利。对于产蛋，光照强度以 5～45 lx 为宜。

鸡对光色比较敏感。在红、橙、黄光下鸡的视觉较好，在红光下趋于安静，啄癖极少，成熟期略迟，产蛋量稍有增加，蛋的受精率较低；在蓝光、绿光或黄光下，鸡增重较快，成熟较早，产蛋量较少，蛋重略大，饲料利用率略低，公鸡交配能力增强，啄癖极少。总之，没有任何一种单色光能满足鸡生产的各种要求。在生产条件下多数仍使用白光。

（二）光照管理

1. 光照制度的制定原则

（1）育雏期前 1 周保持较长时间的光照，以后逐渐减少。

（2）育成期光照时间应保持恒定或逐渐减少，不可增加。

（3）产蛋期光照时间逐渐增加到 16～17 h 后保持恒定，不可减少。

2. 光照制度

（1）蛋鸡与种鸡的光照制度

①渐减法　育成期逐渐减少每天的光照时数，产蛋期逐渐延长光照时数，达到 16～17 h 后恒定。

②恒定法　育成期内每天的光照时数恒定不变，产蛋期逐渐延长光照时数，达到 16～17 h 后恒定。

（2）肉鸡的光照制度　主要有连续光照法和间歇光照法等。

3. 实行人工光照应注意的问题

(1)为使鸡舍内的照度比较均匀,应适当降低每个灯的瓦数,而增加舍内的总装灯数,如果选用白炽灯最好不超过 60 W;一般灯的高度为 2.0～2.4 m,灯距 3 m;两排以上灯具,应交错排列;靠墙的灯同墙的距离应为灯间距的一半;如为笼养,灯具一般设置在两列笼间的走道上方。采用多层笼时,应保证底层笼光照强度。

(2)光照时间的控制采用微电脑时控开关,也可人工定时开关灯;光照强度的控制一般采用调压变压器,也可通过更换灯泡瓦数大小进行控制。

(3)开放式鸡舍需人工补充光照时,将人工补光的时间分早、晚各补充一半为宜。

(4)产蛋期间应逐渐增加光照时间,尤其在开始时最多不能超过 1 h,以免突然增加光照而导致脱肛。

五、通风控制

通风换气是调节禽舍空气环境状况最主要的措施。在气温高的情况下,通过加大气流使家禽感到舒适,以缓解高温的不良影响;在禽舍密闭的情况下,引进舍外的新鲜空气,排出舍内水分和有害气体,以改善空气质量。

(一)自然通风

自然通风是依靠风压和热压进行的舍内外空气交换。自然通风分为两种,一种是无专门进气管和排气管,依靠门窗进行的通风换气,适用于在温暖地区和寒冷地区的温暖季节使用。另一种是设置有专门的进气管和排气管,通过专门管道调节进行通风换气,适用于寒冷地区或温暖地区的寒冷季节使用。

在无管道自然通风系统中,靠近地面的纵墙上设置地窗,能增加热压通风量,有风时在地面形成"穿堂风",这有利于夏季防暑。地窗可设置在采光窗之下,按采光面积的 50%～70%设计成卧式保温窗。如果设置地窗仍不能满足夏季通风要求,可在屋顶设置天窗或通风屋脊,以增加热压通风。

在炎热地区的小跨度禽舍,通过自然通风,一般可以达到换气的目的。禽舍两侧的门窗对称设置,有利于穿堂风的形成。在寒冷地区,由于保暖需要,门窗关闭难以进行自然通风,需设置进气口和排气口以及通风管道,进行有管道自然通风。在寒冷地区,禽舍余热越多,能从舍外导入的新鲜空气就越多。

(二)机械通风

依靠机械动力强制进行禽舍内外空气的交换。机械通风的形式有以下几种:

1. 按通风时形成的压力分

(1)负压通风　也称排风式通风或排风,具有设备简单、投资少、管理费用低的优点。根据风机安装的位置,负压通风可分为以下两种:

①屋顶排风式　风机安装于屋顶,将舍内的污浊空气、灰尘从屋顶上部排出,新鲜空气由侧墙风管或风口自然进入。这种通风方式适用于温暖和较热地区、跨度在 12～18 m 以内的禽

舍或 2～3 排多层笼禽舍使用。

②侧壁排风式　风机安装在一侧纵墙上，进气口设置在另一侧纵墙上，适于跨度在 12 m 以内的禽舍；两侧壁排风则为在两侧纵墙上分别安置风机，新鲜空气从山墙或屋顶上的进气口进入，经管道分送到舍内的两侧，这种方式适用于跨度在 20 m 以内的禽舍或舍内有五排笼架的禽舍。不适用于多风地区。

(2)正压通风　也称进气式通风或送风，其优点在于可对进入的空气进行预处理，从而有效地保证舍内的适宜温湿状况和清洁的空气环境，在严寒、炎热地区均可适用。但其系统比较复杂、投资和管理费用大。根据风机安装位置，正压通风分为以下两种：

①侧壁送风　分一侧送风或两侧送风。前者为穿堂风形式，适用于炎热地区和 10 m 内小跨度的禽舍。而两侧壁送风适于大跨度禽舍。

②屋顶送风　将风机安装在屋顶，通过管道送风，使舍内污浊气体经由两侧壁风口排出。这种通风方式，适用于多风或气候极冷或极热地区。

(3)联合通风　同时采用机械送风和机械排风的通风方式。在大型封闭禽舍，尤其是在无窗封闭禽舍，单靠机械排风或机械送风往往达不到通风换气的目的，故需采用联合式机械通风。联合通风效率要比单纯的正压通风或负压通风好。

2. 按气流在禽舍内流动的方向分

(1)横向通风　风机和进风口分别均匀布置在禽舍两侧纵墙上，空气从进风口进入禽舍后横穿禽舍，由对侧墙上的排风扇抽出。适用于小跨度禽舍。采用横向通风的禽舍，不足之处在于舍内气流不够均匀，气流速度偏低，尤其死角多，舍内空气不够新鲜。

(2)纵向通风　风机安装在禽舍的一端山墙上或靠近山墙的两纵墙上，进气口设在禽舍的另一端山墙上或靠近山墙的两侧纵墙上，运行时舍内气流方向与长轴平行。进气口风速一般要求夏季 2.5～5 m/s，冬季 1.5 m/s。这是一种较为先进的通风方式，通风量大，耗电量少，噪音低，气流快，空气质量较好，夏季与湿垫降温技术结合起来，降温效果很好。

(三)通风换气量的确定

可以根据禽舍内产生的二氧化碳、水汽和热能计算，但主要是根据通风换气参数(表 2-3)确定通风换气量，这就为禽舍通风换气系统的设计，尤其是对大型禽舍机械通风系统的设计提供了依据。

在确定了通风量以后，必须计算禽舍的换气次数。禽舍换气次数是指在 1 h 内换入新鲜空气的体积与禽舍容积之比。一般规定，禽舍冬季换气每小时应保持 2～4 次，除炎热季节外，一般不应多于 5 次，因冬季换气次数过多，就会降低舍内气温。

表 2-3　鸡舍的通风量参数　　m^3/(min・只)

季节	成年鸡	青年鸡	育雏鸡
夏	0.27	0.22	0.11
春	0.18	0.14	0.07
秋	0.18	0.14	0.07
冬	0.08	0.06	0.02

任务2 禽场的生产设备与使用

一、孵化设备

(一)孵化机

1.孵化机的类型

主要包括箱体式孵化机和巷道式孵化机。

(1)箱体式孵化机 根据蛋架结构分为蛋盘架和蛋架车两种形式。目前蛋架车使用广泛,可以直接到蛋库装蛋,消毒后推入孵化机,减少了种蛋装卸次数。见图2-2。

(2)巷道式孵化机 巷道式孵化机的特点是多台箱式孵化机组合连体拼装,配备独有的空气搅拌和导热系统,容蛋量一般在7万枚以上。使用时将种蛋码盘放在蛋架车上,经消毒、预热后,逐台按一定轨道推进巷道内,18 d后转入出雏机。机内新鲜空气由进气口吸入,经加热加湿后从上部的风道由多个高速风机吹到对面的门上,大部分气体随气流进入下面的巷道,通过蛋架车后又返回进气室。这种循环充分利用胚蛋的代谢热,箱内没有空气死角,温度均匀,所以比其他类型的孵化机省电,并且孵化效果好。见图2-3。

图2-2 箱体式孵化机

图2-3 巷道式孵化机

2.孵化机的构造

孵化机类型很多,虽然自动化程度和容量大小有所不同,但其构造原理基本相同,主要由机体、自动控温装置、自动控湿装置、自动翻蛋装置和通风换气装置等几部分组成。

(1)机壳 即箱体或箱壁。通常做成夹层,中间填满隔热材料。机门设双层玻璃小窗,以便观察机内的温湿度。

(2)蛋架车和种蛋盘 蛋架车为全金属结构,蛋盘架固定在四根吊杆上可以活动。常用的蛋架车的层数为12～16层,每层间距12 cm。种蛋盘分孵化蛋盘和出雏盘两种,多采用塑料蛋盘,既便于洗刷消毒,又坚固不易变形。

(3)翻蛋系统　翻蛋机件一般与蛋盘架的型号相配套。这种翻蛋系统有的依靠手工操作，有的是电动装置，自动运行。

(4)热源与控温系统　大部分用电热丝供温，电热丝由温度调节器控制。

(5)通风系统　电孵化机的排气孔一般都安排在机体的顶部，进气孔安置在鼓风板下的周围。我国目前生产的孵化机风扇多安装在蛋盘架的两侧，使蛋盘里外的蛋都能均匀受热，不断换气。

(6)控湿系统　一般在孵化器的底部放置2～4个浅水盘，通过水盘蒸发水分，供给机内湿度。目前较先进的控湿系统中，安装有叶片供湿轮，连接供水管、水银导电表和电磁阀自动控制喷雾。

(7)报警系统　由温度调节器、电铃和指示灯(红绿灯泡)组成。现代立体孵化机由于构造已经机械化、自动化，机械的管理非常简单。主要注意温度的变化，观察控制系统的灵敏程度。遇有失灵情况及时采取措施。

(二)出雏机

出雏机是与孵化机配套的设备。出雏机容蛋量与同容量孵化机的配置一般采用1∶3或1∶4的比例。不设翻蛋机构和翻蛋控制系统，其他构造与孵化机相同。出雏盘要求四周有一定高度，底面网格密集。

(三)其他设备

主要有码蛋机、倒盘机、洗蛋机、照蛋设备等(图2-4)。

二、饲养设备

(一)鸡笼

1. 育雏笼

(1)叠层式电热育雏笼　在每层笼内都设有电加热器和温度控制装置，可保证不同日龄雏鸡所需的温度。9YCH电热育雏器是目前国内普遍使用的笼养育雏设备。由加热育雏笼、保温育雏笼和雏鸡运动场三部分组成，每一部分都是独立的整体，可以根据房舍结构和需要进行组合。如采用整室加热育雏，可单独使用雏鸡运动场；在温度较低的地方，可适当减少运动场，而增加加热和保温育雏笼。电热育雏笼一般为四层，每层高度330 mm，每组笼面积为1 400 mm×700 mm，层与层之间是700 mm×700 mm的承粪盘，全笼总高度1 720 mm，长度4 340 mm，宽度1 450 mm(图2-5)。

(2)叠层式育雏笼　指无加热装置的普通育雏笼，常用的是4层或5层。整个笼组用镀锌铁丝网片制成，由笼架固定支撑，每层笼间设承粪板，间隙50～70 mm，层高330 mm(图2-6)。此种育雏笼具有结构紧凑、占地面积小、饲养密度大，对于整室加温的禽舍使用效果不错。

(3)半阶梯式育雏笼　上下层之间部分重叠，上下层重叠部分有挡粪板，按一定角度安装，

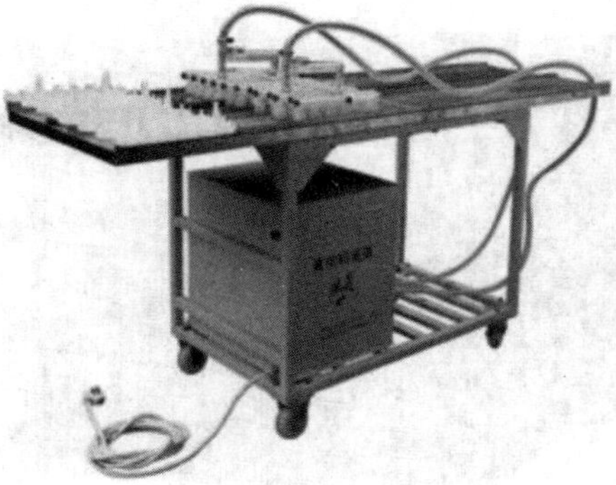

码蛋机

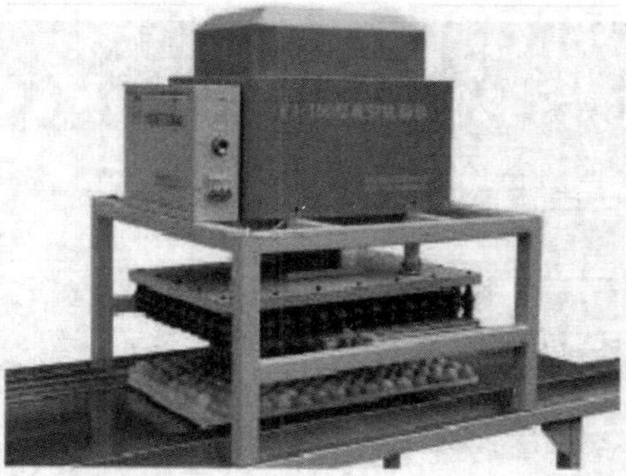

倒盘机

洗蛋机

巷道照蛋车

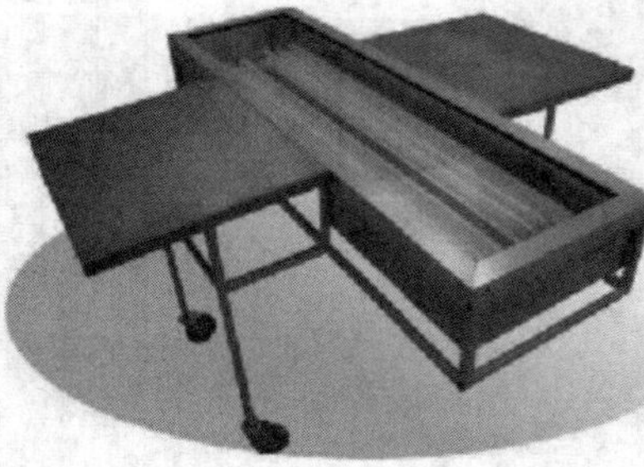

主要技术指标

1)电源：220 V±10% 50 Hz
2)功率：160 W
3)外形尺寸：
照蛋区：1 470×450×800(mm)
左操作台：600×500×800(mm)
右操作台：600×500×800(mm)

照蛋器

组成

由一个照蛋灯电源和两个照蛋灯头组成。

主要技术指标

1)适用鸡、鸭、鹅蛋的各孵化阶段的照蛋
2)电源：220 V±10% 50 Hz
3)灯口温度：≤10℃（环境温度为20℃情况下）
4)持续工作时间：≤3 h

图 2-4　孵化辅助设备

图 2-5　9YCH 型叠层式电热育雏笼
（黄炎昆.家禽生产.2007）

图 2-6　叠层式育雏笼
（黄炎昆.家禽生产.2007）

粪便滑入粪坑。其舍饲密度较全阶梯式鸡笼高，但是比层叠式鸡笼低。由于挡粪板的阻碍，通风效果比全阶梯式鸡笼稍差（图 2-7）。

2. 育成笼

从结构上分为半阶梯式和层叠式两大类，有 3 层、4 层、5 层之分，可以与喂料机、乳头式饮水器、清粪设备等配套使用。根据育成鸡的品种与体形，每只鸡占用底网面积为 340～400 cm^2（图 2-8）。

图 2-7　半阶梯式育雏笼

图 2-8　叠层式育成笼

3. 蛋鸡笼

我国目前生产的蛋鸡笼有适用于轻型蛋鸡的轻型蛋鸡笼和适用于中型蛋鸡的中型蛋鸡笼，为多层全阶梯或半阶梯组合方式。由笼架、笼体和护蛋板组成。笼架由横梁和斜撑组成，一般用厚 2.0～2.5 mm 的角钢或槽钢制成。笼体由冷拔钢丝经点焊成片，然后镀锌再拼装而成，包括顶网、底网、前网、后网、隔网和笼门等。一般前网和顶网压制在一起，后网和底网压制在一起，隔网为单网片，笼门作为前网或顶网的一部分，有的可以取下，有的可以上翻。笼底网要有一定坡度，一般为 8°～10°，伸出笼外 12～16 cm 形成集蛋槽。笼体的规格一般前高 40～45 cm，深度 45 cm 左右，每个小笼养 3～5 只鸡。护蛋板为一条镀锌薄铁皮，放于笼内前下方，下缘与底网间距 5.0～5.5 cm(图 2-9)。

层叠式蛋鸡笼在国内少数养禽场已开始使用，鸡笼上下重叠，5～7 层，每层之间有 12 cm 高的间隔，其中有传送带承接和运送粪便，清粪、喂饲、供水、集蛋以及环境条件控制均为自动化。这种鸡笼能够极大地提高禽舍的利用效率和劳动生产效率，但是成本相对较高(图 2-10)。

图 2-9　阶梯式蛋鸡笼

图 2-10　层叠式蛋鸡笼

4. 种鸡笼

可分为蛋用种鸡笼和肉用种鸡笼，从配置方式上又可分为 2 层和 3 层。种母鸡笼与蛋鸡笼笼养设备结构差不多，只是尺寸放大一些，但在笼门结构上做了改进，以方便抓鸡进行人工授精。

(二)供料设备

1. 饲料运输车与料塔(贮料仓)

根据卸料的工作部件不同，饲料车可分为机械式和气流输送式两种。机械式卸料运输车，是在载重车上加装饲料罐而组成，罐底有一条纵向搅龙，罐尾有一立式搅龙，其上有一条与之相连的悬臂龙，饲料通过搅龙的输送即可卸入 7 m 高的饲料塔中。气流输送式卸料运输车，也是在载重车上加装料罐而组成，罐底有一条或两条纵向搅龙，所不同的是在搅龙出口处设有鼓风机，通过鼓风机产生的气流将饲料输送进 15 m 以内的贮料仓中。这种运输车适宜装运颗粒料。贮料仓的直径约 2 m，高度多在 7 m 以下，采用 1.2～2 mm 镀锌钢板制成。贮料仓多用于大、中型机械化禽场，主要用作短期贮存干粉状或颗粒状配合饲料(图 2-11)。

图 2-11　贮料仓

2. 输料机

是料塔和舍内喂料机的连接纽带，将料塔或贮料间的饲料输送到舍内喂料机的料箱内。输料机有螺旋弹簧式、螺旋叶片式、链式。目前使用较多的是前两种。

(1)螺旋弹簧式　由电机驱动皮带轮带动空心弹簧在输料管内高速旋转，将饲料传送入禽舍，通过落料管依次落入喂料机的料箱中。当最后一个料箱落满料时，该料箱上的料位器弹起切断电源，使输料机停止输料的作用。反之，当最后料箱中的饲料下降到某一位置时，料位器则接通电源，输料机又重新开始工作(图 2-12)。

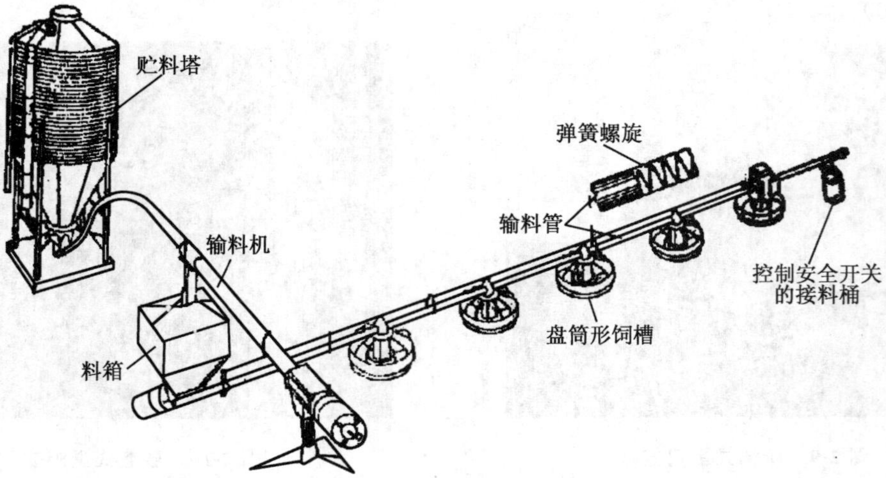

图 2-12　螺旋弹簧式输料机

(2)螺旋叶片式　是一种广泛使用的输料设备，主要工作部件是螺旋叶片。在完成由舍外向舍内输料作业时，由于螺旋叶片不能弯成一定角度，故一般由两台螺旋叶片式输料机组成，一台倾斜输料机将饲料送入水平输料机和料斗内，再由水平输料机将饲料输送到喂料机各料箱中。

3. 喂饲设备

常用的喂饲设备有螺旋弹簧式、索盘式、链板式和轨道车式四种。

(1)螺旋弹簧式喂饲机　由料箱、内有螺旋弹簧的输料管以及盘筒形饲槽组成，属于直线形喂料设备，工作时，饲料由舍外的贮料塔运入料箱，然后由螺旋弹簧将饲料沿着管道推送，依次向套接在输料管道出口下方的饲槽装料，当最后一个饲槽装满时，限位控制开关开启，使喂饲机的电动机停止转动，即完成一次喂饲。螺旋弹簧式喂饲机一般只用于平养禽舍，优点是结构简单，便于自动化操作和防止饲料被污染。

(2)索盘式喂饲机　由料斗、驱动机构、索盘、输料管、转角轮和盘筒式饲槽组成。工作时由驱动机构带动索盘，索盘通过料斗时将饲料带出，并沿输料管输送，再由斜管送入盘筒式饲槽，管中多余饲料由回料管进入料斗(图 2-13)。

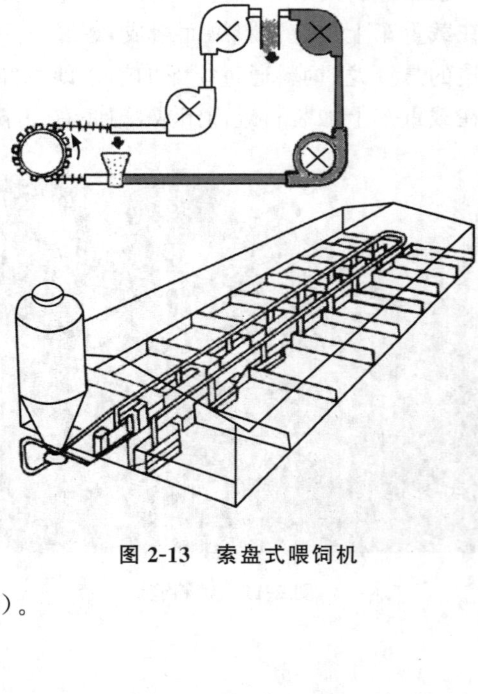

图 2-13　索盘式喂饲机

(3)链板式喂饲机　可用于平养(图 2-14)和笼养(图 2-15)。它由料箱、驱动机构、链板、长饲槽、转角轮、饲料清洁筛、饲槽支架等组成。链板是该设备的主要部件,它由若干链板相连而构成一封闭环。链板的前缘是一铲形斜面,当驱动机构带动链板沿饲槽和料斗构成的环路移动时,铲形斜面就将料斗内的饲料推送到整个长饲槽。按喂料机链片运行速度又分为高速链式喂料机(18～24 m/min)和低速链式喂料机(7～13 m/min)两种。

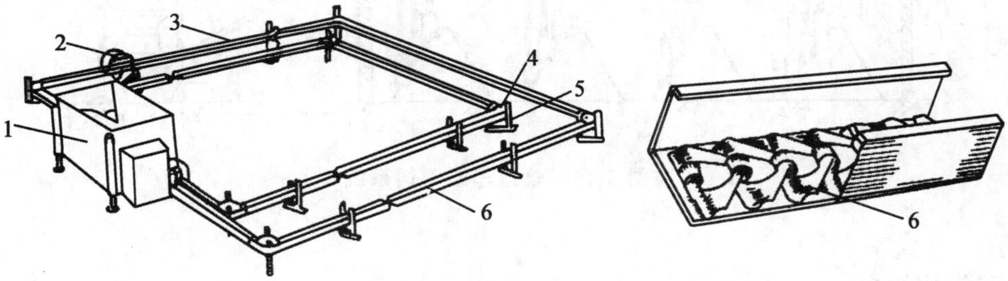

图 2-14　9WL-42P 链板式喂饲机

1. 料箱　2. 清洁器　3. 长饲槽　4. 转角轮　5. 升降器　6. 输送链

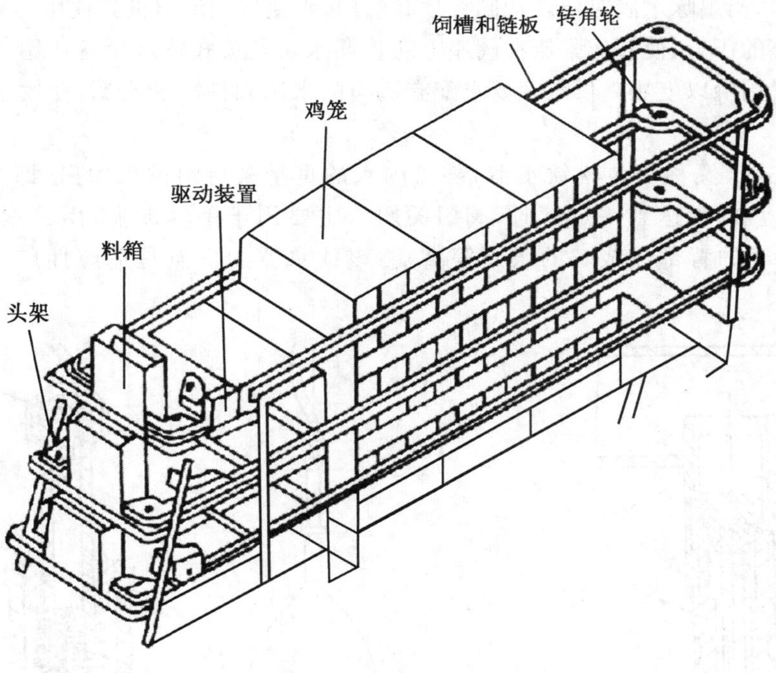

图 2-15　链板式喂饲机(笼养)

(4)轨道车式喂饲机　用于多层笼养鸡舍,是一种骑跨在鸡笼上的喂料车,沿鸡笼上或旁边的轨道缓慢行走,将料箱中的饲料分送至各层食槽中,根据料箱的配置形式可分为顶料箱式和跨笼料箱式。顶料箱式喂料机只有一个料桶,料箱底部装有搅龙,当喂料机工作时搅龙随之运转,将饲料推出料箱沿溜管均匀流入食槽。跨笼料箱喂料机根据鸡笼形式配置,每列食槽上都跨设一个矩形小料箱,料箱下部锥形扁口通向食槽中,当沿鸡笼移动时,饲料便沿锥面下滑落入食槽中。饲槽底部固定一条螺旋形弹簧圈,可防止鸡采食时选择饲料和将饲料抛出槽外(图 2-16)。

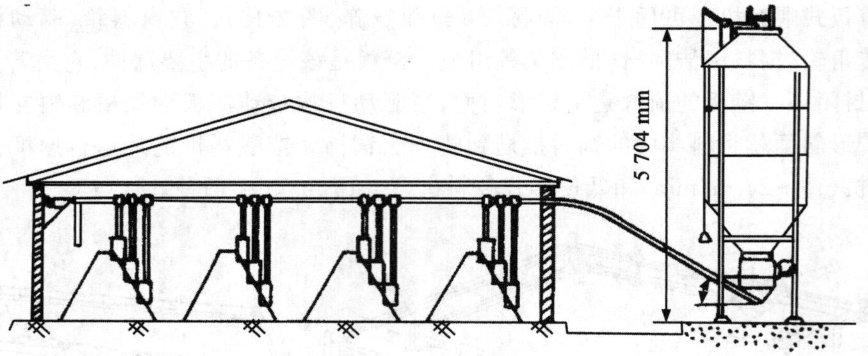

图 2-16　轨道车式喂饲系统

(三)供水设备

1. 饮水器的种类

(1)乳头式　有锥面、平面、球面密封型三大类。该设备用毛细管原理,使阀杆底部经常保持挂有一滴水,当鸡啄水滴时便触动阀杆顶开阀门,水便自动流出供其饮用。平时则靠供水系统对阀体顶部的压力,使阀体紧压在阀座上防止漏水。乳头式饮水设备适用于笼养和平养禽舍给成鸡或 2 周龄以上雏鸡供水。要求配有适当的水压和纯净的水源,使饮水器能正常供水(图 2-17)。

(2)吊塔式　又称普拉松饮水器,靠盘内水的重量来启闭供水阀门,即当盘内无水时,阀门打开,当盘内水达到一定量时,阀门关闭。主要用于平养禽舍,用绳索吊在离地面一定高度(与雏鸡的背部或成鸡的眼睛等高)。该饮水器的优点是适应性广,不妨碍鸡群活动(图 2-18)。

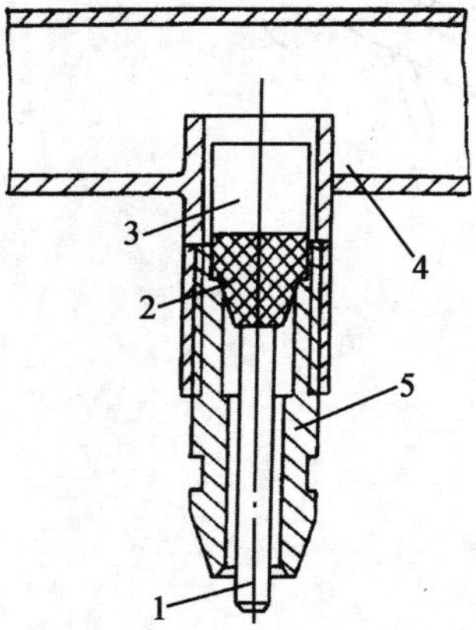

图 2-17　乳头式饮水器

1. 阀芯　2. 密封胶阀　3. 重块　4. 输水管　5. 器体

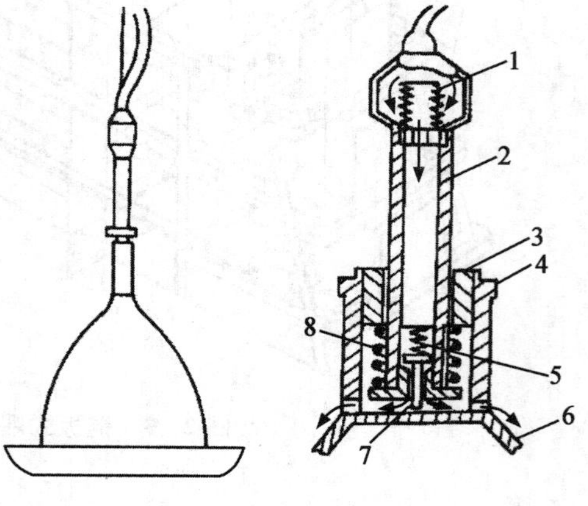

图 2-18　吊塔式饮水器

1. 滤网　2. 阀门体　3. 螺纹套　4. 锁紧螺帽　5. 小弹簧　6. 饮水盘体　7. 阀门杆　8. 大弹簧

(3)水槽式　一般安装于鸡笼食槽上方,是由镀锌板、搪瓷或塑料制成的“V”形槽,每根 2 m,由接头连接而成。水槽一头通入长流动水,使整条水槽内保持一定水位供鸡只饮用,另一头流入排水管道将水排出禽舍。槽式饮水设备简单，但耗水量大。安装要求在整列鸡笼几十米长度内，水槽高度误差小于 5 cm，误差过大不能保证正常供水。

(4)杯式 分为阀柄式和浮嘴式两种。该饮水器耗水少，并能保持地面或笼体内干燥。平时水杯在水管内压力下使密封帽紧贴于杯体锥面，阻止水流入杯内。当鸡饮水时将杯舌下啄，水流入杯体，达到自动供水的目的(图 2-19)。

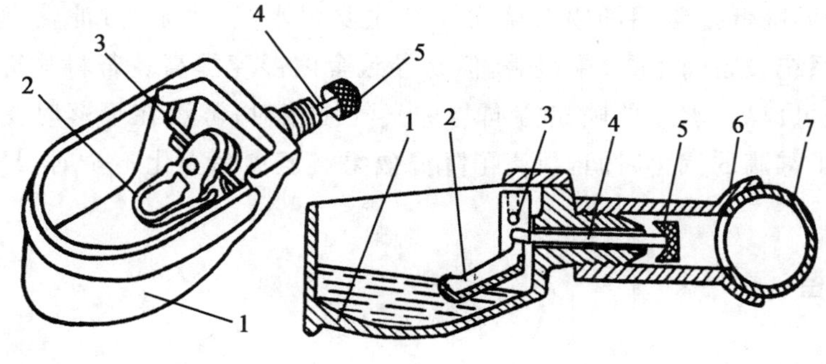

图 2-19 杯式饮水器

1.杯体 2.触发浮板 3.销轴 4.阀门杆 5.橡胶塞 6.鞍形接头 7.主水管

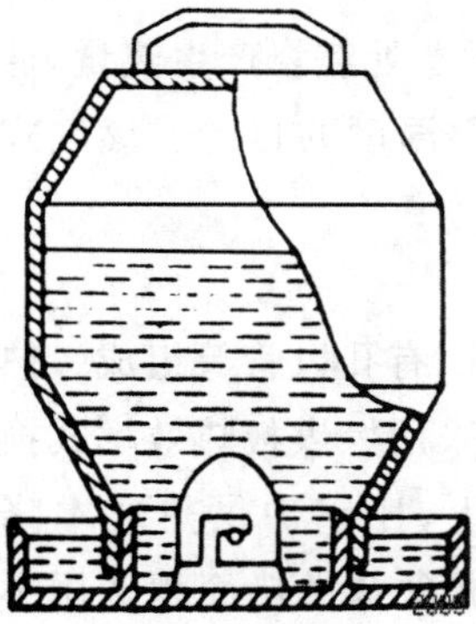

图 2-20 真空饮水器

(5)真空式 由水桶和盘两部分组成，多为塑料制品。桶倒扣在盘中部，并由销子定位。桶内的水由桶下部壁上的小孔流入饮水器盘的环形槽内，能保持一定的水位。真空式饮水器主要用于平养禽舍(图 2-20)。

2.供水系统

乳头式、杯式、吊塔式饮水器要与供水系统配套，供水系统由过滤器、减压装置和管路等组成。

(1)过滤器 其作用是滤去水中杂质，使减压装置和饮水器能正常供水。过滤器由壳体、放气阀、密封、上下垫管、弹簧及滤芯等组成。

(2)减压装置 其作用是将供水管压力减至饮水器所需要的压力，减压装置分为水箱式和减压阀式两种。

三、环境控制设备

(一)降温设备

1.湿帘风机降温系统

该系统由湿帘(或湿垫)、风机、循环水路与控制装置组成。具有设备简单、成本低廉、降温效果好、运行经济等特点，比较适合高温干燥地区。

国内使用比较多的是纸质湿帘，采用特种高分子材料与木浆纤维空间交联，加入高吸水、强耐性材料胶结而成，具有耐腐蚀、使用寿命长、通风阻力小、蒸发降温效率高、能承受较高的过流风速、安装方便、便于维护等特点。湿帘风机降温系统是目前最成熟的蒸发降温系统。湿帘的厚度以 100～200 mm 为宜，干燥地区应选择较厚的湿帘，潮湿地区所用湿帘不宜过厚。

2. 喷雾降温系统

用高压水泵通过喷头将水喷成直径小于 100 μm 的雾滴，雾滴在空气中迅速汽化而吸收舍内热量使舍温降低。常用的喷雾降温系统主要由水箱、水泵、过滤器、喷头、管路及控制装置组成，该系统设备简单，效果显著，但易导致舍内湿度提高。若将喷雾装置设置在负压通风禽舍的进风口处，雾滴的喷出方向与进气气流相对，雾滴在下落时受气流的带动而降落缓慢，延长了雾滴的汽化时间，提高了降温效果。但禽舍雾化不全时，易淋湿羽毛影响生产性能。

(二)采暖设备

1. 保温伞

适用于垫料地面和网上平养育雏期供暖。有电热式和燃气式两类。

(1)电热式　热源主要为红外线灯泡和远红外板，伞内温度由电子控温器控制，可将伞下距地面 5 cm 处的温度控制为 26～35℃，温度调节方便。

(2)燃气式　主要由辐射器和保温反射罩组成。可燃气体在辐射器处燃烧产生热量，通过保温反射罩内表面的红外线涂层向下反射远红外线，以达到提高伞下温度的目的。燃气式保温伞内的温度可通过改变悬挂高度来调节。

2. 热风炉

热风炉供暖系统主要由热风炉、风机及其支架、电控箱、连接弯管、有孔风管等组成。热风炉有卧式和立式两种，是供暖系统中的主要设备。它以空气为介质，采用燃煤板热效率式换热装置，送风升温快，热风出口温度为 80～120℃，热效率达 70%以上，比锅炉供热成本降低 50%左右，使用方便、安全，是目前推广使用的一种采暖设备。可根据禽舍供热面积选用不同功率热风炉。立式热风炉顶部的水套还能利用烟气余热提供热水(图 2-21)。

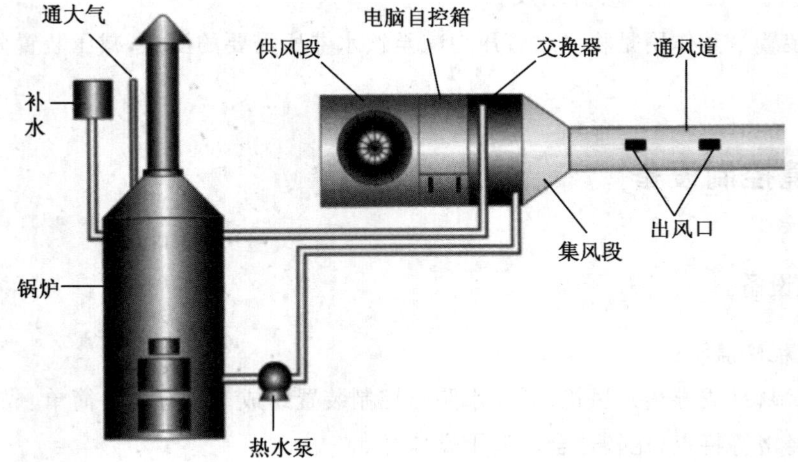

图 2-21　热风炉供暖系统

(三)通风设备(风机)

1. 轴流风机

主要由外壳、叶片和电机组成,叶片直接安装在电机的转轴上。轴流风机风向与轴平行,具有风量大、耗能少、噪声低、结构简单、安装维修方便、运行可靠等特点,而且叶片可以逆转,以改变输送气流的方向,而风量和风压不变,因此,既可用于送风,也可用于排风。但风压衰减较快。目前禽舍的纵向通风常用节能、大直径、低转速的轴流风机(图 2-22)。

图 2-22　轴流风机

2. 离心风机

主要由蜗牛形外壳、工作轮和机座组成。这种风机工作时,空气从进风口进入风机,旋转的带叶片工作轮形成离心力将其压入外壳,然后再沿着外壳经出风口送入通风管中。离心风机不具逆转性,但产生的压力较大,多用于禽舍热风和冷风输送(图 2-23、图 2-24)。

图 2-23　离心风机

图 2-24　畜禽舍屋顶离心风机

(四)照明设备

(1)人工光照设备　包括白炽灯、荧光灯。

(2)照度计　可以直接测出光照强度的数值。由于家禽对光照的反应敏感,禽舍内要求的照度比日光低得多,应选用精确的仪器。

(3)光照控制器　基本功能是自动启闭禽舍照明灯,即利用定时器的多个时间段自编程序功能，实现精确控制舍内光照时间。

（五）清粪设备

1. 刮板式清粪机

用于网上平养和笼养，安置在鸡笼下的粪沟内，刮板略小于粪沟宽度。每开动一次，刮板做一次往返移动，刮板向前移动时将鸡粪刮到禽舍一端的横向粪沟内，返回时，刮板上抬空行。横向粪沟内的鸡粪由螺旋清粪机排至舍外。根据禽舍设计，一台电机可负载单列、双列或多列。

在用于半阶梯笼养和叠层笼养时采用多层式刮板，其安置在每一层的承粪板上，排粪设在安有动力装置相反一端。以4层笼养为例，开动电动机时，2层刮板为工作行程，另2层为空行，到达尽头时电动机反转，刮板反向移动，此时另两层刮板为工作行程，到达尽头时电动机停止。

2. 输送带式清粪机

用于叠层式笼养禽舍清粪，主要由电机和链传动装置、主动辊、被动辊、承粪带等组成。承粪带安装在每层鸡笼下面，启动时由电机、减速器通过链条带动各层的主动辊运转，将鸡粪输送到一端，被端部设置的刮粪板刮落，从而完成清粪作业。

3. 螺旋弹簧横向清粪机

是机械清粪的配套设备。当纵向清粪机将鸡粪清理到禽舍一端时，再由横向清粪机将刮出的鸡粪输送到舍外。作业时，清粪螺旋直接放入粪槽内，不用加中间支撑，输送混有鸡毛的黏稠鸡粪也不会堵塞（图2-25）。

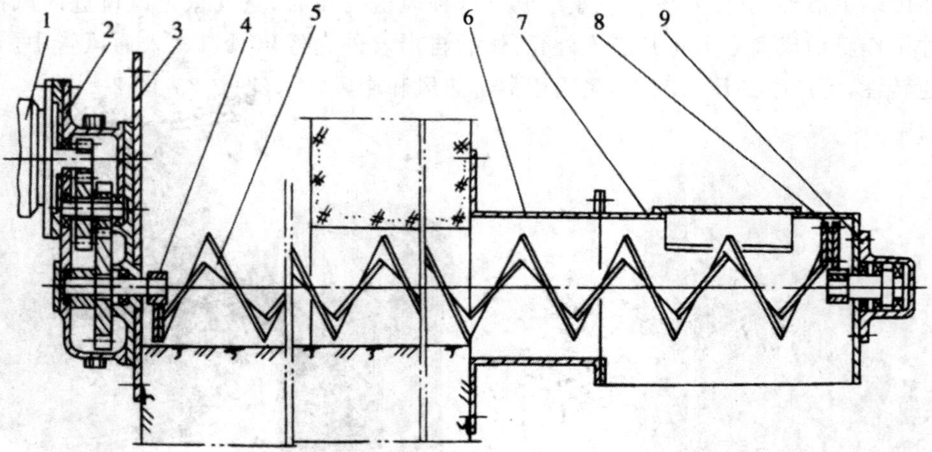

图2-25　螺旋弹簧横向清粪机布置示意图

1. 电动机　2. 变速箱　3. 支架　4. 头座焊合件　5. 清粪螺旋　6. 接管焊合件　7. 出料尾管焊合件　8. 尾座焊合件　9. 尾部轴承座

四、卫生防疫设备

1. 多功能清洗机

多功能清洗机具有冲洗和喷雾消毒两种用途，使用220 V电源作动力，适用于禽舍、孵化室地面冲洗和设备洗涤消毒。该产品进水管可接到水龙头上，水流量大压力高，配上高压喷枪，比常规手工冲洗快而洁净，还具有体积小、耐腐蚀、使用方便等优点。

2. 喷雾消毒设备

禽舍固定管道喷雾消毒设备是一种用机械代替人工喷雾的设备，主要由泵组、药液箱、输液管、喷头组件和固定架等构成。饲养管理人员手持喷雾器进行消毒，劳动强度大，消毒剂喷洒不均。

3. 火焰消毒器

由于燃烧的火焰温度较高，触及之处可以烧死病原微生物，并且消毒效果较好。火焰消毒器的工作原理是把一定压力的燃油（煤油或柴油）雾化并燃烧产生喷射火焰，喷向消毒部位来消毒的一种消毒工具。

【案例分析】

正大集团 1 万只标准化蛋鸡舍设施设备配置方案分析

一、正大集团 1 万只标准化蛋鸡场的设计

（一）标准化鸡舍建筑工艺设计

（1）标高　室内地坪为 0 cm±00 cm；室内外高差：蛋鸡舍±0.5 cm。

（2）基础与墙体材料　Mu10 机砖；M5 水泥砂浆；聚苯乙烯板 12 kg 容重。

（3）基础　槽宽 600 mm；槽底 1.6 m（蛋鸡）；夯填土 500 mm；2∶8 灰土 300 mm；砌 370 mm 砖基，大方脚 490 两皮砖。防潮加强带 60 cm 厚（室内地坪上平）配筋 ø6 mm，纵向 2 根（240 墙）、3 根（全部外墙 370），分布 ø6@250。

（4）墙体　内墙 240 mm 及两山墙 370 mm 为实心墙，出屋面砌 5 皮砖，前后挑砖200 mm。前后纵墙 300 mm 厚空心墙。先砌外面 120 mm 墙至一定高度，贴 60 mm 泡沫板后，再砌内 120 mm 墙。圈梁下、地坪上及洞口侧壁为实心 2 皮砖及 240 mm 宽。圈梁在标高 1.6 m 及 2 m（山墙）上，高 200 mm，宽同墙厚，高低搭接配筋为 500 mm，ø12 mm，箍筋 ø6@200，大于 1.5 m 洞口下加 1ø12 mm，长度＝洞宽＋500 mm。

（5）刮粪沟　1 800 mm×（300～400 mm），底壁 100 mm 厚，与山墙外平，做防腐木挡板 200 mm×600 mm，20 mm 厚。沟底与壁粉 1∶2 水泥砂浆 20 mm 厚。

（6）山墙留洞　2 060 mm×500 mm，上做 C20 砼 370 mm×200 mm 过梁配 5ø12 mm，L2300 mm，箍筋 ø6@200，墙内沟上 2 000 mm 宽处，各做 C25 砼 60 mm 厚盖板 4 块，配 6ø10 mm 和 7ø6 mm 筋。

（7）纵墙圈梁上预埋件设置　在每个弦架下，埋设 200 mm×200 mm×10 mm 钢板一块，根据设计鸡舍的长度和屋架的间距，确定预埋件的间距。固定好拱架后，圈梁上砖 300 mm 宽 200 mm 高，上做 C15 砼压顶 40 mm 厚，便于固定彩板屋面。拱架矢高 750 mm 做成弧形；上弦 DN20 钢管，下弦 ø10 mm 圆钢。拱架正中处纵向设组合水平支撑高 230 mm，上为 L30×3 mm 在上弦之上兼搭条；下为 ø10 mm 在下弦之上，腹杆 ø10 中距 400 mm；擦条为口方管 30 mm×（1.5～2 mm）及 ø6 mm 元钢中距 1 000 mm 左右，间隔设置。

（8）彩钢压型（820）板、聚苯板（容重 15 kg）　30 cm×2 层错缝铺设，下为塑料布一层的综合屋盖。

(9)地坪　在夯填土整平后做C15砼80 mm厚(育雏舍下铺塑料布一层),随打随抹加浆压完。散水宽500 mm;坡道1 800 mm×4 000 mm(育雏2 400 mm),挖或填土时按4%找坡。2∶8灰土150 mm厚,应做宽600 mm,面层为C15砼50 mm厚(外缘加厚至100 mm)加浆一次抹完。沿墙及纵向8～9 cm留缝,铺双层油毡,挤压固定。

(10)坡道　80 mm厚防滑水泥面。山墙压顶,汛水、勒脚、圈梁、内墙面等,均为1∶2水泥砂浆20 mm厚,勒脚上外墙均为水泥砂浆勾缝。

(11)油漆　拱架等金属结构均为沥青漆三度;门窗等均为调和漆一底二度。

(12)门窗　窗子为中空玻璃的塑钢窗;玻璃5 mm,门装弹子锁。水帘洞口安装木百叶。

鸡舍建筑设计见图2-26。

24 cm砖墙+6 cm苯板

蛋鸡舍1.8 m宽粪沟4条

育成舍地坪

薄膜+苯板+彩钢瓦复合屋顶

拱形钢屋架

标准通风口

图2-26　鸡舍建筑设计

(二)标准化鸡舍设备的配置

3层标准鸡笼112组,3 360个饮水乳头,自动刮粪板2组,1.8 m×7.5 m×0.15 m制式水帘1块,48英寸(140 cm×140 cm)负压风机4台、36英寸(110 cm×110 cm)负压风机2台,光照、时间、温度控制器一套。4列龙门架式自动喂料行车一台。在育成舍中还必须有4条乳头式水线,3条自动喂料线。标准化鸡舍设备的配置见图2-27。

二、配置方案分析

1.标准化鸡舍建筑工艺设计分析

通过分析正大集团1万只标准化蛋鸡舍建筑工艺设计可知:这种类型鸡舍标高、基础、墙体及地坪设计参数合理,材质选择符合当地实际。基础由多层结构构成,具有防潮、保温、坚实的特点;内墙与山墙设计为实心墙,具有较强的支撑作用;两纵墙体设计为空心墙,中间夹泡沫板,提高了鸡舍的保温性能;地坪与坡道设计合理,方便日常管理;窗户设计为中空玻璃塑钢窗,既利于通风换气,也利于冬春季节防寒保温;舍内设计有刮粪沟,可及时清理粪便,改善舍

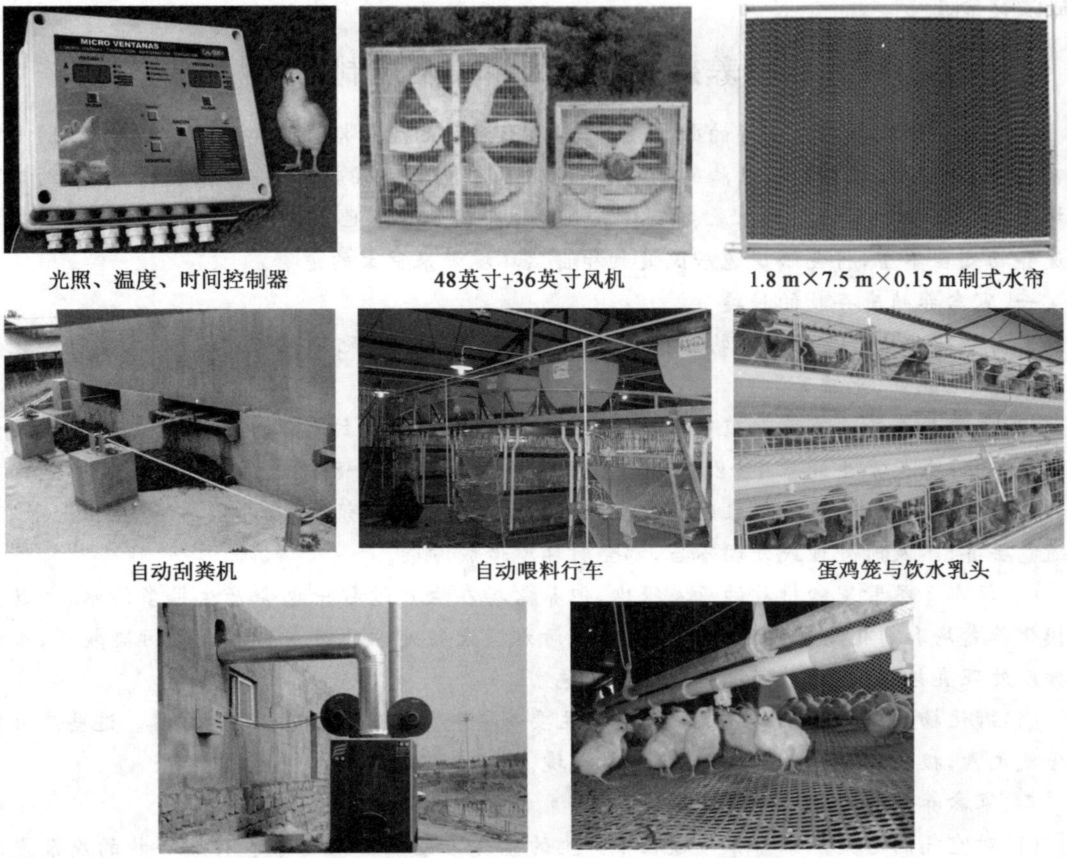

光照、温度、时间控制器　48英寸+36英寸风机　1.8 m×7.5 m×0.15 m制式水帘

自动刮粪机　自动喂料行车　蛋鸡笼与饮水乳头

暖风炉　乳头水线

图 2-27　标准化鸡舍设备

内的环境条件。由此可见，这种设计工艺先进、实用性强，可充分满足当地蛋鸡生产需要。

2. 标准化鸡舍设备配置分析

通过分析正大集团 1 万只标准化蛋鸡舍设备配置计划可知：鸡笼、饮水器、刮粪板、水帘、风机等设备配置数量适宜，可有效保证蛋鸡生产有序开展，提高了各种设备的利用率。安装自动喂料线和饮水器，可显著提高生产效率，此外，舍内安装刮粪板、负压风机、光照温度控制器等环境控制设备，为蛋鸡生产创造适宜的环境，可最大限度地发挥蛋鸡的生产潜力。由此可见，这套设备配置方案设计合理，设备配置齐全，适合规模化蛋鸡生产。

1 万只蛋鸡标准化模式是兰州正大公司凭借近 20 年在全国养殖业所形成的企业品牌优势和市场资源优势，结合企业良好的综合实力，站在养殖产业发展、企业自身生存和提升核心竞争力的战略高度上，针对西北地区的特殊自然气候等条件和行业实际而专门设计的蛋鸡标准化生产模式。

该模式目前已在甘宁青地区大面积推广。研究表明，此标准化鸡舍通过自动化环境控制措施可明显提高鸡只的生产性能。与传统鸡舍相比，产蛋率提高了 3.5%，每只鸡生产全期可多生产鸡蛋 3 kg。此外，鸡群的热应激和鸡群各期的死淘率均有所下降。减少了鸡群环境病的发病率，减少了鸡群用药，每年每只鸡节省投药费用 64.3%，大幅度降低了生产成本。

【阅读材料】

家禽养殖对环境的污染及控制对策

环境是一切生物赖以生存的必要条件，与人和动物的生命活动息息相关。近年来，随着我国畜牧业的快速发展和产业结构的调整，规模化养禽场迅速崛起。然而，在规模化、集约化的禽场生产过程中产生的大量粪尿、污水、垫料等废弃物的处理已成为难以解决的问题，如果这些废弃物处理不当，将会给周边居民健康和自然环境带来巨大的危害。

一、家禽养殖废弃物的种类

家禽养殖业中产生的废弃物主要包括家禽的粪尿、垫料、死禽、羽毛、污水、污物及孵化产生的蛋壳、死胚蛋、死雏等。

(1)家禽的粪尿　家禽养殖中废弃物排放量最大的是家禽的粪尿。据估测，一个1万羽的蛋鸡场，若以每天产生粪尿1～2 t计算，全年可产生粪尿360～550 t。

(2)死禽　养禽场死禽现象时有发生，这些死禽本身携带有病原菌、病毒、寄生虫卵等，如果随意丢弃、不及时处理或处理不当，都会对环境造成污染。

(3)污水　尽管家禽排放的尿液很少，但养禽场在生产过程中也会产生很多污水，尤其是规模化养禽场和孵化场每天都会排放大量的污水。未经处理的污水含有大量污染物质，如果不加以处理直接排放，会对环境造成很大的危害。

(4)孵化场的废弃物　孵化场的废弃物主要有蛋壳、死胚、死胎、死雏和污水。这些废弃物富含氮元素，极易腐败，若处理不当会污染环境。

二、家禽养殖废弃物对环境的污染

(1)对空气的污染　家禽养殖过程中产生的空气污染主要来自于各种废弃物的腐败发酵和家禽呼吸等。有研究结果表明，一个存栏3万羽的蛋鸡场，每天向空气中排放的氨气达1.8 kg以上。其中氨气、硫化物若未经处理会产生氨、甲基硫醇、硫化氢、粪臭素等恶臭气体，这些恶臭物质都是有害物质，会造成空气中氧含量相对下降，污浊物升高，降低空气质量，将直接影响饲养人员及周围居民身体健康，并且影响家禽的正常生长，造成抵抗力下降和生产性能降低。

(2)对土壤的污染　未经处理的家禽粪便过量施用农田，超过土壤本身的自净能力，可导致土壤孔隙堵塞，造成土壤透气、透水性下降及板结，严重影响土壤质量，并可使作物徒长、倒伏、晚熟或不熟，造成减产甚至毒害作物；另外，在家禽养殖中大量使用的各种促进生长和提高饲料利用率、抑制有害菌的微量元素添加剂，如硒、铜、砷等将同粪便一同排出，长期施用未经处理的粪便会使重金属和有害物质在土壤中的含量增加，不但将抑制作物的生长，而且会在作物中大量富集，当作物中这些元素含量超过一定标准就会影响人类的健康。

(3)对水体的污染　家禽养殖场的废水中含有大量化学污染物，我国大部分规模化养殖场废水未经处理或简易处理后直接排放，高浓度有机废水直接或间接进入江河湖库是造成水体富营养化的重要原因之一，未经处理的家禽粪便随意堆放，通过雨水冲刷和土壤毛细管作用，粪便中的氮、磷元素进入土壤后转化为硝酸盐和磷酸盐，不仅造成土壤污染，还会引起地下水污染。硝酸盐能转化为致癌物质，污染饮用水后将严重威胁人体健康，而地下水污染通常需要300年才能自然恢复。

(4)生物污染　家禽粪便和病死家禽尸体中携带有大量的病原微生物、寄生虫卵等，这些病原微生物是多种疾病的潜在发病源，可以在较长的时间内维持其感染性。据化验分析，家禽场所排放的每毫升污水中平均含30多万个大肠杆菌和60多万个肠球菌。如处理不当，不仅会造成大量蚊蝇滋生，而且还会成为传染源，造成疫病传播，影响人类和家禽健康。

三、家禽养殖污染的控制措施

(一)加强立法与管理，增强养殖户的环保意识

家禽养殖业带来污染的根源之一，就是没有建立相应的法规，缺乏管理，以及养殖户环境保护意识不强。因此，国家应针对家禽养殖业的污染问题，制定《家禽养殖污染防治管理办法》、《家禽养殖业污染物排放标准》和《家禽养殖业环境管理技术规范》等法规与规范，合理布局，控制发展速度和饲养密度，加强管理。同时应广泛宣传，切实做好家禽养殖污染的整治工作，加强技术指导和服务，帮助养殖户解决污染问题。

(二)统一规划、合理布局

针对家禽生产由分散经营向规模化发展的特点，结合农业产业结构调整和农村城镇化建设要求，按照生态农业发展的要求，进行统一规划，明确环境的敏感区，严禁在城市集中饮用水源地、人口稠密区和环境敏感区建设大中型家禽养殖场。

(三)解决家禽养殖污染的技术途径

从技术上讲，防治污染应坚持"预防为主，防重于治"的原则，达到"治本治标，标本兼治"。解决养禽业环境污染问题的途径主要通过畜牧环保技术从根本上解决养禽业废弃物污染问题。

1. 环保饲料技术

提高家禽的饲料利用率，尤其是提高饲料中氮、磷的利用率，降低家禽粪便中氮磷污染，是消除畜牧环境污染的"治本"之举。为了达到这一目的，除了采用培育优良品种、科学饲养、科学配料，应用高效促生长添加剂，应用高新技术改变饲料品质及物理形态，如用生物制剂和酶制剂处理、饲料颗粒化、饲料膨化或热喷技术等手段外，应用生态营养原理，开发环保饲料，均收到了良好效果。

2. 禽用防臭剂开发

为了减轻家禽排泄物及其气味的污染，从预防的角度出发，可在饮水、饲料或禽舍垫料中添加各类除臭剂。主要措施有：一是使用遮蔽剂，即使用一种混合芳香化合物遮蔽鸡粪臭味。二是使用中和剂，它是应用芳香油与产生臭气的化合物发生化学反应、减少臭气浓度。三是应用生物除臭剂，其原理是通过饲料中加入某种微生物，利用微生物产生的酶类降解产生臭气的化合物。如利用产酸菌进行发酵，降低粪便的酸度，减少氯的挥发；利用酵母菌与放线菌发酵处理鸡粪等。四是使用吸附剂等化合物，如泥炭、沸石等。五是使用化学除臭剂，应用一些具有强氧化作用的化学物质氧化有气味物质或添加杀菌剂。减少粪便堆积过程中产气微生物的繁殖，常用的有过氧化氢、高锰酸钾、甲醛等。美国在粪便中加入碱性物质，提高粪便的pH，结果减少了恶臭气体的产生并杀死病原微生物，取得了较好的效果。利用脉冲电磁装置产生的脉冲电磁波有选择的抑制一些有害微生物的生长，以减少臭味。

3. 消除饲料中抗营养因子的抗营养作用

大多数植物性饲料及副产品，尤其是豆类及饼粕、谷糠中含有大量的抗营养因子，如蛋白

酶抑制因子、凝集素、单宁等，经过适当的加工处理，如膨化、制粒等，可降低其含量，提高饲料养分的利用率，减少氮和磷的排出量。

4. 粪便的处理与应用技术

(1)堆积发酵　通常用堆肥法处理家禽粪污中的固体部分，即在人工控制的条件下，通过微生物的发酵作用将有机物转变为肥料，同时将家禽粪污中的病原微生物杀死。其中高温堆肥以其无害化程度高、腐熟程度高、堆腐时间短、处理规模大、成本较低、适于工厂化生产等优点而逐渐成为首选处理模式。

(2)干燥处理　家禽粪便的干燥处理技术方法主要有高温干燥和烘干膨化干燥两种。高温干燥是目前我国处理家禽粪便广泛采用的方法之一，是采用煤、油或电产生的能量进行人工干燥。烘干膨化干燥是利用热效应和喷放机械效应两个方面的作用，使家禽粪便既除臭又能彻底杀菌、灭虫卵，达到卫生防疫和商品肥料的要求。

(3)土地还原　即把家禽粪污作为肥料适量的施入农田，利用土壤中的微生物达到分解有机质的目的。但不能过量，如果污染物排放量超过了土壤的自净能力，就会出现降解不完全和厌氧腐解，产生恶臭物质和亚硝酸盐等有害物质，引起土壤的组成和性状发生改变。尤其是粪污当中的病原微生物也会造成土壤污染。

(4)鸡粪的饲料化技术　由于家禽粪便中含有大量未消化的蛋白质、B族维生素、矿物质元素、粗脂肪和一定量的碳水化合物，所以是用作饲料的合适原料。鸡粪可通过干燥、发酵、青贮等方法加工处理后作为猪饲料。目前已有许多国家利用鸡粪加工饲料，德国、美国的鸡粪饲料“托普蓝”已作为蛋白质饲料出售，英国和德国的鸡粪饲料进入了国际市场。而今已将鸡粪大规模加工成商品饲料及其他产品。

(5)生产沼气　将家禽粪便投入沼气池中，经过发酵处理，可开发沼气等再生能源。经过发酵的粪便，还能够消灭90%以上的家禽寄生虫卵、大肠杆菌等。

5. 污水的处理与应用技术

家禽场每天会产生大量洗刷的污水，其中含有固形物10%～20%，如任其流淌会污染环境和地下水，所以应进行适当处理。

(1)沉淀　试验表明，含10%～33%鸡粪的粪液，放置24 h后，80%～90%的固形物会沉淀下来。某些鸡场将污水经两级沉淀后，水质变得清澈，可用于浇灌果树，甚至养鱼。

(2)用生物滤塔过滤　生物滤塔是依靠滤过物质附着在多孔性滤料表面所形成的生物膜，来分解污水中的有机物。通过这一过程，污水中的有机物既过滤又分解，浓度大大降低，可得到很好的净化效果。

6. 其他废弃物的无害化处理

(1)病死鸡的处理　应按照《病害动物和病害动物产品生物安全处理规程》(GB 16548—2006)，及时做好病死鸡的无害化处理。

①直接深埋　挖一深度不少于2 m的深坑，将死鸡放入掩埋。死鸡充分腐烂变成腐殖质后，可直接进入土壤中。但要在死鸡与土坑上面及其周围用消毒药消毒。

②焚烧处理　适用于发生急性传染病而大批死亡时。但这种方法常常会产生较多的臭气污染空气。因此，应注意其燃烧的效率，最好有二次燃烧装置，以清除臭气。焚烧炉应建在远离生活区和生产区，并在下风向；同时，焚烧炉必须安装较高的烟囱，以免污染周围环境。

(2)孵化厂废弃物的处理和利用　在家禽孵化过程中，有大量的废弃物产生，如无精蛋、死胚蛋、死雏、毛蛋和蛋壳等。无精蛋可用于加工食品；死胚蛋、毛蛋、死雏可经高温灭菌后制成干粉，代替肉骨粉与豆粕；蛋壳可加工为蛋壳粉，亦需高温灭菌。若养殖场没有高温灭菌设备，每次出雏的废弃物应尽快深埋处理。

【考核评价】

一、考核题目

甘肃武威市凉州区某鸡场地处我国西北地区，2013 年 4 月技术人员对鸡场各类鸡舍的环境参数进行了检测，发现鸡场的空气环境质量指标和风速均不太合理，如表 2-4、表 2-5 所示。请予以修改完善。

表 2-4 某鸡场空气环境质量

序号	项目	单位	缓冲区	场区	禽舍	
					雏禽舍	成禽舍
1	氨气(NH_3)	mg/m^3	2	5	14	18
2	硫化氢(H_2S)	mg/m^3	1	2	6	15
3	二氧化碳(CO_2)	mg/m^3	380	750	1 500	1 500
4	PM10(可吸入颗粒物)	mg/m^3	0.5	1	4	4
5	TSP(总悬浮颗粒物)	mg/m^3	1	2	8	8
6	恶臭	稀释倍数	40	50	90	100

注：表中数据皆为日均值。

表 2-5 某鸡场各类鸡舍实际测定的环境参数

禽舍	换气量/(m^3/(h·kg))			气流速度/(m/s)		
	冬季	过渡季	夏季	冬季	过渡季	夏季
成年鸡舍						
蛋鸡舍(平养)	0.7		1.0		0.3～0.6	
肉鸡舍(笼养)	0.75		2.0		0.3～0.6	
雏鸡舍						
蛋用雏鸡(周龄)						
1～9	0.8～1.0		5.0		0.2～0.5	
10～22	0.75		5.0		0.2～0.5	
肉用雏鸡(周龄)						
1～9	0.75～1.0		5.0		0.2～0.5	
10～26	0.7		5.0		0.2～0.5	
肉用仔鸡(周龄)						
1～8(笼养)	0.70～1.0		5.5		0.2～0.5	
1～9(平养)	0.70～1.0		5.5		0.2～0.5	

二、评价标准

甘肃武威市凉州区某鸡场各类鸡舍的环境参数，根据 NY/T 388—1999《畜禽场环境质量标准》、NY/T 1167—2006《畜禽场环境质量及卫生控制规范》要求，经修改其适宜的参数值如表 2-6、表 2-7 所示。

表 2-6 禽场空气环境质量

序号	项目	单位	缓冲区	场区	禽舍	
					雏禽舍	成禽舍
1	氨气(NH_3)	mg/m^3	2	5	10	15
2	硫化氢(H_2S)	mg/m^3	1	2	2	10
3	二氧化碳(CO_2)	mg/m^3	380	750	1 500	1 500
4	PM10(可吸入颗粒物)	mg/m^3	0.5	1	4	4
5	TSP(总悬浮颗粒物)	mg/m^3	1	2	8	8
6	恶臭	稀释倍数	40	50	70	70

注:表中数据皆为日均值。

表 2-7 鸡舍通风换气量技术参数表

禽舍	换气量/(m^3/(h·kg))			气流速度/(m/s)		
	冬季	过渡季	夏季	冬季	过渡季	夏季
成年鸡舍						
蛋鸡舍(平养)	0.7		4.0		0.3～0.6	
肉鸡舍(笼养)	0.75		5.0		0.3～0.6	
雏鸡舍						
蛋用雏鸡(周龄)						
1～9	0.8～1.0		5.0		0.2～0.5	
10～22	0.75		5.0		0.2～0.5	
肉用雏鸡(周龄)						
1～9	0.75～1.0		5.0		0.2～0.5	
10～26	0.7		5.0		0.2～0.5	
肉用仔鸡(周龄)						
1～8(笼养)	0.70～1.0		5.5		0.2～0.5	
1～9(平养)	0.70～1.0		5.5		0.2～0.5	

【信息链接】

1. NY/T 649—2002 养鸡机械设备安装技术条件
2. NY 819—2004 鸡用饲养隔离器
3. GB/T 19525.2—2004 畜禽场环境质量评价标准
4. NY/T 1167—2006 畜禽场环境质量及卫生控制规范
5. NY/T 1168—2006 畜禽粪便无害化处理技术规范
6. NY/T 1755—2009 畜禽舍通风系统技术规程
7. GB/T 23491—2009 饲料企业生产工艺及设备验收指南
8. GB/T 27522—2011 畜禽养殖污水采样技术规范
9. NY/T 1169—2006 畜禽场环境污染控制技术规范

项目三

家禽的饲料筹划与引种选育

【学习目标】

了解鸡常用饲料的种类、特点；掌握鸡日粮配合的方法；熟悉市面各种饲料特点；会编制鸡场饲料供应计划；了解鸡的生物学特性，根据生产中常用的鸡品种特性搞好引种工作。

【学习任务】

任务1　禽的生物学特性及利用

一、家禽外貌

(一)外貌部位

家禽的外貌部位可以分为头部、颈部、体躯与翅膀、尾部和腿五个部分(图3-1)。

(1)头部　鸡的头部包括喙与鼻孔、面部、鸡冠、髯、眼睛、耳叶与耳孔等。水禽没有冠和髯，起源于鸿雁的鹅品种(如中国鹅)在额头部位有额瘤，起源于灰雁的品种(如欧洲鹅)没有额瘤。

(2)颈部　家禽的颈部较长，转动比较灵活。

(3)体躯与翅膀　家禽的体躯包括胸、背、腰和腹四部分；双翅贴于体躯两侧。

(4)尾部　主要是生长在尾综骨上的尾羽和尾脂腺。

(5)腿　包括大腿部、小腿部、胫部和趾。水禽的第2～4趾之间有蹼。

(二)外貌识别在生产中的应用

(1)用于判断家禽的生产类型　通常肉用型家禽的外貌特征是头部粗大，颈部粗短，胫部

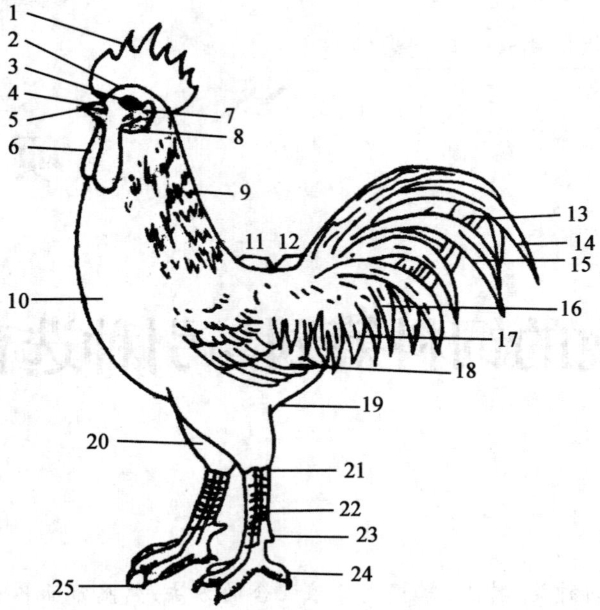

图 3-1 鸡的外貌部位

1.冠 2.头顶 3.眼 4.鼻孔 5.喙 6.肉髯 7.耳孔 8.耳叶 9.颈和颈羽 10.胸 11.背 12.腰 13.主尾羽 14.大镰羽 15.小镰羽 16.覆尾羽 17.鞍羽 18.翼羽 19.腹 20.小腿 21.踝关节 22.跖(胫) 23.距 24.趾 25.爪

粗,胸部宽深;蛋用型家禽头部清秀,颈部细长,胸部较小而腹部较大,胫部较细。

(2)用于推断家禽的年龄 年龄越大则羽毛越粗乱,胫部和趾部鳞片干燥,爪长而弯曲,鸡的距长而尖有弯曲。

(3)用于推断家禽的生产性能 高产和低产家禽的外貌特征有较为明显的不同。

(4)用于判断家禽的健康状况 不健康的家禽眼睛无神,羽毛散乱,双翅与体躯贴得不紧,胫部鳞片干枯,体躯瘦,腹部过大或过小。

(5)用于了解家禽的性发育情况 达到性成熟的家禽能够表现出明显的第二性征。

二、生物学特性

(一)家禽共有的生物学特性

1.雏禽是早成雏

家禽幼雏出壳后全身被覆绒毛,能够自主活动和觅食,离开成禽能够独立生活。

2.耐寒怕热

(1)耐寒 家禽的颈部和体躯都覆盖有厚厚的羽毛,其尾部的尾脂腺分泌的油脂用喙涂抹到羽毛上面能够提高羽毛的保温性能,能有效地防止体热散发和减缓冷空气对机体的侵袭,水禽的羽毛还能够有效地防水。

(2)怕热 由于家禽体表大部分被羽毛覆盖,加上羽毛良好的隔热性能,其体热的散发受到阻止，在夏季酷暑的气温条件下，如果无合适的降温散热条件则会出现明显的热应激，造成产蛋减少或停产。

3. 就巢性

就巢性是禽类在进化过程中形成的一种繁衍后代的本能，其表现是雌禽伏卧在有多个禽蛋的窝内，用体温使蛋的温度保持在 37.8℃左右，直至雏禽出壳。鸭在驯化过程中已经丧失了就巢性。鸡、瘤头鸭和鹅仍然保留有就巢习性。选育程度较低的地方品种就巢性较强。

就巢性的强弱与产蛋数呈负相关。就巢时家禽的卵巢和输卵管萎缩，产蛋停止，这对总产蛋数影响很大。

4. 合群性

家禽都具有良好的合群性，其祖先在野生状态下都是群居生活的，在驯化过程中它们仍然保留了这种习性。因此，在家禽生产中大群饲养是可行的。但是，雄性家禽的性情比较暴躁，相互之间会出现争斗现象，尤其是不同群的公禽相遇后表现更突出，因此在成年种用家禽群管理中尽可能减少调群和混群。

5. 抗病力低

由于家禽采用集约化生产方式，饲养密度高，容易造成环境条件的恶化，一旦个别家禽感染疾病则很容易在群内扩散。此外，家禽的解剖生理特点也影响其抗病力。

(1)家禽的肺容量小，有气囊　气囊分布在颈部、胸部和腹部，一些病原微生物通过呼吸系统进入体内后会造成大范围的侵害。

(2)没有横膈膜　胸腔和腹腔没有横膈膜阻隔，两者是连通的，腹腔内的感染容易引起胸腔继发感染。

(3)没有淋巴结　缺少了部分免疫组织器官，在一定程度上影响其抗病力。

(4)泄殖腔为共同开口　在家禽的泄殖腔内既有生殖道的开口，又有消化道和泌尿系统的开口，有些病原体会经过泄殖腔在消化道和生殖道之间互相感染。蛋在产出的时候经过泄殖腔也容易被泄殖腔内的粪便或附着的病原体污染。

(二)鸡特有的生物学特性

(1)栖高性　鸡在野生状态下喜欢于夜间栖息在离地较高的树枝上以躲避敌害的侵扰。即便是在大群散放饲养条件下，鸡仍然会表现出这种习性。

(2)喜沙浴　散养时，鸡常常在地面刨一个个土坑，进行沙浴。所以采用平养方式时，应设沙浴池，便于鸡在池内用沙子洗羽毛，有益于鸡体的健康。

(3)胆小易惊　家禽中鸡的胆量最小，容易受惊吓。尤其是公鸡具有比较高的警觉性，一旦有陌生人或其他动物靠近或有异常声响它都会发出警示性的声音，而母鸡听到这种声音时就会紧张，甚至发生惊群。

(三)水禽特有的生物学特性

1. 喜水喜干

水禽的祖先都是在河流、湖泊、沼泽附近生活的，喜欢在水中洗浴、嬉戏、配种、觅食，家养水禽仍然保留了其祖先的这种习性。

水禽的尾脂腺都很发达，分泌的油脂被水禽用喙部涂抹于羽毛上，会使羽毛具有良好的沥水性，在水中活动不会被浸湿；水禽趾蹼的结构也非常有利于在水中划水；水禽没有耳叶，耳孔被羽毛覆盖可以防止进水。这些都为水禽在水中活动创造了条件。但是，在水禽休息的场所需要保持相对干燥才能保证其健康和生产性能。

2. 鸭胆小、鹅胆大

鸭性情温和，群内相互间争斗较少，具有良好的群栖性，适于大群饲养；鸭胆小，到陌生的地方去时，走在前面的鸭往往显得踌躇不决，不愿前进，只有当后面的鸭拥上时才被迫前进；在生产中如果出现某些突发的情况也容易使鸭群受到惊吓，会使它们惊恐不安、相互挤压、践踏，造成伤残，严重影响生产。

鹅则相对胆大，一旦有陌生人接近鹅群则群内的公鹅会颈部前伸，靠近地面，鸣叫着向人攻击。鹅的警觉性很好，夜间有异常的动静其就会发出尖厉的鸣叫声。因此，有人养鹅做守夜用。

3. 生活有规律、易调教

水禽稍经训练很容易建立条件反射。这对于采用放牧饲养方式的鸭、鹅群来说，给鸭、鹅群的管理带来了很大的便利。在生产当中鸭群、鹅群的产蛋、闹圈、采食、运动、休息等都容易形成固定的模式，管理人员不要随意改变这些环节以免影响生产。

4. 鸭嗜腥、鹅喜青

家禽都是杂食性禽类。鸭是由野鸭驯化成的，野鸭生活在河、湖之滨，主要以水草和鱼虾及蚌类等水生动植物为食，家鸭仍然保留了野鸭喜食动物性饲料的生活习性。鹅喜欢采食植物性饲料。鹅的消化道长、容积大，盲肠发达，能够很好地利用青粗饲料中的粗纤维。在鹅的养殖过程中可以大量使用青绿饲料以降低饲养成本。

5. 瘤头鸭行动笨拙，但有飞翔能力

瘤头鸭不喜爱跑动，比较安静温顺，吃饱后一般喜欢卧伏在地面或以“金鸡独立”的姿势长时间呆立。但是，对于青年和成年种鸭，在某些情况下会飞起来，母鸭比公鸭飞得更高、更远，因此，在瘤头鸭的生产中，育成鸭和成年鸭的运动场需要有拦网用于防止逃逸。

三、生理特点

(一)新陈代谢旺盛

(1)体温高　家禽的体温比家畜高很多，成年家禽的体温为 40.5～41.8℃，幼雏的体温比成年家禽略低。

(2)心跳快　成年家禽的心跳频率为 160～200 次/min。雏禽比成年家禽的频率高，雌禽比雄禽的频率高。

(3)呼吸频率高　成年家禽的呼吸频率为 25～100 次/min。雏禽的呼吸频率比成年家禽高。

(二)消化能力差

家禽没有牙齿，不能咀嚼食物而只能靠肌胃进行研磨；家禽的肠道短，食物通过快，有的饲料颗粒可能在没有被消化吸收的时候就被排泄了；家禽消化道微生物对饲料的消化能力非常有限(鹅较好),利用粗纤维的能力差。

(三)生殖系统结构特殊

(1)公鸡睾丸位于腹腔,附睾小,缺少前列腺,精液中精子密度大;精子在体外存活时间短,但是在母鸡生殖道内存活时间长。公鸡没有外生殖器,水禽有外生殖器。

(2)雌性家禽只有左侧卵巢和输卵管。卵巢上的卵泡可以连续发育,在一定时期内能够每天排卵。

(四)生长速度快

肉用家禽生长速度很快,目前培育的白羽快大型肉鸡出生重不足 40 g,而 42 日龄的体重能够达到 2 300 g 以上;白羽肉鸭的出生重约 60 g,30 日龄体重能够超过 2 000 g,45 日龄体重超过 3 200 g。这样的相对增重速度是很多家畜所无法比拟的。

任务 2 禽的品种特征与引种选育

一、鸡的品种

(一)地方品种

地方品种没有明确的育种目标,没有经过有计划的杂交和系统的选育。所以其生产性能较低,体形外貌不大一致。但具有生活力强,耐粗饲的优点,因其适应各自的地域气候故叫地方品种。我国幅员辽阔,地方鸡种资源极为丰富。在优良的鸡种尚未覆盖全国的情况下,一些边远地区大量饲养当地的优良地方鸡种无疑对养禽业的发展起到补充和推动作用。目前列入《中国家禽品种志》的鸡的地方品种就有 25 个(表 3-1)。

表 3-1 中国地方鸡品种

品种类型	品 种
蛋用型	仙居鸡、白耳黄鸡
肉用型	溧阳鸡、武定鸡、桃源鸡、惠阳胡须鸡、清远麻鸡、杏花鸡、霞烟鸡、河田鸡、文昌鸡、广西三黄鸡
兼用型	狼山鸡、北京油鸡、浦东鸡、寿光鸡、肖山鸡、鹿苑鸡、固始鸡、边鸡、彭县黄鸡、林甸鸡、峨眉黑鸡
其他	中国斗鸡、泰和鸡(乌鸡)、茶花鸡、藏鸡

我国目前饲养的精品肉鸡是地方品种保种选育、研究开发的新成果。20 余年来育种工作者用北京油鸡、贵州乌蒙乌鸡、香港石岐杂鸡、广西霞烟鸡等诸多地方品种作父系,以中华矮脚鸡作母系而产生的配套杂交鸡。与同类地方品种相比,具有节省饲料、繁殖率高、单位面积饲

养量大的优点。

(二)标准品种

凡列入《美国家禽志》和《不列颠家禽标准品种志》的家禽品种，即为国际上公认的家禽品种，称其为标准品种。这些品种都是经过人们有计划、有组织地培育出来并按育种组织制订的标准经鉴定承认的。均具有生产性能较高，体形外貌一致，遗传稳定的优点，但对饲养管理条件要求较高。鸡的标准品种多达200余个，其中我国培育的标准品种仅有九斤黄鸡、狼山鸡和丝毛鸡。世界各国1950年前多用标准品种进行商品生产。

(1)来航鸡　世界著名的蛋用型标准品种，原产于意大利，有12个品变种。体型小而清秀，全身羽毛白色而紧贴，冠大鲜红，公鸡冠较厚而直立，母鸡冠较薄而倒向一侧；喙、胫、趾和皮肤均呈黄色，耳叶白色。具有成熟早，无就巢性，产蛋量高而饲料消耗少等特点。标准体重公鸡约2 kg，母鸡约1.5 kg；年平均产蛋量为200枚以上，优秀品系可超过300枚，平均蛋重为54～60 g，蛋壳白色。

(2)洛岛红鸡　育成于美国洛德岛州，有单冠与玫瑰冠两个品变种。背部宽平，体躯各部肌肉发达，体质强健，体躯呈长方形，头中等大，单冠或玫瑰冠，脸部、肉垂和耳叶均鲜红色，喙褐黄色，胫、趾黄色或微带红色，皮肤黄色，羽毛呈深红色，尾羽黑色。适应性强，母鸡的性成熟期约180 d。标准体重公鸡3.5～3.8 kg，母鸡2.2～3.0 kg；年生产蛋量为160～170枚，高产者可达200枚，蛋重为60～65 g，蛋壳褐色，但深浅不一。

(3)新汉夏鸡　育成于美国的新汉夏州，属兼用型标准品种。为提高产蛋量、早熟性和蛋重等经济性状，对洛岛红鸡改良选育而成。1935年正式被承认为标准品种。体型与洛岛红鸡相似，但背部较短，羽毛颜色略浅，只有单冠，体大，适应性强。在现代蛋鸡商业杂交配套系中起着一定作用。

(4)奥品顿鸡　原产于英国奥品顿地区，属兼用型标准品种。有白色、浅花、浅黄及蓝色等品变种。

(5)洛克鸡　育成于美国朴勒茅斯洛克州，属兼用型标准品种。有横斑、白羽、浅黄、银纹、鹧鸪色、哥伦比亚色、蓝色等8个品变种。

(6)科尼什鸡　原产于英国的康瓦耳州，是著名肉用型标准品种。科尼什鸡有3个品变种，即深花科尼什、白科尼什和红羽白边科尼什。我国引入的为深花和白色两种，该鸡公、母身体结构都一样，羽毛坚硬紧贴体躯，肩、胸宽广，胸肌、腿肌发达，两脚间距宽，胫部粗壮。尾羽紧缩成束，向后平伸，体型酷似斗鸡，豆冠，喙、胫、趾均呈黄色，羽色则随品变种的特征而异。肉用性能好，年产蛋量为120枚左右，蛋重为56 g，蛋壳浅褐色。标准体重，公鸡4.5～5.0 kg，母鸡3.5～4.0 kg。

(7)浅花苏赛斯鸡　原产于英国英格兰苏赛斯地区，属兼用型标准品种。有浅花、红羽、斑点羽三个品变种。

(8)澳洲黑鸡　育成于澳大利亚，属兼用型。在澳洲利用黑色奥品顿鸡，注重产蛋性能选育而成。体躯深而广，胸部丰满，头中等大，喙、眼、跖均黑色，脚底为白色。单冠，肉垂、耳叶和脸均为红色，皮肤白色，全身羽毛黑色而有光泽，羽毛较紧密。此鸡适应性强，成熟较早，产蛋量中等，蛋壳褐色。

(9)丝羽乌骨鸡　也叫丝毛鸡，原产于我国江西、广东和福建等省，分布遍及全国和世界各地。用作药用和观赏。主治妇科病的"乌鸡白凤丸"，即用该鸡全鸡配药制成。丝羽乌骨鸡身体轻小，行动迟缓。头小、颈短、眼乌，身体羽毛白色，呈丝状，与一般家鸡的正羽不同。外貌特征总结为"十全"，即紫冠(冠体如桑葚状)、缨头(羽毛冠)、绿耳、胡须、五爪、毛脚、丝毛、乌皮、乌骨、乌肉。此外，眼、跖、趾、内脏及脂肪亦是乌黑色。成年公鸡体重为1.35 kg，母鸡1.20 kg。年产蛋量约100枚，蛋重40～42 g，蛋壳淡褐色，就巢性强。

(10)狼山鸡　原产江苏省如东县，是世界著名的鸡种，国外肉鸡就有它的血统。该鸡单冠，颈部挺立，尾羽高耸，背呈"U"字形。胸肌发达，体高腿长，外观威武。冠、肉垂、耳叶和脸为红色，皮白色，喙、胫为黑色。羽毛有黑色、白色两种。成年公鸡体重3.5～4 kg，母鸡2.5～3 kg，开产日龄210～240 d，年产蛋170枚左右，蛋重55～60 g，蛋壳红褐色。

(11)九斤黄鸡　原产中国上海，是世界著名的肉鸡品种和标准品种。19世纪中叶已传遍全世界，世界著名鸡种芦花洛克、洛岛红、日本的名古屋和三河鸡等均含有九斤鸡的血液。该鸡头小、喙短、单冠；冠、肉垂、耳叶为红色，眼棕色，皮肤黄；颈短，体宽深，背短，胸部饱满，外形似方形；胫黄色，较短；羽毛丰满；此鸡性情温顺，就巢性强，肉质鲜嫩。成年公鸡体重4.5～4.7 kg，母鸡3.5 kg。产蛋期8～9个月，年产蛋量80～100枚，蛋重55 g，蛋壳黄褐色。

(三)鸡的现代品种

现代鸡种是家禽育种家经过长期的努力工作，在现代养鸡业中做出的重大贡献。现代鸡种都是配套品系，又称杂交商品系。它是经过配合力测定筛选出来的杂交优势最强的杂交组合。因此，生产出的商品杂交鸡生活力强，生产性能高且整齐一致，适合大规模集约化工厂饲养。

按经济用途将现代鸡种分为蛋鸡系和肉鸡系。

1.蛋鸡系

专门用于生产商品蛋鸡的配套品系，按所产蛋壳颜色分为白壳蛋鸡、褐壳蛋鸡和粉壳蛋鸡。常见品种见表3-2。

表3-2　我国引入的部分现代蛋鸡及其商品代生产性能

鸡种	72周龄产蛋量/枚	开产周龄	达产蛋高峰周龄	72周龄体重/kg	产蛋期存活率/%	蛋重/g	料蛋比	壳色
加拿大星杂288	260～285	23～24	26～27	1.75～1.85	91～94	63	2.3～2.4	白色
美国巴布考克B-300	274	23～24	25～26	1.75	94.5	61	2.2～2.4	白色
英国罗斯褐鸡	265	23	26～28	2.0	95	61.7	2.5	褐色
荷兰海赛克斯褐鸡	271	23～24	27～28	2.3	95～96	63.6	2.5	褐色
法国伊萨褐鸡	280	24	27	2.3	93	62.5	2.4～2.5	褐色
德国罗曼褐鸡	265～275	23～24	28～32	2.2～2.3	94～96	62.8	2.3～2.4	褐色
美国海兰褐鸡	281	22～23	27～28	2.2	93～95	60.4	2.5	褐色
美国迪卡褐鸡	290～310	20	26	2.15	94～96	63～64	2.07～2.28	褐色
加拿大星杂444	265～280	23	27	2.2	91.3～92.7	61～63	2.45～2.7	粉色

(1)白壳蛋鸡　主要是以单冠白来航为育种素材培育的配套品系，因所产蛋壳是白色故称为白壳蛋鸡。常见的白壳蛋鸡有加拿大雪佛公司培育的"雪佛288"；北京市家禽公司培育的"京白904"、"京白823"、"京白938"；东北农学院培育的"滨白42"、"滨白584"；美国巴布考克

公司育成的“巴布考克 B-300”;德国罗曼公司育成的“罗曼白”等。其优点是体型小,饲料转化率高,属节粮型蛋鸡,饲养密度大,房舍利用率高,蛋的血斑、肉斑率低。缺点是易惊群,属于神经质类型的鸡,易产生应激反应,饲养管理技术要求高,不适宜农户饲养。

(2)褐壳蛋鸡　是以原兼用品种洛岛红、新汉夏、芦花鸡等为育种素材培育而成的配套品系,产褐壳蛋故称褐壳蛋鸡。褐壳蛋鸡以杂交鸡初生雏羽色自别雌雄、蛋重较大、鸡性情温顺、啄癖少、适应性强、体重较大、淘汰时产肉量高等特点深受饲养者的喜爱。其缺点是饲料转化率较低,血斑、肉斑率高,饲养密度较小。常见的褐壳蛋鸡有法国伊萨公司育成的“伊萨褐”;荷兰尤里布利德公司育成的“海赛克斯褐”;德国罗曼公司育成的“罗曼褐”;美国海兰国际公司育成的“海兰褐”;英国罗斯公司育成的“罗斯褐”等。

(3)粉壳蛋鸡　是由洛岛红与白来航品种的品系间正交或反交所产生的杂种鸡。从蛋壳颜色上看,介于褐壳蛋与白壳蛋之间,呈浅褐色,严格地说属于褐壳蛋鸡,但由于其羽色上以白色为背景有黄黑、灰等杂色羽斑,与褐壳蛋鸡有所不同,因此国内学者称其为粉壳蛋鸡。常见的粉壳蛋鸡有加拿大雪佛公司育成的“星杂 444”;以色列“PBU”育种公司育成的“雅康蛋鸡”;中国农业大学选育成功的“农昌 2 号”;中国农业科学院畜牧研究所选育成功的“B-4 鸡”;北京市种禽公司选育成功的“京白 939”等。

2. 肉鸡系

(1)白羽肉鸡　现代白羽肉鸡几乎都含有白科尼什的血统,其特点是生长速度快、饲料转化率高、有专门的父系(科尼什型)和母系(白洛克型)。白羽肉鸡生产性能提高很快,目前生长到 2 kg 体重只需要 35～40 d,料肉比可以达到 1.7∶1。主要品种有:爱拔益加(AA 肉鸡)、艾维茵、哈巴德、彼德逊、罗斯 308 等。

(2)优质肉鸡　国内外育种公司培育的生长速度较慢、饲料转化率较低,但是口味适合大众需要,也就是通常所说的优质肉鸡。主要品种有:红布罗、安卡红、狄高、康达尔、草科鸡、丝羽乌骨鸡、四川山地乌骨鸡、岭南黄鸡、香港土鸡、香港麻花鸡、江村黄鸡、张氏乌骨鸡。

二、鸭的品种

鸭按生产用途可分为肉用型、蛋用型和兼用型三种类型。引进的良种鸭主要有瘤头鸭和樱桃谷鸭等,我国的地方优良品种鸭主要有北京鸭、金定鸭、高邮鸭、绍兴鸭等。

(一)肉用型鸭

体躯大而宽厚,肌肉丰满,肉质鲜美,性情温顺,行动迟钝。早期生长快,容易肥育。有代表性的有北京鸭、樱桃谷鸭、法国番鸭、奥白星鸭等。突出的特点有肉质好、瘦肉率高、料肉比低,抗病力强。如法国番鸭其肉质具野禽风味,胸腿肌占胴体的 27%～30%,在粗放条件下,育雏率和成活率高达 95%～98%。

1. 瘤头鸭

又称麝香鸭,在我国俗称番鸭,属栖鸭属,无论形态特征和生物学特性均与河鸭属的家鸭有很大的差异。该鸭在美洲驯化,经东南亚传入我国,迄今在墨西哥、巴西和巴拉圭仍有野生瘤头鸭。瘤头鸭与河鸭属的家鸭杂交是属间杂交,其一代杂种称为半番鸭,因不能繁殖后代故又称骡鸭。

成年公鸭体重2.2～5 kg，母鸭2～3 kg，早期生长速度较一般肉用型鸭迟2～3周，但胴体的胸、腿产肉率比北京鸭约高10%，因而在肉鸭业产品中所占的比重日益提高。瘤头鸭雌雄体重相似、性情温顺，耐粗饲，增重快而肉质好，被广泛用于肉鸭和肥肝生产。其与北京鸭的杂交一代7～10周龄活重达3～5 kg，瘦肉率高，肉质细嫩，至3～4月龄经专门填肥，每只可产500～700 g重的肥肝。

2.樱桃谷鸭

由英国樱桃谷公司以北京鸭和埃里斯伯里鸭为亲本，经杂交育成的优良肉鸭品种。具有生长快、瘦肉率高、净肉率高和饲料转化率高，以及抗病力强等优点。

樱桃谷鸭体型较大，成年体重公鸭4.0～4.5 kg，母鸭3.5～4.0 kg。父母代母鸭性成熟期26周龄，年平均产蛋210～220枚。白羽L系商品鸭47日龄体重3.0 kg，料重比3∶1，瘦肉率达70%以上，胸肉率23.6%～24.7%。

3.北京鸭

原产于北京玉泉山一带，因此而得名。它的驯养历史至少有200～300年。羽毛纯白色，嘴、腿和蹼呈橘红色，头和喙较短，颈长，体质健壮，生长快，刚出生时体重约56 g。60 d就可达2～2.5 kg。雄鸭可长到3～4 kg。雌鸭成熟早，一般长到6～7个月就开始产蛋。年产蛋70～120枚。北京鸭肉肥味美，驰名中外的北京烤鸭，就是用北京鸭烤制而成的。北京鸭已传入外国，世界各国都有分布。

(二)蛋用型鸭

体型较小，体躯细长，羽毛紧密，行动灵活，性成熟早，产蛋量多，但蛋型小，肉质稍差。比较有代表性的有绍兴鸭、金定鸭、卡基康贝尔鸭等。

1.绍兴鸭

又称绍兴麻鸭，是我国著名的优良蛋用型麻鸭品种。具有体型小、成熟早、产蛋多、耗料少、抗病力强、适应性广等优点。主要分布于浙江省的绍兴、上虞、萧山、诸暨等地，全国已有20多个省、市、自治区引种饲养。

绍兴鸭经长期提纯复壮、纯系选育，已形成了带圈白翼梢型和红毛绿翼梢型两个品系。成年体重，“带圈”型公鸭1.45 kg，母鸭1.5 kg；“红毛”型公鸭1.5 kg，母鸭1.6 kg。母鸭性成熟年龄为132～135日龄；配种公母比例为1∶(20～30)。在正常饲养管理条件下，平均年产蛋量260～300枚，最高可达320枚，蛋重63～65 g，蛋壳颜色，“带圈”型以白色为主，“红毛”型以青色为主。

2.金定鸭

是我国优良蛋用型鸭种。具有产蛋量多、蛋型大、蛋壳青色、觅食能力强、饲料转化力高和耐热抗寒等特点。原产福建省龙湾县金定乡及厦门市郊等九龙江下游一带。

金定鸭经多年选育，其体型、羽色和蛋壳颜色已基本一致，遗传性能稳定。成年体重，公鸭1.5～2.0 kg，母鸭1.5～1.7 kg。母鸭110～120 d开产，500 d累计产蛋量260～280枚，蛋重70～72 g，蛋壳以青色为主。

3.卡基康贝尔鸭

原产于英国，是世界著名的优良蛋用型鸭种。具有适应性广、产蛋量高、饲料利用率高、抗病力强、肉质好等优良特性。

卡基康贝尔鸭体型较大,近于兼用型鸭的体型,但产蛋性能好,性情温驯,适于圈养。成年体重,公鸭2.3～2.5 kg,母鸭2.0～2.3 kg。母鸭120～135 d开产,年平均产蛋量为250～270枚,蛋重70～75 g,蛋壳白色。肉质鲜美,香味浓厚。

(三)兼用型

高邮鸭又名高邮麻鸭,是全国三大名鸭之一,产于江苏省高邮,是我国江淮地区良种,属蛋肉兼用型地方优良品种。高邮鸭善潜水、耐粗饲、适应性强、蛋头大、蛋质好。2006年被农业部列入《国家级畜禽品种资源保护名录》。相继获得"国家地理标志产品"和"证明商标",标志着跻身"国保"行列。

成年公鸭体重3～4 kg,母鸭2.5～3 kg。仔鸭放养2月龄重达2.5 kg。母鸭180～210日龄开产,年产蛋169枚左右,蛋重70～80 g,蛋壳呈白色或绿色。在放牧条件下,一般70日龄体重可达1.5 kg。采用配合饲料,50日龄平均体重达1.78 kg。高邮鸭耐粗饲,觅食力强,适于放牧饲养,生长发育快,易肥、肉质好。

三、鹅的品种

我国鹅种较多,其中列入中国畜禽遗传资源库的地方良种鹅有26个品种,收录入中国家禽品种志的有12个品种;近年来我国从欧洲也引进了一些优良鹅种(表3-3)。

表3-3 鹅的生产性能

品种	产地	类型	成年体重/kg		成年公鹅屠宰率/%		开产月龄	年产蛋量/枚	平均蛋重/g	蛋壳颜色
			雄	雌	全净膛	半净膛				
狮头鹅	广东饶平	大型	9	8	72	82	7	25～35	200	乳白色
雁鹅	安徽六安	中型	6	4.7	72	86	7～8	25～35	150	白色
皖西白鹅	安徽	中型	6	5.2	73	79	6～9	25～36	142	白色
浙东白鹅	浙江	中型	5	4	72	81	5～6	35～45	145	乳白色
四川白鹅	四川	中型	5	4.7	79	86	7	60～80	146	白色
溆浦鹅	湖南溆浦	中型	5.9	5.3	75	88	7	25～40	212	白色或青色
太湖鹅	江苏太湖	小型	4.4	3.5	76	85	5～6	60～80	135	白色
豁眼鹅	山东莱阳	小型	4.1	3.5	71	80	7～8	100	125	白色
乌鬃鹅	广东清远	小型	3.4	2.8	77	88	5	28～30	135	白色
长乐鹅	福建	小型	4.5	4			7	30～40	135	白色
朗德鹅	法国	大型	7.5	6.5			7	35～40	190	白色
埃姆登鹅	德国	大型	11	9			10	20～30	180	白色
图卢兹鹅	法国	大型	13	9.5			10	30～40	185	白色
莱茵鹅	德国	中型	5.5	4.7			7～8	50～60	165	白色

四、鸡的选种

(一)选种依据

种鸡的选留需要考察清楚被选鸡的系谱情况、外貌特征、生产性能、生长发育、健康状态和某些关键性状的遗传力等项目，有些项目需要现场鉴定，有些项目需要查阅资料，进而确保其可靠性。选留的种鸡在确保系谱优秀和身体健康的情况下，关键应抓住以下几个方面。

1.品种特征

要求本品种的典型特征表现明显，遗传稳定。

(1)头部和冠　头部清秀，眼睛亮而有神，冠厚而直立，肉垂大、鲜红，断喙正常，喙短稍弯。

(2)毛色　羽毛要求丰满紧凑，毛孔较细，色泽光亮，淘汰有颈圈、麻毛和灰色底毛的不合格鸡。

(3)脚　脚型要正常，无跛脚和畸形脚，无关节肿胀；脚色要符合品种特征；选择脚较短较细的出来测定。

(4)体型　体型要求团圆，皮黄，身体较短，胸宽背厚，体重根据育种的方向选择大小(一般快大型鸡选择体重较大的留种)，注意选择体重的均匀度，淘汰体重特小和特大的。

除以上几个方面之外，选种的要求还有很多，如龙骨长、体斜长、快慢羽和尾巴的选择，各个品种有具体的要求。此外，对选种要求的把握程度要看鸡群数的大小和开产数的多少而定，确保指标测定所需要的鸡数。

2.生产性能

(1)繁殖性能

①种蛋合格率　指种母禽在规定的产蛋期内所产符合本品种、品系要求的种蛋数占产蛋总数的百分比。一般要求种蛋合格率应达90%以上。

$$种蛋合格率=合格种蛋数/产蛋总数\times100\%$$

②受精率　指受精蛋数占入孵蛋数的百分比。鸡蛋要求在90%以上，鸭蛋要求在85%以上。受精率在头照后可算出，计算受精蛋包括活胚蛋和死胚蛋。

$$受精率=受精蛋数/入孵蛋数\times100\%$$

③早期死胚率　早期死胚是指孵化前5 d内的死胚，正常情况下，早期死胚率在1%～2.5%范围内。

$$早期死胚率=1\sim5\ d胚龄死胚数/受精蛋数\times100\%$$

④受精蛋孵化率　受精蛋孵化率应在90%以上，高水平应达93%以上，此项是衡量孵化效果的主要指标。

$$受精蛋孵化率=出雏总数/受精蛋总数\times100\%$$

⑤入孵蛋孵化率　该指标反映出种禽场及孵化场的综合水平，入孵蛋孵化率应达到80%以上。

$$入孵蛋孵化率=出雏总数/入孵蛋总数\times100\%$$

⑥健雏率　健雏是指能够出售、用户认可的雏禽。健雏率应达97%以上。

$$健雏率=健雏数/出雏总数\times100\%$$

(2)生活力

①育雏率　指育雏期末成活雏禽数占入舍雏禽数的百分比。

$$育雏率=育雏期末成活雏禽数/入舍雏禽数\times100\%$$

②育成禽成活率　指育成期末成活育成禽数占育雏期末入舍禽数的百分比。

$$育成禽成活率=育成期末成活育成禽数/育雏期末入舍禽数\times100\%$$

③母鸡存活率　入舍母鸡数减去死亡数和淘汰数后的存活数占入舍母鸡数的百分比。

$$母鸡存活率=\frac{入舍母鸡数-(死亡数+淘汰数)}{入舍母鸡数}\times100\%$$

(3)产蛋力

①开产日龄　个体记录，以产第一枚蛋的日龄计算。群体记录，蛋鸡按全群日产蛋率达50%的日龄作为该鸡群的开产日龄。

②产蛋量　指母鸡在一定时间内的产蛋数量，或一个鸡群在一定时间内平均产蛋数量。是养鸡生产的重要经济指标。可用饲养日产蛋量和入舍母鸡产蛋量来表示，计算公式如下：

$$饲养日产蛋量(枚)=\frac{统计期内总产蛋数}{统计期内的总饲养日}\times统计日数$$

1只母鸡饲养1 d即为1个饲养日。

$$入舍母鸡产蛋量(枚)=\frac{统计期内总产蛋数}{入舍母鸡数}$$

目前普遍使用500日龄(72周龄)入舍母鸡产蛋量表示鸡的产蛋数量，不仅客观准确地反映了鸡群的实际产蛋水平和生存能力，还进一步反映了鸡群的早熟性。

$$500日龄(72周龄)入舍母鸡产蛋量(枚)=\frac{500日龄(72周龄)的总产蛋数}{入舍母鸡数}$$

③产蛋率　指母鸡在统计期内的产蛋百分率。

$$饲养日产蛋率=统计期内的总产蛋量/统计期内的总饲养日\times100\%$$

$$入舍母鸡产蛋率=\frac{统计期内的总产蛋量}{入舍母鸡数\times统计日数}\times100\%$$

日产蛋率＝当日产蛋总数/当日存栏鸡数×100％

④蛋重　是衡量蛋鸡产蛋性能的重要指标。用平均蛋重和总蛋重表示。

平均蛋重：从 300 日龄开始计算，以克为单位。个体连续称取 3 个以上的蛋重求平均数；群体记录时，需连续称取 3 d 的总蛋重，求平均数；大型禽场按日产蛋量 5％称测蛋重，求平均数。

总蛋重：

总蛋重(kg)＝平均蛋重(g)×产蛋量÷1 000

(4)肉用性能

①体重与增重　对肉用家禽而言，早期体重始终是育种最主要的目标。而对蛋用家禽和种禽，体重是衡量生长发育程度及群体均匀度的重要指标。增重则是与体重密切相关的一个重要性状，表示某一年龄段内体重的增量。

②屠宰率　屠宰率反映肉禽肌肉丰满的程度，屠宰率愈高，产肉愈多，对于肉用家禽要求有较高的屠宰率，该性状的遗传力为 0.3 左右。

③屠体品质　评定屠体品质主要有胸部肌肉、肉质嫩度及屠体美观等指标。

(5)饲料报酬　常用产蛋期料蛋比来表示，即产蛋期消耗的饲料量除以总蛋重，也就是每产 1 kg 蛋所消耗的饲料量。

产蛋期料蛋比＝产蛋期耗料量(kg)/总产蛋重量(kg)

(二)选种方法

种鸡的选留应根据被选个体的日龄，依据相应的选种性状，合理选用单性状选择、多性状选择等方法，进行选留。养鸡生产实践中，常按照以下方式进行。

1.种用雏鸡的选择

(1)肉用系　鉴于肉用种鸡的体重和生长速度与 6～8 周龄的雏鸡体重和生长速度有较强的相关性。因此肉用种鸡应在 6～8 周龄时，选留生长迅速、体重大、羽毛丰满、没有生理缺陷的雏鸡，淘汰与此相反的雏鸡。

(2)蛋用系　选留羽毛生长迅速，体重不过大，淘汰所有生长缓慢、外貌和生理有缺陷的雏鸡。选留和淘汰工作，也在 6～8 周龄进行。

2.种用育成鸡的选择

选留体型结构、外貌特征符合品种要求，外貌美观，身体健康，生长发育健全的育成鸡；淘汰发育不全(眼瞎、跛脚、伤残)和消瘦的个体。时间在 20～22 周龄进行。

3.成年种鸡产蛋能力的选择

此种选择主要用于蛋用鸡。根据外貌和生理特征来鉴定鸡的产蛋能力，一般应在早春或秋季进行，因为早春进行选择淘汰，可以合理组织春季繁殖的分群配种工作；秋季进行选择淘汰，可以对完成一个产蛋年或 72 周龄产蛋量的成年鸡进行鉴定，便于留优去劣，更新补充鸡群。

4.种公鸡的选择

种公鸡的选择一般要进行多次，最终达到既符合品种特征又具有良好繁殖力的目的。

(1)第一次选择　6～8 周龄时选留个体发育良好，冠大而鲜红者；淘汰外貌有缺陷，如胸、腿、喙弯曲，嗉囊大而下垂，胸部有囊肿者。体重过轻和雌雄鉴别误差的公鸡亦应淘汰。选留比例为，笼养公母为1∶10，自然交配公母为1∶8。

(2)第二次选择　在母鸡转群时进行，一般掌握在17～18周龄时开始选留体形、体重符合标准，外貌符合本品种要求的公鸡。用于人工授精公鸡，除上述要求外，主要选择性反射功能良好的公鸡。笼养公母比例为1∶(15～20)，自然交配公母比例为1∶9。

(3)第三次选择　在21～22周龄根据精液品质选择。选择精液颜色乳白色、精液量多、精子密度大、活力强的公鸡。公鸡的按摩采精反应有90%以上是优秀和良好的，10%左右则为反应差、排精量少或不排精的公鸡。

全年实行人工授精的种鸡场，笼养公母比例为1∶(25～30)，自然交配公母比例为1∶(10～12)，多余一些后备公鸡可作补充。

五、鸡的引种

在现代养鸡生产中，一个养鸡场经济效益的好坏除了与市场行情、鸡场投资环境及饲养管理等有关外，种鸡引入也是很重要的环节。优良的种鸡是提高养鸡效益的基本要素，而种鸡质量却是关系养鸡成败的关键环节。引种是每个鸡场生产经营者都要考虑的问题，它是迅速提高养鸡效益的有效途径。无论是从国外引种，还是在国内引种，都应该树立一种科学的引种理念。

(一)制订科学合理的引种计划

1.制订科学合理的引种计划

引种前根据本鸡场的实际情况确定引种，包括：种鸡品种、种鸡级别(原种、祖代、父母代)、引种数量(关系到核心群的组建)等。应从健康无病、性能优良的大型种鸡场引种。

2.对目标种鸡场的调查了解与选择

(1)选择适度规模、信誉度高、有"种畜禽生产经营许可证"、有足够的供种能力且技术服务水平较高的种鸡场。

(2)种鸡质量　目前，我国祖代父母代种鸡场比较多，但有一大部分种鸡场在疫病(主要是白痢)净化方面工作做得不够深入，有的甚至就没有采取净化措施，种鸡群的白痢阳性率达10%左右。患白痢的鸡死淘率高、产蛋率低。有的种鸡场卫生防疫不严格，鸡群病较多，有的免疫方法不合适，雏鸡体内母源抗体水平不一致，给雏鸡的免疫带来麻烦。尚有一部分鸡场不按规定的制种方式进行繁育，后代鸡群生产性能明显不高。

(3)生产技术资料　不同的鸡种其饲养标准、耗料量标准、体重发育标准等都不相同，而这些标准是指导饲养管理工作的主要依据。以体重为例在性成熟时体重过大或过小都会影响以后的产蛋量，若没有相关技术资料则很难将体重控制在合适的水平。因此，在引种时必须取得详细的生产技术资料。

(4)鸡种应对本地条件有良好的适应性　各地的自然环境条件、生产技术水平千差万别，不同鸡种在不同地区的性能表现也会存在明显差异。不同育种公司由于在育种过程中所采取的培育方法和目标不同也会使育成的鸡种在某些性状上表现出差异，如有的鸡种耐热性较强，有的对马立克氏病或白血病的抵抗力强，也有的鸡种在较低温情况下性能表现较好。引种前应了解不同鸡种的一些生理学特性，也应了解本地区其他鸡场的引种及引种后生产性能表现情况。这样引种成功的可靠性会更大。

(5)鸡种的类型不宜多 有的鸡场既有白壳蛋鸡又有褐壳蛋鸡，既有种鸡又有商品鸡，甚至同是褐壳蛋鸡却有两个或更多的鸡种。由于不同的鸡种，不同的代别其饲养管理要求不同，同一个场的鸡种类型过多会给生产管理带来不便。

(6)数量要适当 根据自己的经济和设备等条件，还要考虑其他因素，如房舍与设备的利用效率、种鸡群供种能力的大小，自身的生产技术和管理水平等情况确定引种数量。

(7)严格检疫 我国近年来引进了大量国外鸡种，但伴随而来的也是鸡病的种类越来越多、危害越来越严重，甚至有的鸡场因引种时检疫不严格而导致严重的经济损失。

(二)引种前的准备

引种前应将育雏舍彻底冲洗、消毒后，空舍最好1个月以上，育雏舍要远离已有鸡群。

(三)装车运输

运鸡车辆在出发前和到达后都应充分冲洗、彻底消毒。可以先用2%～3%的火碱溶液彻底冲刷，再用清水冲净。要仔细查看引种鸡场检疫证明和消毒证明是否合格。

(四)种鸡到场后的工作要点

(1)先隔离 新引进的雏鸡，应先饲养在隔离的育雏舍，而不能直接转进鸡场生产区，因为这样做极有可能带来新的疫病或者由不同菌(毒)株引发相同疾病。

(2)消毒和分群 种雏到达目的地后，立即对雏鸡及卸车周围地面进行消毒，然后将种雏卸下，按大小、公母进行分群饲养，弱雏挑出单独饲养，并及时治疗处理。

(3)加强管理 雏鸡舍的温度达到33～35℃，先给种雏提供饮水，第一周的饮水为温开水，饮水中可加入5%葡萄糖、电解多维、抗菌药物。脱水时加入口服补液盐。休息1～2 h后方可开食，开食料用小米最好。

任务3 鸡的饲料选用及其筹划

养鸡业成本的70%左右来自于饲料，饲料质量的好坏直接影响到养鸡水平高低，影响最终产品的质量。饲料原料品种繁多，营养素、抗营养因子及其含量差别很大，单一饲料原料中所含的营养物质很少能满足家禽的营养需要，只有将几种饲料原料进行搭配才能配制出一个合理的平衡日粮。因此，充分了解用于配制家禽的各种原料的特性和品质是非常重要的。

一、能量饲料

包括谷实类、糠麸类、块根类和糟渣类，是鸡饲料中的最主要的成分，一般占日粮总量的50%～70%。

(一)谷实类

1.玉米

玉米是鸡最好的能量饲料。它含能量高,纤维少,适口性好,而且产量高,价格又便宜。黄玉米中含有的胡萝卜素和叶黄素多,饲用价值高。一般日粮中玉米可占35%~65%。

2.碎米

碎米淀粉多,能量较高,纤维含量也少,且易于消化,是江南稻米产区家禽的主要能量饲料来源。碎米一般可占日粮30%~50%。据试验,用糙米搭配成配合饲料,可替换玉米养鸡,这对少产玉米的江南有着重要意义。

3.麦类

(1)小麦　能量高,且蛋白质含量多,含氨基酸比其他谷类完全,B族维生素丰富,是鸡的良好能量饲料。配料时小麦可占总日粮10%~30%。

(2)大麦、燕麦　能量比小麦低,但B族维生素含量丰富,因其皮壳粗硬,需经破碎或发芽后少量搭配饲喂。

4.高粱

所含淀粉与玉米相仿,蛋白质稍高于玉米,但脂肪含量低于玉米,味道发涩,适口性较差,多喂易便秘,皮肤和爪的颜色变浅。应注意补充维生素A,或搭喂优质苜蓿草粉,可粉碎或整粒喂,喂量宜在25%以下。

(二)糠麸类

(1)米糠　为粮谷加工厂的副产品,是鸡的高能量饲料之一,细米糠含脂肪高,多在16%~20%,含粗蛋白质10%~12%,并含有丰富的B族维生素和锰,但缺维生素A、维生素D和钙。喂时注意补充钙和优质草粉。喂量以雏鸡8%、成鸡12%以下为宜,保藏时间不宜久,最好加入抗氧化剂,否则容易氧化酸败。

(2)麦麸　为面粉厂的副产品,常作辅助饲料,价格便宜,适口性好,蛋白质、锰、B族维生素含量高,但纤维较多,能量较低,有轻泻作用,用量不宜多,一般不超过日粮的15%。

(三)糟渣类

(1)糖浆　富含能量,并有约7%的可消化蛋白质。成鸡可日喂15 g左右,雏鸡少喂。喂时用水稀释,注意品质新鲜。

(2)酒糟、甜菜渣　因纤维素含量高,鸡不宜多用,主要喂鸭、鹅。

二、蛋白质饲料

(一)植物性蛋白质饲料

来源较广泛,成本低,但必需氨基酸含量少。

(1)豆饼　大豆含蛋白质约43%,豆饼含蛋白质约46%,赖氨酸多,适口性好。经加热处理的豆饼是鸡最好的植物性蛋白饲料,一般喂量可占日粮的20%左右,如与动物性饲料配合使用,用量不宜超过15%。

(2)花生饼　是一种含蛋白质很高的饲料,其营养价值比豆饼稍低,适口性良好,但含脂肪较多,易酸败变质,不宜久贮。其蛋白质中赖氨酸含量少,精氨酸和组氨酸含量多,钙少,硫胺素、烟酸、泛酸含量多。喂量可占日粮20%左右,如和豆饼混喂效果最好。

(3)菜籽饼　营养丰富,含蛋白质35%~37%,含钙0.5%~0.6%,磷0.8%~0.84%,每千克菜籽饼中含核黄素约2 mg。但适口性不好,而且含有一种毒素,叫硫葡萄糖苷,喂多了会导致甲状腺和肝脏肥大而停止生长,减少产蛋量。喂量较多时必须先经去毒处理,方法可用热水浸泡或加碘化物溶液浸泡1 h以上,去液晒干即可搭配喂用。未经去毒的用量,成鸡应限制在2.5%~5%以内,雏鸡不宜饲喂。

(4)棉籽饼　带壳榨油的称棉籽饼,去壳的称棉仁饼。前者含粗蛋白质17%~28%,粗纤维21%左右;后者含粗蛋白质36%~40%,粗纤维仅8%左右。两者都含有毒性的棉酚,过去很少用来喂鸡,但经加热或加0.5%硫酸亚铁处理,使之与铁结合去毒,可作鸡的蛋白质补充饲料。用量应限制在5%以下。

(二)动物性蛋白饲料

动物性蛋白饲料来源于各种动物,不仅蛋白质含量丰富,而且必需氨基酸比较完全,生物学价值高,又含丰富的钙、磷、微量元素和维生素B等,还含有未知生长因子的物质,对促进胚胎发育,加速雏鸡生长,促进鸡蛋形成等都有明显效果。所以家庭养鸡应多喂"活食",如蚯蚓、泥鳅、蛆虫、小鱼、小虾、螺蚌等动物性饲料。常用的动物性饲料有以下几种。

(1)鱼粉　是鸡的理想蛋白质补充饲料。有不含盐和含盐两种。不含盐的鱼粉粗蛋白质含量可达62%,含有丰富的赖氨酸、蛋氨酸、色氨酸等,生物学价值高。常用量占日粮8%~12%。含盐鱼粉粗蛋白质含量一般在20%~50%,其质量随含盐量而异,用量亦视含盐量而定。用含盐鱼粉喂鸡,用量占日粮5%~10%,不必再加食盐,否则会引起食盐中毒。

(2)血粉　蛋白质含量很高,约占80%,并富含赖氨酸,但含蛋氨酸、胱氨酸少,且不易消化,适口性差,喂量不宜过多,一般可占日粮的3%。

三、矿物质饲料

鸡对矿物质的需要特别敏感,在舍饲和笼养条件下尤为显著,故必须经常补给。矿物质是指鸡进行正常生长发育、生产繁殖中不可缺少的一些金属元素和非金属元素。它包括常量元素(钙、磷、氯、钠、钾、硫、镁)和微量元素(铁、铜、锌、锰、碘、硒、钴)。凡能补充这些矿物质营养成分的饲料统称矿物质饲料。微量元素和某些常量元素常以添加剂形式补充。钙、磷、氯、钠等常量元素常以单一饲料形式补充。因而,通常仅把贝壳、石粉等含矿物质较高的某些饲料称为矿物质饲料。

常用的矿物质补充饲料有:

(1)贝壳粉　由海产软体动物的外壳粉碎而成,一般含钙38%左右,容易吸收,常作饲用钙质补充,雏鸡用量1%,成鸡5%~7%。

(2)石灰石　含钙量30%以上,主要成分为碳酸钙,用量占日粮的1%~3%。但要注意镁的含量不得过高(不超过5%)。

(3)蛋壳　含钙37%,经清洗煮沸、粉碎成粉之后,也是较好的钙质饲料。但必须注意消毒,用量1%～3%。

(4)磷酸钙或磷酸氢钙　也是很好的钙、磷饲料,但磷酸钙中含有氟和钒等杂质,未经处理不宜使用。用量1%～1.5%。

(5)食盐　为钠和氯的来源,植物饲料中大多数缺钠和氯,故需经常补充食盐。以碘化盐最好。雏鸡用量占日粮的0.25%～0.3%,成鸡0.3%～0.4%。注意用量不要超过0.5%。如配合料中鱼粉或饮水中含盐量较高时,食盐的用量应适当减少或不加。如喂咸鱼粉时则不另加食盐,以免中毒。

(6)沙砾　有助于提高鸡的肌胃研磨力。笼养和冬季舍饲一般均应补喂。据报道,当缺乏沙砾时,谷类饲料有30%的营养物质不能消化利用。一般日粮中应添喂沙砾0.5%～1%。但必须注意取自未经污染的深层沙砾,或经消毒处理的卫生沙砾。

四、维生素饲料

鸡对日粮中维生素的缺乏特别敏感。通常在放牧或长有青草的农家庭院式饲养条件下,虽不表现缺乏,但由于日粮中饲料所含的各种维生素量与鸡的需要量相差较大,一般容易引起缺乏症,特别在舍饲和笼养条件下的高产鸡表现更为严重。故在配合饲料时维生素必须另加补充。补充维生素的办法,通常是把它制成添加剂来使用。由于维生素化学性质一般都不稳定,遇光、热、化学药品等极易变性失效,所以在制成添加剂时,要先经加工处理,如采用载体,维生素A、维生素D、维生素E等需制成微粒胶囊等,以保证其效价。

维生素添加的种类和数量,往往随着不同禽类、品种和生长阶段的不同而异。通常维生素的添加量是按《饲养标准》的最低需要量加上一个安全系数。由于日粮饲料组成不同,饲料加工和贮存过程中消耗破坏,环境、疾病等应激使鸡的采食量降低等因素,在实际使用中其添加量往往要比标准最低需要量高。因此,实际应用中的禽用多维添加量,一般脂溶性如维生素A、维生素D高出3～10倍,水溶性维生素高出0.2～1倍。

五、饲料添加剂

是指人们为了提高饲料利用率,增加经济效益,采用各种方法在饲料中加入的各种微量物质,包括维生素、微量元素、氨基酸、抗生素、酶制剂、激素、抗氧化剂、防霉剂、着色剂等物质。其中一部分是工业化生产的,由专门的药厂或化工厂等提供添加剂成品;另一部分是天然物质作为饲料添加剂。目前种类繁多,各自的化学、物理特性相差较大,但总的来看,其特点是:在配合饲料中所占比例很小,但作用很大,添加量极微,在适量、过量和不足量之间相差很小,化学稳定性差,添加剂之间容易发生化学变化。所以,在使用时必须添加正确、适量,注意搭配禁忌和搅拌均匀,注意添加剂的适用范围和被用鸡的反应。

(一)维生素添加剂

商品鸡用维生素添加剂可分为雏鸡、育成鸡、产蛋鸡、肉鸡和种鸡用等数种。已加辅料的用量,一般按配合饲料量的0.1%或0.5%～1%添加。实际具体用量,通常应按生产厂家推荐的使用量。

(二)微量元素添加剂

鸡在常用饲料中不能满足其需要量的微量元素有锰、铜、锌、碘、硒。一般可以满足其需要量的有镁、铁、钼、铬等。鸡对微量元素的需要,其量虽极微,通常仅是日粮的百万分之几或亿万分之几,但它往往为酶的辅酶或活化剂,是鸡的正常生命和生产活动必不可少的物质,缺乏就会出现病症,甚至死亡。鸡的微量元素需要量见表3-4。鸡在常用饲料中不能满足的微量元素,在日粮中必须另行添加,可以满足的则应视实际使用饲料含量而定。

表3-4　鸡日粮中对微量元素的需要量　mg/kg

微量元素	需要量	微量元素	需要量
锰	50～60	碘	35
铁	50～80	硒	0.15
铜	5～8	镁	500～600
锌	40～60	钼	0.2

过去饲用微量元素多属无机盐类,如用硫酸铜、硫酸铁等作添加剂。用这类微量元素,水溶性好,但易结块,易流失,且 SO_4^{2-} 对肠道有刺激性,吸收利用率低。曾一度对某些元素改用有机盐类产品如柠檬酸铁等,但生物效价不高。目前已研制出新型第三代微量元素添加剂,即将各种微量元素分别与氨基酸整合在一起而成氨基酸螯合物添加剂。它是由氨基酸铁、氨基酸铜、氨基酸锰等组成,易吸收,抗干扰,不污染水质,又同时补充必需氨基酸,能提高饲料转化率。与无机盐类微量元素比较,可提高蛋鸡产蛋量6%～8%,减少破壳蛋11%～15%,减少死亡5%～10%,能明显提高经济效益。

(三)氨基酸添加剂

目前世界上使用的氨基酸饲料添加剂有蛋氨酸、赖氨酸、色氨酸、甘氨酸和谷氨酸等。我国则主要有蛋氨酸和赖氨酸。

按生产方法,目前使用的氨基酸可分成两个类型:一类为*L*-氨基酸,是用微生物发酵方法生产的;另一类型为*DL*-氨基酸,是用合成法生产的。

赖氨酸在谷类饲料中含量低,对生长期家禽特别敏感。缺乏会造成幼禽生长停滞,氮平衡失调,皮脂减少,消瘦,骨钙化失常等。雏鸡在日粮中的需要量为1.1%。

蛋氨酸为含硫必需氨基酸。缺乏表现为发育不良,体重减轻,肝、肾机能受破坏,肌肉萎缩,被毛变质,出现啄癖。它在体内可形成胱氨酸。雏鸡在饲料中的必需含量为0.75%。

(四)抗球虫添加剂

地面平养的鸡易生寄生虫病,特别是球虫病危害严重。因此,在雏鸡和肉仔鸡配合料中,一般都有抗球虫药物添加。使用时要注意变换药物,避免产生抗药虫株。常用作添加剂的抗球虫药有:

(1)氯苯胍　又名罗本尼丁。为广谱抗球虫药,对鸡的6种球虫病均有显著疗效,其作用机制可能是抑制虫体内氧化磷酸化和ATP酶的活性。毒性极低,使用安全,每吨饲料加

33 g。肉鸡宰前 7 d 停药。

(2)莫能霉素　对鸡多种艾美耳球虫有抑制作用，主要作用于球虫第一代裂殖体繁殖阶段。不易产生耐药性虫株。用量每吨饲料加 120 g。宰前 3 d 停药。产蛋鸡限制使用。

(3)盐霉素　又名沙利霉素，对鸡的巨型、脆弱艾美耳球虫等有作用，主要是通过杀灭或延迟球虫成熟而起作用，服用后没有显著蓄积现象。优素精是含 10%的盐霉素，用量每吨饲料加 60～70 g。

六、饲料筹划

根据鸡群数量和饲料消耗定额制定月份和年度饲料计划。饲料计划的种类要根据不同日龄和生产阶段的饲料营养标准要求，配制出全价营养配方。如蛋鸡 0～6 周龄平均 1 kg/只，7～20 周龄的育成鸡平均 7～7.5 kg/只，21～72 周龄产蛋鸡平均 40～45 kg/只。肉种鸡 0～22 周龄平均 10 kg/只，23～65 周龄平均 45 kg/只。肉仔鸡 0～7 周龄出栏平均约 5 kg/只。平均每只的饲料消耗定额指标还要参照各品种推荐饲喂量，然后计算各种饲料在配方中的大致比例。分别计算出主原料和副原料的采购供应量，以及价格和资金需要量，保证饲料及时供应。

任务 4　鸡场饲料供应计划编制

饲料是进行养禽生产的基础，饲料计划一般根据每月各类禽数乘以各类禽的平均采食量，求出每个月的饲料需要量，根据饲料配方中各种饲料品种的配合比例，算出每月所需各种饲料的数量。每个禽场年初都必须制订所需饲料的数量和比例的详细计划，防止饲料不足或比例不稳而影响生产的正常进行。目的在于合理利用饲料，获得良好的主副产品，节约饲料。

饲料费用一般占生产总成本的 65%～75%，所以在制订饲料计划时要特别注意饲料价格，同时又要保证饲料质量。

一、确定鸡场各类鸡群的存栏数和日粮消耗定额

根据饲养标准、品种、饲喂方法、饲料类型、饲养管理水平等，同时考虑各种影响因素，进行科学的分析，来制定所饲养的各类鸡群的日粮定额。如某鸡场制定的日粮定额见表 3-5。

表 3-5　某鸡场各类鸡群的存栏数和日粮定额

鸡群类别	阶段	常年存栏数/只	饲料类型	日粮定额/((g/(只·d))
雏鸡	0～6 周		雏鸡料	50～60
育成鸡	7～20 周		育成料	80～100
产蛋鸡	21～72 周		产蛋鸡料	100～120
种鸡			种鸡料	120～135

二、计算各类鸡群的饲料需要量

根据公式，饲料需要量＝鸡群只数×日粮定额×饲养天数，计算出各类鸡群的每日、每月、每年的饲料需要量，见表3-6。鸡群只数和饲养天数根据鸡群周转计划来确定。

表 3-6 某鸡场饲料需要量计算结果 kg

鸡群类别	饲料类型	饲料需要量			
		每日	每月	每季	全年
雏鸡	雏鸡料				
育成鸡	育成料				
产蛋鸡	产蛋鸡料				
种鸡	种鸡料				

三、计算各类鸡群的饲料供应量

根据饲料需要量计算结果，按饲料损耗率0.5%，计算出各类鸡群每月的饲料供应量，累计后可得到总的饲料供应量，安排各种配合饲料的季度供应计划，见表3-7。

表 3-7 某鸡场季度饲料损耗量与供应量 kg

鸡群类别	日均用量	季度需要量	损耗量	季度供应量
雏鸡				
育成鸡				
产蛋鸡				
种鸡				

四、填写年度饲料供应计划

调查各种饲料的规格与单价，填写某鸡场的年度饲料供应计划，如表3-8所示。

表 3-8 年度饲料供应计划

序号	饲料名称	日均用量/kg	单价/(元/kg)	金额(元/kg)	每季供应量/kg				备注
					一季度	二季度	三季度	四季度	
1									
2									
3									

五、编制饲料计划时应考虑的因素

(1)鸡的品种和日龄　不同品种、不同日龄的鸡，饲料需要量各不相同，在确定鸡的饲料消耗定额时，一定要严格对照品种标准，结合本场生产实际，决不能盲目照搬，否则将导致计划失败，造成严重经济损失。

(2)饲料来源　鸡场如果自配饲料，还需要按照上述计划中各类鸡群的饲料需要量和相应的饲料配方中各种原料所占比例折算出原料用量。另外，增加 10%～15% 的保险量；如果采用全价配合饲料且质量稳定，供应及时，每次购进量一般不超过 3 d 用量为宜。饲料来源要保持稳定，禁止随意更换，防止鸡群产生应激。

(3)饲养方案　采用分段饲养，根据各阶段鸡群每月的饲养数、月平均耗料量编制。饲料如为购入的，只注明饲料标号，如幼雏料、中雏料、大雏料、蛋鸡 1 号料、蛋鸡 2 号料即可，如为本场自配，须列出饲料种类及其数量。

【案例分析】

某大型饲料公司鸡饲料配方的应用效果分析

一、实验动物

肉仔鸡(1 日龄艾维茵肉仔鸡购自黑龙江正大孵化厂)。

二、肉鸡饲料配方设计及营养指标(表 3-9)

表 3-9　试验基础饲粮组成及营养成分

日粮成分	日粮组成/%	营养物质	营养成分
玉米	60.0	代谢能/(Mcal/kg)	2.96
豆粕	33.0	粗蛋白 /%	21.07
鱼粉	1.00	赖氨酸/%	1.03
麦麸	0.50	蛋氨酸 /%	0.47
大豆油	1.20	蛋＋胱/%	0.70
石粉	1.20	钙/%	1.01
磷酸氢钙	1.60	总磷/%	0.72
赖氨酸	0.05	有效磷/%	0.45
蛋氨酸	0.10		
食盐	0.35		
氯化胆碱	0.10		
复合多维	0.03		
微量元素	0.20		

注：空缺部分用沸石粉补足 100%；指标中能量、粗蛋白、钙、总磷均为计算值。

三、生产性能测定

试验鸡每周早 8:00 空腹以重复为单位称重，计算 7 d、14 d、21 d、28 d 平均采食量、日增重和饲料报酬，并做详细记录。

四、日粮配方的应用效果

(1)肉鸡的生长性能见表 3-10。

表 3-10　肉仔鸡前期(1～28 日龄)的生长性能

日采食量/(g/d)	日增重/g	料肉比
62.40±2.19	38.11±0.18	1.64±0.06

(2)肉鸡的各日龄体重见表 3-11。

表 3-11　肉鸡不同日龄的体重情况　　g

1 日	7 日	14 日	21 日	28 日
48.33±0.29	158.00±1.73	416.00±20.81	798.00±26.63[a]	1115.00±5.00[bc]

(3)肉鸡的各营养物质利用率见表 3-12。

表 3-12　肉仔鸡的营养物质利用率　　%

能量	粗蛋白	粗脂肪	粗纤维	磷
67.93±3.33	42.97±6.07	34.21±7.03[b]	13.34±1.06	48.91±2.15[b]

五、结论

按饲料配方配制的饲料对肉仔鸡(0～4 周龄)表现出了一定的促生长趋势,能显著提高肉鸡对饲粮中磷和粗脂肪的利用率。

【阅读材料】

营养、饲料与家禽产品品质

随着人们生活水平的提高,人们对动物产品品质的要求越来越高。人们倾向于购买蛋白质含量高、脂肪含量低、不饱和脂肪酸高的高品质动物产品。影响动物产品品质的因素很多,如年龄、性别、遗传、环境、营养、饲料、药物等。而饲料是畜牧养殖业的基础,肉、蛋、奶等动物产品不仅在生产的数量上受到饲料制约,而且在质量上也明显地受饲料影响。因此,了解动物产品品质与饲料之间的关系,对控制动物产品质量、生产理想的畜禽产品和提高养殖业的经济效益均有重要意义。

一、饲料与肉质

饲料对肉品质的影响是多方面,但肉中脂肪的比例和品质受饲料的影响较为明显,也最为常见。

(一)饲料对肉中脂肪含量的影响

饲料中除了脂肪外,其他养分如碳水化合物、蛋白质及氨基酸等也都可在动物体内转化为体脂肪。动物体脂肪是自身能量贮存的一种方式。在摄入的有效能量过多,或饲料中能量比例(即能量与蛋白质含量的相对比例)过高的情况下,食入的一部分能量就以脂肪的形式沉积在体组织(主要是脂肪组织)中,使其肉中的脂肪含量增加。

(二)饲料对脂肪品质的影响

1.脂肪的硬度

肉中脂肪的硬度主要由所含的脂肪酸决定。不饱和脂肪酸的含量越高,脂肪的硬度就越低。这是因为,在碳链长度相同的情况下,不饱和脂肪酸具有熔点较低的物理特性。

饲料对脂肪硬度的影响因动物种类的不同而异。对反刍动物,饲料中的不饱和脂肪酸可在瘤胃微生物的作用下加氢形成饱和脂肪酸,然后在小肠吸收进入体组织。所以饲料的脂肪酸组成对反刍动物体脂肪的软硬程度影响不大,而反刍动物的脂肪较硬。然而,对单胃动物,情况则不同,饲料中的脂肪可不经转化而被吸收。这样体脂肪的硬度受到饲料的影响较大。

2.脂肪的颜色

由饲料引起脂肪颜色异常最常见的是脂肪变黄。这种情况往往是由于饲料中天然色素在脂肪组织中的沉积造成的。一般认为,饲料中的天然色素对人体是无害的。所以,黄膘肉的食用价值并不降低。使脂肪变黄的另一种原因是因肝胆疾患引起的"黄疸"。黄疸肉原则上不能食用。

虽然由于饲料引起的黄膘肉在没有其他情况下完全可以食用,但由于其色泽异常,并容易与黄疸肉相混淆,消费者极为厌恶这种猪肉。

一般认为,含有较多不饱和脂肪酸及天然料,如鱼粉、蚕蛹粕、鱼肝油下脚料、芜菁、南瓜、紫云英、胡萝卜等,易导致黄膘。因此,在肥育猪的饲粮中,这类饲料应尽量少用,以免出现黄膘而造成经济损失。

对鸡胴体颜色的要求与猪不同。黄皮肤的鸡胴体不但不被认为是缺点,而且更受一些消费者欢迎。养鸡场家为了满足市场对产品外观的要求,可人为地通过一些饲料和饲料添加剂的使用,使鸡胴体(皮肤)着上黄色。

(三)饲料对肉脂味道的影响

肉的味道是影响其食用价值的重要因素。有气味的饲料常常会引起肉脂味道的异常。动物如果长时间大量采食某些腐烂的块根(萝卜、芜菁、甜菜等)、鱼粉、鱼肝油下脚料、蚕蛹以及带浓厚气味的植物(苦艾、独行菜),就会使其肉产生异味。猪若长期喂泔水,其肉和脂肪会有使人厌恶的废水气味。

鸡肉的味道常因饲料中添加鱼油、鱼粉、高粱等引起异常。鱼油和鱼粉可使鸡肉产生一种鱼腥味。饲料中添加抗生素对鸡肉味道有明显影响是由于肠道微生物的代谢产物对肉味有影响,而添加抗生素则影响了微生物区系和代谢,从而间接地影响肉的味道。

饲喂受到有毒有害物质污染的饲料也会使物质在肉中残留。种植业使用的农药、工业"三废"中的重金属和有毒化合物常常通过不同的途径以不同程度污染饲料或牧草,动物长期采食被污染饲料或牧草,将会导致体内有毒有害物质的残留,从而影响其肉的品质。

二、饲料与蛋品质

蛋的品质中一些指标,如蛋的成分、蛋壳品质、蛋黄颜色、蛋的味道等与饲料的关系较为密切。

(一)饲料对蛋成分的影响

饲料对蛋的主要成分,如蛋白质、脂肪和水分等的影响很小。但在一定范围内,蛋中的一些微量成分的含量受饲料的影响比较明显。

在饲料中增加维生素 A 或维生素 D,均可使其在蛋中的相应含量得到提高。蛋中的铁、铜、锌、碘、锰、钙等矿物元素的含量也可因其在饲粮中的含量的变化而有相应的改变。

蛋中的维生素和矿物质元素的含量,会影响其食用价值;对于种蛋,则会影响其孵化性能和雏禽的健康及生长发育。

(二)饲料对蛋壳品质的影响

蛋壳本身虽然不能食用,但其品质的好坏影响到蛋的贮存、运输和销售,是决定蛋品质的重要指标。蛋壳的质量与许多饲料和营养因素密切相关。

1. 钙和磷的影响

钙是蛋壳的主要成分,饲料中缺乏钙时,厚度和强度均降低。所以,产蛋禽的饲料中应含有充足的钙。贝壳粉和石粉是应用最为广泛的钙质补充饲料。贝壳粉和石粉对维持蛋壳品质具有基本相同的效果,或者贝壳粉略优于石粉。这两种饲料的粒度对其利用效果也有影响,一般情况下颗粒较大时效果更好。

磷是动物必需且与钙的代谢关系密切的元素。但饲料中磷含量过高则会降低蛋壳的品质。

2. 维生素的影响

维生素D与钙、磷的代谢关系密切,所以,对蛋壳品质影响较大。蛋壳的强度和厚度常常会因饲料中维生素D的不足而下降。

维生素C在一定程度上可改善蛋壳的品质,当钙水平较低时,这种作用更明显。

(三)饲料对蛋黄颜色的影响

蛋黄的颜色变动幅度很大,一般金黄色的蛋黄比较受欢迎。影响蛋黄颜色的因素很多,饲料是其中的一个重要因素。

1. 饲料中色素的影响

蛋黄的颜色是由叶黄素决定的,而叶黄素的来源则是饲料。如果饲料中缺乏叶黄素,蛋黄的颜色就会变淡。饲料中色素在蛋黄中的沉积率随色素摄入量的变化而有较大变化。

2. 脂类和抗氧化剂的影响

叶黄素溶解于脂类,因此在饲料中添加油脂会影响蛋黄颜色,特别是在饲料色素含量低时效果明显。

色素被氧化后就会失去着色能力。因而饲料抗氧化剂可防止色素的氧化,提高色素对蛋黄的着色作用。维生素E和乙氧奎在这方面都有效,尤其在饲料中加有不饱和脂肪酸时,效果更佳。

3. 其他饲料因素的影响

过量的维生素A和过量的钙均可使蛋黄颜色变淡,有些饲料还含有某些影响蛋黄颜色的未知因子。如稻糠和大麦在产蛋鸡饲粮中的添加量达一定水平时(稻糠20%、大麦50%)就会明显降低蛋黄颜色。

(四)饲料对蛋味道的影响

有些气味较浓的饲料,如葱、鱼等,其气味影响蛋的味道。有些饲料被食入后,在消化代谢过程中形成的一些产物也会使蛋产生异味。在饲料中广泛应用的鱼粉、菜籽饼和胆碱与蛋产生的腥臭味有关。蛋的异味是由于这几种饲料在消化道内受微生物作用而产生的三甲胺所致。

【考核评价】

种用蛋鸡的饲料配方设计

一、考核题目

根据某鸡场种用育成鸡饲料配方营养指标(表3-13)、种用产蛋鸡营养指标(表3-14),利用当地的饲料资源，设计种用育成鸡和产蛋鸡饲料配方。

表 3-13　种用育成鸡饲料配方营养指标　%

营养指标/%	0～6周龄		7～12周龄		13～18周龄		19周龄至开产	
	配方1	配方2	配方1	配方2	配方1	配方2	配方1	配方2
代谢能/(MJ/kg)	11.9	11.7	11.9	11.7	12.12	11.9	12.12	11.9
粗蛋白质	18	17	16	15	15	14	17	16
蛋氨酸	0.3	0.28	0.25	0.23	0.2	0.19	0.24	0.23
蛋氨酸+胱氨酸	0.71	0.68	0.64	0.62	0.6	0.57	0.65	0.65
赖氨酸	0.85	0.8	0.6	0.56	0.5	0.51	0.73	0.71
色氨酸	0.21	0.2	0.18	0.17	0.16	0.13	0.17	0.17
钙	0.9	0.9	0.8	0.8	0.8	0.8	2	1.8
磷	0.8	0.8	0.7	0.7	0.7	0.6	0.65	0.7

注：①各阶段配方1用于产白壳蛋的育成鸡。②各阶段配方2用于产褐壳蛋的育成鸡。

表 3-14　种用产蛋鸡营养指标　%

营养指标/%	产蛋率70%以上		产蛋率80%以上		产蛋率90%以上	
	配方1	配方2	配方1	配方2	配方1	配方2
代谢能/(MJ/kg)	11.7	11.7	11.7	11.7	11.7	11.7
粗蛋白质	14	14	15	15	16.5	16.5
蛋氨酸	0.31	0.31	0.33	0.33	0.36	0.36
蛋氨酸+胱氨酸	0.58	0.56	0.58	0.57	0.64	0.55
赖氨酸	0.62	0.62	0.66	0.66	0.73	0.73
色氨酸	0.15	0.13	0.15	0.14	0.17	0.16
钙	3.2	3.2	3.4	3.4	3.5	3.5
磷	0.6	0.6	0.6	0.6	0.6	0.6

注：①各阶段配方1用于产白壳蛋的育成鸡。②各阶段配方2用于产褐壳蛋的育成鸡。

二、考核标准

(一)依据资料设计种用育成鸡饲料配方(表 3-15)

表 3-15　种用育成鸡饲料配方实例　%

配方组成	0～6周龄		7～12周龄		13～18周龄		19周龄至开产	
	配方1	配方2	配方1	配方2	配方1	配方2	配方1	配方2
玉米	60.89	53.42	57.51	65.56	64.92	63.25	68.11	69.35
大麦					7.65	8.4		
小麦		9.95	12.74					
麦麸	10.31	10.53		8.37		7.7		
豆粕	9.66	7.79	9.53	7.66	7.81		10.66	7.7
菜籽粕	3.22	2.92	6.77	5.69	6.45	5.55	7.7	5.65
葵花籽粕	2.68			5.12			5.09	

续表 3-15

配方组成	0～6周龄		7～12周龄		13～18周龄		19周龄至开产	
	配方1	配方2	配方1	配方2	配方1	配方2	配方1	配方2
棉籽粕		2.92	6.02		5.62			5.12
鱼粉	6.98	5.84						3.59
骨肉粉						3.7	5.33	
苜蓿	3.76	3.89	4.27	4.55	4.38	4.63	3.55	3.08
食盐	0.25	0.25	0.25	0.25	0.25	0.25	0.25	0.25
复合多维①	0.03	0.03	0.03	0.03	0.03	0.03	0.03	0.03
预混料②	0.3	0.3	0.3	0.3	0.3	0.3	0.3	0.3
磷酸氢钙	1.63	1.82	2.16	2.01	1.69	0.78	0.7	1.82
碳酸钙	0.26	0.28	0.28	0.42	0.6	0.32	3.37	3.1
合成蛋氨酸	0.03	0.04	0.04	0.04				
合成赖氨酸		0.02						
保健剂③	0.01	0.01	0.01	0.01	0.01	0.01	0.01	0.01
合计	100.0	100.0	100.0	100.0	100.0	100.0	100.0	100.0

注:①鸡专用商品多种维生素预混料合饲料。②矿物元素预混合饲料:0～6周龄用肉鸡矿物元素预混料,以后各阶段用商品产蛋鸡矿物元素预混料。③保健剂包括选用一种抗球虫剂,抗生素或具有抗菌作用的物质可选可不选。

(二)设计种用产蛋鸡饲料配方

种蛋用做孵化小鸡,孵化率是衡量种蛋质量的重要指示,在很大程度上与母鸡营养状况密切相关。集约化养鸡生产条件下,种用产蛋鸡饲料配方是决定母鸡繁殖率的关键营养因素,见表 3-16。

表 3-16 种用产蛋鸡饲料配方实例 %

配方组成	产蛋率70%以上		产蛋率80%以上		产蛋率90%以上	
	配方1	配方2	配方1	配方2	配方1	配方2
玉米	59.03	69.44	44.46	61.11	66	59.81
小麦	11.26		16.67			6.17
麦麸		4.92				
高粱			9.11	6.51		
大豆	2.5	2	2.5	3	1.5	2
豆粕	5.46			4.21	5.9	9.94
菜籽粕	2.27	2.38	2.91		2.46	
鱼粉	3.27	4.23	5.82	5.73	5.88	6.1
菜籽粕	2.73		2.81	2.65	2.16	
饲料酵母		2.54		3.13		2.84
骨肉粉		2.96	3.2		2.85	
苜蓿	3.91	3.38	3.87	4.17	4.23	3.55

续表 3-16

配方组成	产蛋率 70%以上		产蛋率 80%以上		产蛋率 90%以上	
	配方 1	配方 2	配方 1	配方 2	配方 1	配方 2
食盐	0.25	0.25	0.25	0.25	0.25	0.25
复合多维①	0.04	0.04	0.04	0.04	0.04	0.04
预混料②	0.3	0.2	0.3	0.3	0.3	0.3
磷酸氢钙	1.44	0.18	0.23	0.77		0.58
碳酸钙	4.89	5.1	5.65	5.03	5.02	5.22
贝壳粉	2.5	2.19	2.04	3	2.9	3.1
合成蛋氨酸	0.12	0.07	0.12	0.09	0.12	0.09
合成赖氨酸	0.02	0.01	0.01			
保健剂③	0.01	0.01	0.01	0.01	0.01	0.01
合计	100.0	100.0	100.0	100.0	100.0	100.0

注：①鸡专用商品多种维生素预混合饲料。②矿物元素预混合饲料：0～6 周龄用肉鸡矿物元素预混料，以后各阶段用商品产蛋鸡矿物元素预混料。③保健剂包括选用一种抗球虫剂、抗生素或具有抗菌作用的物质可选和不选。

【信息链接】

1. NY/T 33—2004　鸡的饲养标准
2. GB/T 17890—2008　饲料用玉米
3. GB/T 19541—2004　饲料用大豆粕
4. NY 5032—2006　无公害食品 畜禽饲料和饲料添加剂使用准则
5. DB45T 182—2004　地方鸡种及其肉用配套系选育技术规范
6. GB/T 24705—2009　狼山鸡
7. NY 814—2004　丝羽乌骨鸡
8. GB/T 23184—2008　饲料企业 HACCP 安全管理体系指南
9. NY/T 471—2010　绿色食品 畜禽饲料及饲料添加剂使用准则
10.《饲料和饲料添加剂管理条例》(2011 年 10 月 26 日国务院第 177 次常务会议修订通过，自 2012 年 5 月 1 日起施行)
11.《中国饲料成分及营养价值表》(2012 年第 23 版，中国饲料数据库)

项目四

家禽的人工授精和孵化生产

【学习目标】

了解孵化室选址、建筑要求及孵化场布局的基本原则；学会家禽采精技术、精液品质鉴定和输精技术；掌握种蛋的选择消毒技术；掌握孵化机的调试、种蛋入孵、鸡胚检查及落盘技术。

【学习任务】

任务1　家禽的人工授精

一、种禽自然交配管理

1.家禽自然交配方式

自然交配的繁殖方式适用于地面散养或网上平养的家禽如鸭、鹅和快大型肉种鸡等。

(1)大群配种　在一个数量较大的母禽群体内按性别比例要求放入公禽进行随机配种，母禽数量为100～500只。这种配种方法只能用于种禽的扩群繁殖和一般的生产性繁殖场。

(2)小群配种　小群配种又称小间配种，它是在一个隔离的小饲养间内根据家禽的种类、类型不同放入8～15只母禽和1只公禽，或20只左右母禽配入2～3只公禽。这种方法可以用于家系育种，也用于种鹅配种生产。

(3)人工辅助配种　多用于种鹅繁殖，是在工作人员的帮助下种鹅顺利完成自然交配过程的一种配种方式。通常在小圈内进行，把需要配种的母鹅放进圈内，再把公鹅放入。操作人员用手握母鹅两脚和翅膀，让母鹅伏卧在地面，引诱公鹅靠近，当公鹅踏上母鹅背上时，可一只手抓住母鹅，另一只手把母鹅尾羽提起，以便交配，训练几次，公鹅看到人捉住母鹅就会主动接近交配。

2.自然交配管理注意问题

(1)自然交配的配偶比例　配偶比例(或称公母比)是指1只公禽能够负担配种的能力，即多少只母禽应配备1只公禽才能保证正常的受精率。在配种过程中需要根据家禽种类的不同分别制定配偶比例(表4-1)。

表4-1 各种家禽适宜的配偶比例

家禽种类	公母比	家禽种类	公母比
白羽肉鸡	1∶(8～10)	肉用麻鸭	1∶(10～15)
白羽肉鸭	1∶5	中型鹅	1∶(5～7)
蛋用鸭	1∶(15～20)	大型鹅	1∶4

在生产实践中配偶比例的确定还应该考虑多方面的因素,如饲养方式、种禽年龄、配种方式、繁殖季节、种公禽体质等。

(2)种禽利用年限 种鸡和鸭的产蛋率以第一个产蛋年度为最高,其后每年约降低15%～20%,因此一般只利用一个繁殖年度。大多数鹅在第三年产蛋性能最好,可以利用四个繁殖年度,有的品种如太湖鹅、扬州鹅只利用一个繁殖年度。

(3)种水禽配种要有水面 鸭和鹅在水中交配的成功率高于在陆地,因此饲养种水禽要有合适的水面供其活动。水的质量会影响交配效果。

二、家禽人工授精技术

1. 家禽人工授精的优越性

(1)减少公禽饲养量 在自然交配情况下每只公鸡仅能够承担10～12只母鸡的配种任务,若采用人工授精技术则能够负担35只,相比之下公鸡的饲养量可以减少2倍。按一个生产周期(500 d)计,1只公鸡的饲料消耗为53 kg左右,少养1只公鸡仅饲料费就可以节约100多元。

(2)提高优秀种公禽的利用率 由于人工授精所需要的公禽数量少,这样就加大了选择强度,使公禽中质量最好的得到充分利用,对提高后代的品质具有明显的效果。

(3)克服配种双方的某些差异 如雌雄家禽个体的体格差异大、公禽的择偶习性、腿部受伤的公禽、种属之间的杂交等会影响到自然交配的效果,可以通过人工授精技术解决。

(4)可以提高育种工作效率及准确性 种鸡采用笼养,采用个体记录,试验结果的准确性十分可靠,能很快通过后裔鉴定,选出最优秀的个体,加快育种速度。

(5)有利于防止疾病的相互传播 交配过程中公禽不再与母禽直接接触,避免了一些疾病传播的可能。

2. 人工授精器械

(1)采精器械 小玻璃漏斗形采精杯或10 mL试管。

(2)贮精器械 使用10～20 mL刻度试管。

(3)保温用品 普通保温杯,以泡沫塑料作盖,上面3个孔,分别为集精杯,稀释液管和温度计插孔,内贮30～35℃温水。

(4)输精器械 多数采用普通细头玻璃胶头滴管或家禽输精枪、微量移液器。

3. 采精前的准备

(1)种公禽的选择 种公禽外貌特征要符合该品种的标准,体格发育好,健康状况好、第二性征明显。

(2)隔离饲养　选留的种公禽采用个体笼或小单间饲养，每只公禽占用1个独立的空间，减少相互间的争斗和假交配。隔离饲养至少应在性成熟前3周开始。

(3)种公禽的特殊饲养　按照所饲养的家禽品种类型提供公禽专门用饲料，可以适当增加复合维生素的用量，采用自由采食，满足饮水。每天光照时间为14～16 h，保持室内环境条件适宜。

(4)剪毛　在采精训练之前应将公禽肛门周围的羽毛剪去，使肛门能够充分显露，以免妨碍操作或污染精液。

(5)用具的准备和消毒　根据采精需要备足采精杯，贮精杯等，经高温或高压消毒后备用。若用酒精消毒，则必须在消毒后用生理盐水或稀释液冲洗并经干燥后备用。

(6)采精训练　公禽达到性成熟后就可以进行采精训练，也可以在输精前7～10 d进行训练。公鸡每天训练1～2次，经2～3 d后大部分可采取精液，公鹅、公鸭训练4～7 d即可采出精液，此后坚持训练以使其建立条件反射。

4.鸡的按摩采精技术

目前，生产上采用最多的方法是双人按摩采精，训练的目的是建立条件反射，训练的方法与以后的采精方法有差异。

(1)公鸡的保定　助手双手握住公鸡两侧大腿的基部，并用大拇指压住部分主翼羽以防翅膀扇动，使其双腿自然分开，尾部朝前、头部朝后，保持水平位置或尾部稍高，固定于右侧腰部旁边，高度以适合采精者操作为宜。

(2)采精训练操作　采精者右手持采精杯或试管，夹于中指与无名指或食指中间，站在助手的右侧，采精杯的杯口向内并将杯口握在手心，以防污染采精杯。右手虎口部紧贴鸡后腹部。左手大拇指与其余四指分开，手掌贴在公鸡的背部，从背部向尾部按摩3～5次，接着左手顺势将尾部翻向背部，拇指和食指跨捏在泄殖腔两侧，位置稍靠上。与此同时采精者在鸡腹部的柔软处施以迅速而敏感的抖动按摩，然后迅速地轻轻用力向上抵压泄殖腔，此时公鸡性感强烈，采精者右手拇指与食指感觉到公鸡尾部和泄殖腔有下压感觉，左手拇指和食指即可在泄殖腔上部两侧下压使公鸡的泄殖腔翻开并排出精液，在左手施加压力的同时，右手迅速将采精杯的口置于翻开的泄殖腔下方盛接精液。

另一种方法是左手按摩公鸡背腰部3～5次，当公鸡有性反射表现时，左手握住公鸡尾巴，大拇指和中指分别放在公鸡泄殖腔两侧并挤压，使泄殖腔外翻，右手持采精杯或试管接取精液。

(3)应用采精操作　在实际生产中，训练好的公鸡在采精的时候一般不需要按摩。当保定人员将公鸡保定好后，采精者只要用左手把其尾巴压向背部，拇指、食指在其泄殖腔上部两侧稍施加压力即可采出精液。采精者也可以直接用左手握住公鸡尾巴并用大拇指和中指挤压泄殖腔两侧，右手持采精杯或试管即可直接接取精液。

(4)采精操作注意事项　①要保持采精场所的安静和清洁卫生；②采精人员要固定，不能随便更换；③在采精过程中一定要保持公鸡舒适，捕捉、保定时动作不能过于粗暴，不惊吓公鸡或使公鸡受到强烈刺激，否则会采不出精液或量少或受污染；④挤压公鸡泄殖腔要及时并用力适当；⑤采精过程中应清洁操作；⑥每采完10～20只公鸡精液后，应立即开始输精，待输完后再采。采出的精液要在30 min内输精完毕。

5.鸭、鹅的按摩采精

采精时助手将公鸭、鹅保定在采精台上或保定人员坐在椅子上将鸭鹅放在腿上(小型蛋鸭采精时的保定方法与鸡相同)。采精者右手放在鸭或鹅的后腹部,左手由背向尾按摩5~7次后抓住尾羽,再用右手拇指和食指插入泄殖腔两侧,沿着腹部柔软部分上下来回按摩,当泄殖腔周围肌肉充血膨胀,向外突起时将左手拇指和食指紧贴于泄殖腔上下部,右手拇指和食指贴于泄殖腔左右两侧,两手拇指和食指交互以有节奏捏挤的方式按摩充血突起的泄殖腔,公鸭(鹅)即可使阴茎外露,精液外排,此时右手捏住泄殖腔左右两侧以防其阴茎缩回泄殖腔,左手持采精杯置于阴茎下盛接精液。

6.采精频率

在繁殖生产中鸡、鸭、鹅的采精次数为每周三次或隔日采精。若配种任务大时每采2 d(每天一次)休息1 d。

采精的时间要与输精时间相吻合,若用新鲜精液输精,鸡、鹅在下午采精,鸭在上午采精。

7.家禽的输精技术

(1)鸡的输精技术　目前最常见的输精方法是输卵管口外翻输精法。输精时助手打开笼门用一只手抓住母鸡双腿将母鸡后躯拉出笼门,另一只手的大拇指放在肛门下方、其余四指放在肛门上方稍施压力,泄殖腔即可翻开露出输卵管开口。输精人员将输精管插入输卵管即可输精。

(2)鹅、鸭的输精操作　通常采用手指引导输精法,助手将母禽固定于输精台上(可用50~60 cm高的木箱或加高的方凳),输精员的右手(或左手)食指插入母禽泄殖腔,探到输卵管后插入食指,左手(或右手)持输精器沿插入输卵管的手指方向将输精管插入进行输精。

(3)输精时间与间隔　鸡一般在下午输精,此时母鸡基本都已产过蛋;鸭一般在夜间或清晨产蛋,故输精工作宜在上午进行;鹅的输精也可安排于下午进行,亦有人认为虽然上午鹅的输卵管里有蛋存在,但上午输精仍有很高的受精率。

(4)输精深度与剂量　以输卵管开口处计算,输精器插入深度:鸡2~3 cm;鸭、鹅3~5 cm。若未经稀释液,鸡每次输精剂量为0.025~0.03 mL,鸭、鹅0.03~0.05 mL;若按有效精子数计算,每次输入量鸡不少于0.7亿个,鸭为0.8亿个,鹅不少于0.5亿个。

(5)输精注意事项　①精液采出后应尽快输精,未稀释的精液存放时间不得超过0.5 h。精液应无污染,并保证每次输入足够的有效精子数。②抓取母禽和输精动作要轻缓,插入输精管时不能用力太大以免损伤输卵管。③在输入精液的同时要放松对母禽腹部的压力,防止精液回流。在抽出输精管之前,不要松开输精管的皮头,以免输入的精液被吸回管内,然后轻缓的放回母禽。④防止漏输。⑤母鸡排便时的处理:输精时按压母鸡后腹部使其泄殖腔外翻的同时有可能会导致母鸡排粪,有的母鸡粪便会粘附在泄殖腔的内壁上,甚至在输卵管开口处。遇到这种情况,需要用棉球将粪便擦去,然后再输精,以免粪便污染输精滴管而对母鸡输卵管造成感染。⑥患病母鸡的处理:在规模化种鸡生产中很容易发现鸡群中有患病的母鸡,如拉稀、输卵管炎症或其他传染病。这些母鸡的数量虽然少,但是对大群鸡的健康威胁却很大。在进行人工授精的过程中,由于输精滴管不是每只鸡更换1支,很容易在输精过程中传播疾病。因此,遇到这样的母鸡必须及时隔离,不再输精。

任务2 孵化室的规划设计

一、孵化室场址选择

孵化室的场址要求地势较高、冬暖夏凉、空气流通、干燥防潮、保持卫生、经济耐用，还需要交通方便、水电资源充足。孵化室是一个相对独立的场所，必须有利于卫生和疾病控制，远离交通干线、市中心、居民区、水源地500 m以上。如果附近有居民区，需要处于当地主导风向的下方。远离粉尘严重的工厂、养禽场、屠宰厂、农药厂和化工厂等污染严重的企业，以保证孵化室不被环境污染和污染周围环境。如果作为禽场的附属孵化室，应尽量和禽场保持适当距离，和禽场在一条直线上并与主导风向垂直，有独立的出入口。

二、孵化室的规划

孵化室的规模应根据种禽饲养量和未来发展计划而定，预计每年需要孵化的种蛋数，尤其是产蛋高峰时需要提供的孵化条件，确定每次入孵种蛋量、每批间隔天数、禽蛋的孵化周期等相关指标，在此基础上确定孵化机的类型、尺寸、数量，孵化机和出雏机数量或容蛋量的比例为4∶1较为合理，然后确定种蛋储存室、孵化车间、出雏室等需要的面积。

孵化室内部的规划应遵循单线路，即种蛋从孵化室一端进入，雏禽从另外一端出去。孵化室的布局需要根据“种蛋消毒、保存、处置、孵化、移盘、出雏、雏禽处理（分级鉴别、预防接种等）、雏禽存放”的生产流程进行规划。按照此流程，可以在孵化室内规划设计更衣间、淋浴间、种蛋保存间、消毒间、孵化间、出雏间、洗涤间、发雏间、值班间、配电间等功能间。各功能间要注意隔开，尤其是脏区和净区之间的隔离。如设置隔离带、各通道之间设有消毒池。小型孵化室可以以长条形的格局排列，部分功能区之间没有明显的分界。大型禽场孵化室的规划以孵化间和出雏间为中心，根据生产流程合理设计孵化室内各功能间的布局和面积，以利于工作流程的顺畅和卫生防疫工作的运行，并合理提高建筑物的利用率。

三、孵化室的建设要求

孵化室的墙壁、地面、天花板应选用防水、防潮、便于冲洗、耐腐蚀的材料。地面可用混凝土浇筑，要平整，利于运输车进出，用水冲洗后地面不会出现积水现象，在适当的位置应设排水道。墙壁采用混凝土磨面，用防水涂料将表面涂光滑。天花板与地面的距离要求在3.4 m以上，如果过高既不利于保温，又浪费空间；过低则不利于孵化过程中通风换气。屋顶的材料最好用防水的材料，防止漏雨，在屋顶下面铺一层隔热保温的天花板，夏季防止太阳晒透屋顶导致室内高温；冬季便于保温。

孵化室内最好是无柱结构，这样便于孵化机等孵化设备固定在合理的位置，便于开展工作和通风。

孵化室门的高度在 2.4 m 以上，宽度在 1.5 m 以上，便于孵化机设备和运输车的进出。门的密封性要好，为内外推拉式或侧拉式。一般孵化室是坐北朝南，在南、北面均需要开设窗户。南侧窗户是为了采光和采温，窗与地面的距离在 1.5 m 左右，长 1.2 m、宽 1 m；北面窗户应小一些，距离地面 1.8 m 左右，边长为 0.5 m 的正方形。窗户要能随意开关，且上下都要留取活扇，以根据情况调节室内通风量，保持室内空气的清洁度。

孵化室的一些功能间还有一些特殊的需要。种蛋保存间的墙壁和天花板应隔热性能良好，通风缓慢而充分，可设置空调，保持室温在 16～20℃。种蛋消毒间是以熏蒸或喷雾消毒处理待孵的种蛋，门、窗、墙、天花板的结构要严密，并设排气装置。种蛋处置间是对种蛋进行装盘、上蛋架车，需要面积能够满足蛋盘的摆放和蛋架车的运转。孵化间地面要能承受孵化机等设备的重量，在孵化机前约 30 cm 处应开设排水沟，上盖铁栅栏，栅孔 1.5 cm，并与地面保持平齐。孵化间的废气通过水浴槽排出，以免雏禽绒毛被吹至户外后，又被吸进进风系统而重新带入孵化室各功能间中。在孵化间和出雏间旁应单独设置洗涤间，清洗蛋盘和出雏盘，洗涤间内设浸泡池，地面设有漏缝板的排水阴沟和沉淀池。雏禽性别鉴定和装箱间要有保温装置和供温设备，保持室内温度在 33～35℃。照蛋间应安装可调光线明暗的百叶塑料窗帘，有些孵化室不单设照蛋间，直接利用夜晚在孵化间里进行。

孵化室主要功能间所要求的面积比例，主要是参考出雏机容量和出雏数来计算，详细见表 4-2。

表 4-2　孵化室各功能间的面积　　m^2

室别	按出雏器容量计算 每 10 000 个种蛋需	按每次出雏数计算 每 10 000 只混合雏需
收蛋室	1.9	13.9
贮蛋室	0.8	2.3
雏禽存放室	3.7	27.9
洗涤室	0.7	5.5
贮藏室	0.7	4.9

四、孵化室的通风系统

孵化室的通风系统是为了向室内提供新鲜的空气，排出二氧化碳、硫化氢和其他有害气体，同时调节好室内的温度和湿度。孵化室的各个功能间在通风系统上最好是单独控制，将废气排出室外，减少各功能间之间空气污染，而且可以避免因各个功能间温度和湿度差异较大难以处理的问题。鸡孵化前期，每个胚蛋每天的产热量约为 1.67 J，孵化至 21 d 时增到 376 J。分批入孵时，平均每个胚蛋产热 188 J 左右。随着胚胎日龄的增加，对氧的需要量和二氧化碳的排出量也日益增多。从孵化的第 1 天至第 21 天，氧需要量和二氧化碳的排出量增加 100 倍。孵化到第 18 天时 1 000 个胚蛋需要 4.1 m^3 的新鲜空气。在生产中，各个孵化室功能间的通风技术参数可以参考表 4-3、表 4-4。

表 4-3　孵化室各功能间的空气流量参数

室外温度		每 1 000 个种蛋(m³/min)			每 1 000 只雏鸡/(m³/min)
℉	℃	种蛋保存室	孵化间	出雏间	发雏间
10	−12.2	0.06	0.20	0.43	0.43
40	4.4	0.06	0.23	0.48	0.57
70	21.2	0.06	0.25	0.51	0.71
100	37.8	0.06	0.31	0.71	0.85

表 4-4　孵化室各功能间的温度、湿度和通风技术参数

功能间	温度/℃	相对湿度/%	通风要求
种蛋贮存间	13～18	75～80	无特殊要求
种蛋消毒间	24～26	75～80	有强力排风设备
种蛋预热间	24～26	50～65	有机械通风设备
孵化间、出雏间	24～26	65～75	有机械通风设备
雏禽处理间	33～35	70～75	有机械通风设备

除洗涤间采用负压通风外，孵化室其他功能间均以正压通风为宜。孵化间对通风和排风设施的要求比较高，一般排气管道安装在孵化机后上方或者天花板位置，由管道、风罩、排风扇等组成，此处可以采用正压和负压相结合的排风方式。为了向孵化室补充足够的新鲜空气，应在孵化室内安装相应的通风管道和空调设备(或进风机)。进气风机的风量应大于或等于排气机风量。

任务 3　种蛋的孵化条件与胚胎检查

一、孵化条件

家禽胚胎发育主要依靠蛋内的营养物质和适合的外界条件。孵化就是为胚胎发育创造合适的外界条件。因此，在孵化中应根据胚胎的发育规律，严格掌握温度、湿度、通风、翻蛋及凉蛋等孵化条件。

(一)温度

1. 温度对胚胎发育的影响

温度是孵化的重要条件，孵化温度掌握得适当与否会直接影响孵化效果。孵化温度偏高，胚胎发育偏快，出雏时间提前，雏禽软弱，成活率低，当超过 42℃，经过 2～3 h 胚胎就会死亡。孵化温度偏低时，胚胎发育变慢，出壳时间推迟，也不利于雏禽生长发育，孵化率降低，若温度

低于 24℃，经 30 h胚胎全部死亡。孵化温度对孵化期的影响见表 4-5。

表 4-5 孵化温度与孵化期

温度/℃	受精蛋孵化率/%	所需孵化时间/d	温度/℃	受精蛋孵化率/%	所需孵化时间/d
36.1	50	22.5	37.2	80	21
36.7	70	21.5	37.8	88	19.5

2.适宜的孵化温度

孵化的供温标准与种禽的品种、蛋的大小、孵化机类型、不同日龄的胚胎、孵化季节等有关。立体孵化低于平面孵化，胚龄大的低于胚龄小的，夏季低于早春或晚秋。一般适宜的孵化温度是 37.5～38.2℃，在出雏机内的出雏温度为 37.2～37.5℃。生产中，上蛋方式不同，供温标准也不一样。

(1)整批上蛋　就是一个孵化机内一次性上满种蛋，同时出雏，孵化机内是同一胚龄的蛋，随着胚龄的增加胚胎自身产热增加，孵化温度要逐渐下降，所以整批上蛋的孵化机应采用变温孵化，温度掌握的原则是前期高，中期平，后期低。以鸡为例，1～5 d 适宜温度为 38.2℃，6～12 d 为 37.9℃，13～19 d 为 37.7℃，而出雏机内(20～21 d)则保持 37.2～37.5℃。

(2)分批上蛋　就是一个孵化机内分几次上蛋，一般每隔 5～7 d 上一批种蛋，“新蛋”和“老蛋”的蛋盘交错放置以相互调节温度，分批上蛋的孵化机内有不同胚龄的蛋，所以应采用恒温孵化，孵化机内温度一般保持 37.8℃恒定不变，而出雏机内则保持 37.2～37.5℃。

另外，最适宜的孵化温度还要考虑孵化室温度和家禽种类等因素，不同家禽种类在不同室温下的最佳孵化温度见表 4-6、表 4-7、表 4-8。

表 4-6 鸡的变温孵化 ℃

室温	胚龄			
	1～6 d	7～12 d	12～18 d	19～21 d
15～22	38.3	38.0	37.8	37.2
22～28	38.1	37.8	37.5	37.2

表 4-7 鸭的变温孵化 ℃

室温	胚龄			
	1～7 d	8～15 d	16～24 d	25～28 d
15～22	38.1	37.8	37.5	37.2
22～28	37.8	37.5	37.2	36.8

表 4-8 鹅的变温孵化 ℃

室温	胚龄			
	1～9 d	10～18 d	19～26 d	27～31 d
15～22	38.0	37.8	37.5	36.8
22～28	37.8	37.5	37.2	36.5

(二)相对湿度

1. 湿度对胚胎发育的影响

湿度也是孵化成功的重要条件,适宜的孵化湿度可使胚胎初期受热均匀,后期散热加强,既有利于胚胎发育,又有利于破壳出雏。孵化湿度过低蛋内水分蒸发多,胚胎易与壳膜发生粘连,孵出的雏鸡较轻,有脱水现象;湿度过高,影响蛋内水分蒸发,孵出的雏鸡肚子大,软弱,脐部愈合不良,成活率也较低。所以,湿度过高或者过低都会对孵化率和雏禽健康有不良影响。孵化时应特别注意防止高温高湿和高温低湿。

2. 适宜的孵化湿度

湿度虽然不像温度那么要求严格,但必须尽量给不同胚龄的胚蛋创造适宜的湿度。上蛋方式不同,供湿标准也不同。

(1)整批上蛋　整批孵化时湿度应掌握“两头高,中间低”的原则,即孵化初期相对湿度为60%～65%;中期相对湿度为50%～55%;后期相对湿度为65%～70%。出雏期湿度为70%～75%。

(2)分批上蛋　分批孵化时,孵化机内相对湿度应保持在50%～60%,出雏机内湿度为70%～75%。

不管采用哪种上蛋方式,落盘后出雏机内的相对湿度要求比孵化机内的高,一般为70%～75%。出雏机内高湿度能使蛋壳中的碳酸钙在水分的参与下转变成碳酸氢钙,从而使蛋壳变脆,利于啄壳出雏,高湿度也可防止绒毛粘壳。

孵化湿度是否正常,可用干湿球温度计测定,也可根据胚蛋气室大小,失重多少和出雏情况判定。

(三)通风换气

1. 通风换气的作用

(1)供给胚胎发育所需 O_2,排出胚胎发育产生的 CO_2。胚胎发育的过程中,不断吸入 O_2,呼出 CO_2。随着胚龄的增加,其 O_2 需要量也在增加。通风换气可使空气保持新鲜,减少 CO_2,以利于胚胎正常发育。一般要求孵化机内 O_2 含量达21%,CO_2 低于0.5%。当 O_2 含量低于21%时,每下降1%,孵化率下降5%;当然 O_2 含量也不能高,在30%～50%范围内,每上升1%,孵化率下降1%。当 CO_2 达到1%时,胚胎发育迟缓,死亡率增高,并出现胎位不正和畸形等。超过1%时,每增加1个百分点,孵化率下降15%。可见通风换气对孵化率有明显影响。

(2)调节孵化机内温度和湿度。通风良好,孵化机内各空间温度均衡,湿度适宜;通风不良,空气不流畅,湿度大,温度不均衡;通风过大,则温度、湿度都难以保持。

(3)利于孵化后期胚胎散热。胚胎产热随胚龄增加而增加,尤其是孵化后期,胚胎代谢旺盛,产热多,如果热量散不出去,将严重阻碍胚胎发育,甚至烧死,所以孵化后期通风量要大。孵化后期若遇到停电,应及时开门散热,防止闷死、烧死。

2. 通风换气量的控制

控制通风换气量的原则是在保证正常温度、湿度的前提下,要求通风换气充分。通过对孵化机内通风孔位置、大小和进气孔启开程度,可以控制空气的流速及路线。通风量大,机内温度降低，胚胎内水分蒸发加快，增加能源消耗；通风量小，机内温度增高，气体交换缓慢。通风与温度的调节要彼此兼顾，冬季或早春孵化时，机内外温差较大，冷热空气对流速度增快，故应严格控制通风量。夏季机内外温差较小，冷热空气交换量的变化不大，就应注意加大通风量。一般孵化初期，可关闭进、排气孔，随胚龄增加逐渐打开，到后期可全部打开。

为了确保孵化机内的空气质量，必须经常保持孵化室的空气新鲜，所以要注意孵化室的通风换气和清洁卫生，从孵化机内排出的废气要直接通到孵化室外面，以防止影响孵化室的空气质量。

(四)翻蛋

(1)作用　改变种蛋的孵化位置和角度称翻蛋。其作用是改变胚胎位置，使胚胎受热均匀，防止与壳膜粘连而死亡，翻蛋可促进胚胎运动和改善胚胎血液循环。

(2)要求　一般每隔 2 h 翻蛋 1 次，若翻蛋的角度以水平位置为标准，鸡蛋前俯后仰的角度各 45°。而鸭蛋以 50°～55°为宜，鹅蛋以 55°～60°为宜。翻蛋角度不足，会降低孵化率，翻蛋在孵化前期更为重要。据试验：整个孵化期间都不翻蛋，孵化率仅为 29%；仅第一周翻蛋，孵化率为 78%；第 1 至第 14 天翻蛋，孵化率为 85%；第 1 至第 18 天翻蛋，孵化率为 92%。机器孵化落盘后可停止翻蛋。

(五)凉蛋

(1)作用　凉蛋的目的是驱散孵化机内余热，保持适宜的孵化温度；同时供给新鲜空气，排出孵化机内污浊的气体。胚胎发育到中后期，因物质代谢产生大量的热能，需要及时凉蛋，防止胚胎被烧死。凉蛋也可通过较低的温度来刺激胚胎，促使胚胎发育并增加将来雏禽对外界气温的适应能力。

鸭蛋、鹅蛋含脂量高，物质代谢产热多，孵化至 16～17 d 以后必须凉蛋，否则，易引起胚胎“自烧至死”。在炎热的夏季，整批入孵的鸡蛋到后期，如超温也要凉蛋。

(2)方法　一般每天上、下午各凉蛋 1 次，每次 20～40 min。凉蛋时间的长短，应根据孵化日期、禽蛋类型及孵化季节而定，还可根据蛋温来定，一般用眼皮来试温，即以蛋贴眼皮，感到微凉(31～33℃)就应停止凉蛋。夏季高温情况下，应增加孵化室的湿度后再凉蛋，时间也可长些。鸭、鹅蛋通常采用在蛋面用温水喷雾的办法，来增加湿度和降温。凉蛋时间不宜过长，否则死胎增多，脐带愈合不良。凉蛋时要注意，若胚胎发育缓慢可暂停凉蛋。

二、胚胎发育

(一)家禽孵化期及其影响因素

1.各种家禽的孵化期

胚胎在孵化过程中发育的时期称为孵化期。家禽种类不同，孵化期也不一样，各种家禽孵化期见表 4-9。

表 4-9　主要家禽孵化期　d

家禽种类	孵化期	家禽种类	孵化期
鸡	21	火鸡	28
鸭	28	珠鸡	26
鹅	30～32	鹌鹑	17～18
番鸭	33～35	鸽	18

由于胚胎发育快慢受诸多因素影响，实际表现的孵化期有一个变动范围，在一般情况下，孵化期上下浮动 12 h 以内。

2. 影响孵化期的因素

同一种家禽孵化期亦有所差异，影响因素主要有以下几个方面。

(1)保存时间　种蛋保存时间越长，孵化期越长，且出雏时间参差不齐。

(2)孵化温度　孵化期温度偏高，则孵化期短；孵化温度偏低，则孵化期延长。

(3)家禽类型　蛋用型家禽的孵化期比兼用型、肉用型的时间短。

(4)蛋重　大蛋的孵化期比小蛋的长。

(5)近亲繁殖　近亲繁殖的家禽其种蛋孵化期延长。

孵化期的缩短或延长，对孵化率及雏禽的健康状况都有不良影响。

(二)蛋形成过程中的胚胎发育

成熟的卵子，落入输卵管喇叭部受精后不久就开始发育。受精卵在输卵管大约停留 24 h 左右，经过不断分裂，发育到胚胎原肠期，外观呈白色的圆形盘状，故称为胚盘。胚盘中央较薄的透明部分为明区，周围较厚的不透明部分为暗区。胚胎在胚盘的明区部分开始发育，分化形成内胚层和外胚层。胚胎形成两个胚层之后蛋即产出。蛋产出体外后因温度下降(23.9℃以下)，发育暂时停止。

(三)孵化过程中的胚胎发育

1. 胚胎发育的外部特征

受精蛋入孵后，胚胎即开始第二阶段发育，在原有两个胚层的基础上很快形成中胚层，以后就从内、中、外三个胚层分化形成新个体的所有组织和器官。外胚层形成羽毛、皮肤、喙、趾、感觉器官和神经系统；中胚层形成肌肉、骨骼、生殖泌尿器官、血液循环系统、消化系统的外层及结缔组织；内胚层形成呼吸系统的上皮、消化器官的黏膜部分以及内分泌器官。

从形态上看，家禽胚胎发育大致分为四个阶段。以鸡为例，1～4 d(鸭 1～5 d，鹅 1～6 d)为内部器官发育阶段；5～14 d(鸭 6～16 d，鹅 7～18 d)为外部器官发育阶段；15～20 d(鸭 17～27 d，鹅 19～29 d)为胚胎生长阶段；20～21 d(鸭 28 d，鹅 30～32 d)为出壳阶段。孵化期胚胎发育中各胚龄期的主要形态特征见表 4-10。

孵化过程中，如果每天照蛋，不同胚龄的外观特征见图 4-1。

在孵化过程中，可根据上述胚胎发育特征，照蛋检查胚胎发育是否正常，以便及时调整孵化条件，保证胚胎的正常发育，获得优良的孵化效果。

表 4-10　鸡、鸭、鹅胚胎发育不同日龄的主要形态特征

（豆卫.禽生产.2001）

胚龄/d			照蛋特征（俗称）	胚胎发育的主要形态特征
鸡	鸭	鹅		
1	1～1.5	1～2	“鱼眼珠”	器官原基出现
2	2.5～3	3～3.5	“樱桃珠”	出现血管，胚胎心脏开始跳动
3	4	4.5～5	“蚊虫珠”	眼睛色素沉着，出现四肢原基
4	5	5.5～6	“小蜘蛛”	尿囊明显可见，胚胎头部与胚蛋分离
5	6～6.5	7～7.5	“单珠”	眼球内黑色素大量沉着，四肢开始发育
6	7～7.5	8～8.5	“双珠”	胚胎躯干增大，活动力增强
7	8～8.5	9～9.5	“沉”	出现明显的鸟类特征，可区分雌雄性腺
8	9～9.5	10～10.5	“浮”	四肢成形，出现羽毛原基
9	10.5～11.5	11.5～12.5	“发边”	羽毛突起明显，软骨开始骨化
10～10.5	13～14	15～16	“合拢”	尿囊合拢，胚胎体躯生出羽毛
11	15	17	11～16 d 胚胎继续发育，血管变粗，胚体逐渐变大	尿囊合拢结束
12	16	18		蛋白由浆羊膜道输入羊膜囊中
13	17～17.5	19～19.5		鸡胚由 13 d 起开始吞食蛋白，胚胎生长迅速，骨化作用急剧。此阶段至 16 d 时
14	18～18.5	20～21		
15	19～19.5	22～22.5		
16	20	23		吞食到消化吸收，16 d 时蛋白用完
17	20.5～21	23.5～24	“封门”	蛋白全部输入羊膜囊内
18	22～23	25～26	“斜口”	胚胎转身，喙伸向气室，蛋黄开始进入腹腔
19	24.5～25	27.5～28	“闪毛”	颈部、翅突入气室，蛋黄大部进入腹腔，尿囊萎缩
20	25.5～27	28.5～30	“起嘴”	喙进入气室，肺呼吸开始，大批啄壳，少量出雏
21	27.5～28	30.5～31	“出壳”	出雏结束

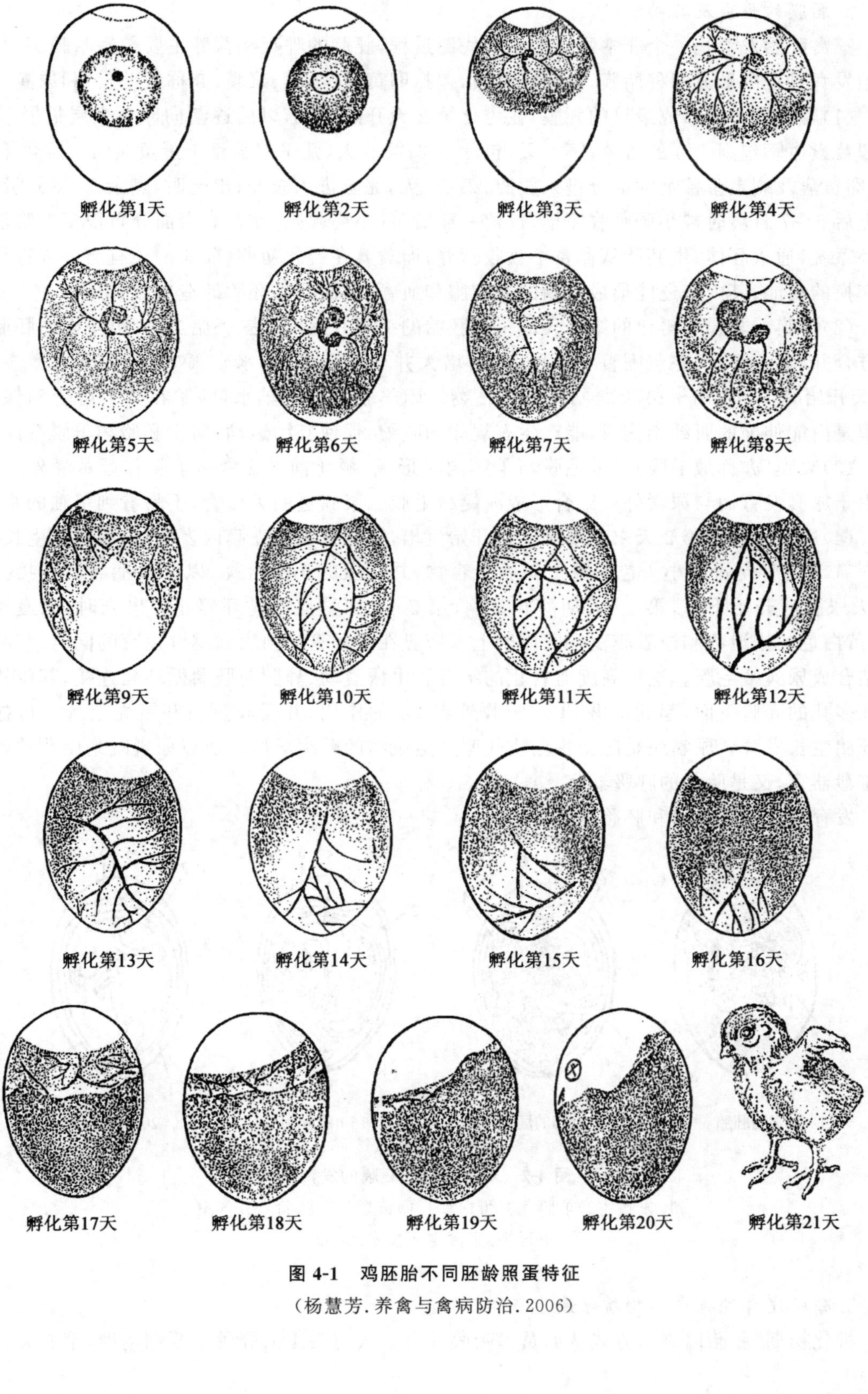

图 4-1　鸡胚胎不同胚龄照蛋特征

（杨慧芳.养禽与禽病防治.2006）

2.胎膜的形成及其功能

家禽胚胎发育是一个非常复杂的生理代谢过程，胚胎的呼吸和营养主要是靠胎膜实现的，胚胎发育过程中形成四种胎膜，也叫胚外膜，包括卵黄囊、羊膜、浆膜（亦称绒毛膜）和尿囊。

（1）卵黄囊　是形成最早的胚膜，在孵化第 2 天开始形成，以后逐渐向卵黄表层扩展，第 4 天卵黄囊血管包围 1/3 的蛋黄；第 6 天，包围 1/2；第 9 天，几乎覆盖整个蛋黄表面。孵化第 19 天，卵黄囊及剩余蛋黄绝大部分进入腹腔；第 20 天，完全进入腹腔；出壳时，剩余 5～8 g 蛋黄；出壳后 6～7 日龄时被小肠吸收完毕，仅留一卵黄蒂（小突起）。卵黄囊表面分布很多血管汇成循环系统，通入胚体，供胚胎从卵黄中吸收营养；卵黄囊在孵化初期（前 6 d）还有与外界进行气体交换的功能；其内壁还能形成原始的血细胞和血管，因而又是胚胎的造血器官。

（2）羊膜　羊膜在孵化的第 2 天即覆盖胚胎的头部并逐渐包围胚胎全身；第 4 天在胚胎背上方合并（称羊膜脊）并包围整个胚胎，而后增大并充满液体（羊水），第 5～6 天羊水增多，第 17 天开始减少，第 18～20 天急剧降低至枯萎。因羊膜腔内有羊水，胚胎在其中可受到保护；羊膜是由能伸缩的肌纤维构成，能产生有规律的收缩，促使胚胎运动，防止胚胎和羊膜粘连。

（3）浆膜（亦称绒毛膜）　绒毛膜与羊膜同时形成，孵化前 6 d 紧贴羊膜和蛋黄囊外面，其后由于尿囊发育而与尿囊外层结合形成尿囊绒毛膜。浆膜透明无血管，不易看到单独的浆膜。

（4）尿囊　孵化第 2 天末至第 3 天初开始生出，第 6 天长到壳膜内表面，以后迅速生长，第 10～11 天延伸至蛋的小头包围整个胚胎内容物，并在蛋的小头合拢，以尿囊柄与肠连接。第 17 天尿囊液开始下降，第 19 天动静脉萎缩，第 20 天尿囊血液循环停止。出壳时，尿囊柄断裂，黄白色的排泄物和尿囊膜留在壳内壁上。尿囊在接触壳膜内表面继续发育的同时，与绒毛膜结合成尿囊绒毛膜。这种高度血管化的结合膜由尿囊动、静脉与胚胎循环相连接，其位置紧贴在多孔的壳膜下面，起到排出 CO_2，吸收外界 O_2 的作用，并吸收蛋白和蛋壳上的无机盐供给胚胎生长发育。尿囊还是胚胎蛋白质代谢产生废物的贮存场所。所以尿囊既是胎儿的营养和排泄器官，又是胎儿的呼吸器官。

发育过程中的胎膜和胚胎见图 4-2。

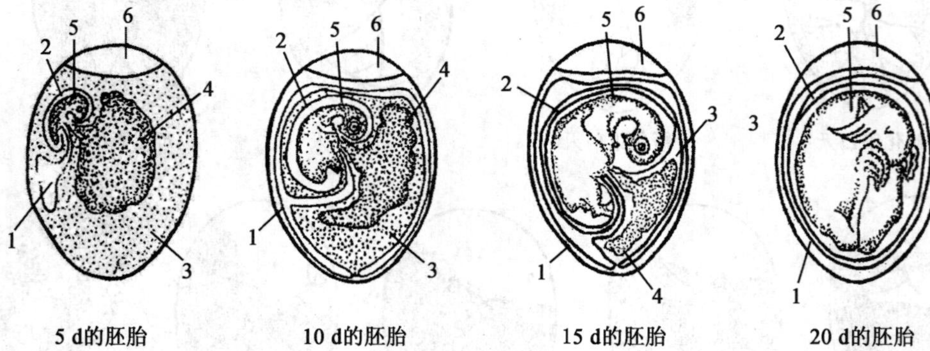

图 4-2　鸡的胚胎和胚膜的发育

1.尿囊　2.羊膜　3.蛋白　4.卵黄囊　5.胚胎　6.气室

（史延平.家禽生产技术.2009）

3.胚胎发育过程中的物质代谢

孵化初期，胚胎以渗透方式从卵黄囊吸收养分。入孵头 4 d，胚胎主要利用糖，第 5 天开始利用脂肪，第 11 天后大量利用脂肪并在胚胎体内贮存。孵化后期，蛋白全部吸收完毕。孵化头 10 d，胚胎利用蛋黄和蛋白中的钙，第 10～18 天后大量吸收蛋壳中的钙、磷形成骨骼。整个孵化期内，胚胎发育所需的氧气、营养物质及其排出的二氧化碳及废物，主要依赖于尿囊血液循环和卵黄囊血液循环，其次是胚内循环。

任务 4　种蛋入孵管理

一、孵化前的准备

1. 制订孵化计划

制订孵化计划要依据孵化设备条件、种蛋供应、雏禽销售市场等具体情况，制订出周密的孵化计划并填写孵化工作计划表(表 4-11)。

表 4-11　孵化工作计划表

批次	入孵日期	入孵蛋数	头照日期	移盘日期	出雏日期	预计出雏数	结束日期	备注
1								
2								

制订孵化计划时，尽量把费时、费力的工作(如上蛋、照蛋、落盘、出雏等)错开。一般每周入孵两批，工作效率高。计划一旦制订，不要随便改变计划，以便使孵化工作顺利进行。

2. 用具准备

事先要准备好发电机、供暖设备、照蛋器、温度计、登记表格、消毒药品及设备、防疫注射器材等。

3. 做好消毒工作

孵化前 1 周，对孵化室、孵化机和孵化用具进行清洗，最后消毒。消毒药品用福尔马林溶液和高锰酸钾晶体。操作方法：按孵化室每立方米容积用福尔马林溶液 30 mL 加高锰酸钾 15 g。将消毒药品放入非金属容器，封闭环境，消毒时间为 0.5～1 h。

4. 孵化机的检修与试机

(1)孵化机的检修　检查电动机，看运转是否正常，检查恒温电气控制系统的水银导电表、继电器触点、指示灯、电热盘、超温报警装置等是否正常。校对温度计，测试机内不同部位的温度差别。检查蛋盘、蛋架是否牢固，翻蛋装置加足润滑油。

(2)孵化机试机　打开电源开关，分别启动各系统，开机试行 1～2 d，安排值班人员，做好机器运行情况记录，运转正常即可入孵。

5. 种蛋的选择

合格种蛋的选择，必须从以下几个方面考虑：

(1)种蛋来源　种蛋应来源于生产性能高、经过系统免疫、无经蛋传播的疾病、受精率高、饲喂全价料、管理良好的禽群,蛋用种禽受精率90%以上,肉用种禽受精率85%以上为好。受精率在80%以下,患有严重传染病或患病初愈和有慢性病的种禽所产的蛋,均不宜作种蛋。若种蛋需外购,应先调查种蛋来源、种禽群健康状况和饲养管理水平,然后签订种蛋供应合同,并协助种禽场搞好饲养管理和疫病防治工作。

(2)种蛋表面要清洁　合格种蛋不应被粪便或其他污物污染,凡是被污染的种蛋不宜用来孵化。轻度污染的种蛋,认真擦拭或用消毒液洗后可以入孵。

(3)适宜的蛋重　种蛋过大或过小都会影响孵化率和雏禽质量,蛋重应符合品种标准。一般要求蛋用鸡种蛋重为50～65 g,肉用鸡种蛋52～68 g,鸭蛋60～80 g。种鸡26～66周龄所产的蛋较适宜孵化,双黄蛋不能孵化。

(4)蛋形要良好　合格种蛋蛋形应为椭圆形,蛋形指数为1.30～1.35,剔除细长、短圆、橄榄形(两头尖)、腰凸等异形蛋。

(5)蛋壳颜色要正常　蛋壳颜色是品种特征之一,育成品种或纯系种蛋的蛋壳颜色应符合品种标准,如京白鸡壳色应为白色,伊莎褐的壳色应为褐色。选育程度不高的地方品种或杂交鸡可适当放宽些,饲养管理不合理或发病禽群所产的蛋颜色也不太正常,要注意辨别。

(6)蛋壳厚度适宜　要求蛋壳均匀致密,厚薄适度,壳面粗糙、皱纹蛋不作种用。蛋壳过厚、孵化时蛋内水分蒸发过慢,出雏困难。过薄,蛋内水分蒸发过快,造成胚胎代谢障碍。鸡蛋蛋壳适宜厚度为0.27～0.37 mm,鸭蛋0.35～0.40 mm,鹅蛋0.40～0.50 mm。

(7)剔除裂纹蛋　裂纹蛋孵化时水分蒸发过快,微生物容易感染,不但孵化不出雏禽,而且对其他种蛋造成威胁。所以应及早挑出,裂纹蛋眼睛不宜发现,通过碰击听声来辨别。方法是两手各拿3枚蛋,转动五指,轻轻碰撞,正常蛋声音清脆,裂纹蛋则有破裂声。

(8)照蛋透视　通过以上肉眼选择后,还可再用照蛋器或专门的照蛋设备透视蛋壳、气室、蛋黄、血斑。挑出有下列特征的蛋:

①裂纹蛋　树枝状亮纹。

②砂皮蛋　有许多不规则亮点。

③钢皮蛋　透明度低,蛋色暗。

④气室异常　气室破裂、气室不正、气室过大(陈蛋)。

⑤蛋黄上浮　运输过程中受震引起系带断裂或种蛋保存时间过长。

⑥蛋黄沉散　运输过程中受剧烈震动或细菌侵入,引起蛋黄膜破裂。

⑦血斑　可见能转动的黑点。

(9)抽样剖视　多用于外购种蛋或孵化率异常时。方法是将蛋打开倒在衬有黑纸(或黑绒)的玻璃板上,观察新鲜程度及有无血斑、肉斑。

①新鲜蛋　系带完整,蛋白浓厚,浓稀蛋白界限清楚,蛋黄高突(蛋黄指数在0.401～0.442,高/直径)。

②陈蛋　系带不完整或脱落,蛋白稀薄成水样,浓稀蛋白界限不清楚,蛋黄扁平甚至散黄。一般只用肉眼观察即可,育种蛋则可用蛋白高度仪等测定。

6.种蛋消毒

种蛋消毒的方法有熏蒸消毒法、药液喷雾消毒法、药液浸泡消毒法、紫外线消毒法及臭氧发生器消毒法等,生产中常用的是福尔马林熏蒸消毒法。

(1)熏蒸消毒法 熏蒸消毒必须在密闭的容器内进行，禽舍内用消毒柜(可用塑料棚代替)，入孵消毒一般在选蛋码盘后把蛋车推入熏蒸室或孵化机内进行熏蒸消毒。熏蒸消毒常用下列药品进行：

①福尔马林熏蒸消毒 按每立方米空间福尔马林 28 mL、高锰酸钾 14 g，密闭熏蒸 30 min。为了节约消毒药品，可用塑料布封罩蛋架车进行熏蒸。

福尔马林气体对早期胚胎发育不利，应避免在入孵后的 24～96 h 内进行熏蒸。

②过氧乙酸熏蒸消毒 每立方米用含 16％的过氧乙酸溶液 40～60 mL，加高锰酸钾 4～6 g，熏蒸 15 min。稀释液现配现用，过氧乙酸应在低温保存。

(2)药液喷雾消毒法 用喷雾器将消毒药品直接喷在种蛋表面进行消毒，可用以下药品进行消毒：

①新洁尔灭药液喷雾消毒 新洁尔灭原液浓度为 5％，加水 50 倍配成 0.1％的溶液，用喷雾器喷洒在种蛋的表面(注意上下蛋面均要喷到)，经 3～5 min，药液干后即可入孵。

②过氧乙酸溶液喷雾消毒 用 10％的过氧乙酸原液，加水稀释 200 倍，用喷雾器喷于种蛋表面。过氧乙酸对金属及皮肤均有损害，用时应注意避免用金属容器盛药和勿与皮肤接触。

另外还可以用百毒杀、强力消毒灵等进行，用量按说明进行。

(3)药液浸洗消毒法

①碘液浸洗 把种蛋置于 0.1％碘溶液中浸洗 0.5～1 min，药液温度保持在 37～40℃，取出晾干即可装盘入孵。碘液的配制：20 mL 水中加碘片 1 g，碘化钾 2 g，研碎溶解后再加热水 980 mL，即成为 0.1％的碘液。经数次浸泡种蛋的碘液，其浓度逐渐降低，适当延长浸泡时间(1.5 min)，浸洗 10 次更换新液，才能达到良好的消毒效果。

②高锰酸钾溶液浸洗 将种蛋浸泡在 0.5％的高锰酸钾溶液中 1～2 min，取出晾干入孵。

采用药液浸泡消毒法，要注意水温和擦洗方法，切勿使劲擦拭蛋面，以免破坏蛋面胶护膜的完整性。浸洗时间不能超过规定时间，以免影响孵化效果。浸泡消毒法容易导致破蛋率增高，只适宜小规模孵化采用。

二、孵化操作

(一)码盘入孵

1.入孵前种蛋预热

从蛋库取出的种蛋或在冬天孵化的种蛋需放在孵化室(室内温度 22～25℃)预热 12 h。预热的作用是减少孵化机内温度下降的幅度，防止种蛋表面凝水；使胚胎逐渐"苏醒"过来，对孵化的环境有个适应的过程。

2.码盘

种蛋在孵化时将钝端向上放置在孵化蛋盘上称码盘，这样有利于胚胎的气体交换。蛋盘一定要码满，蛋盘上要做好标记(时间、批次等)。码盘结束，对剔除的不合格种蛋和剩余的种蛋及时处理，然后清理工作场地。

3.入孵

入孵的时间最好安排在下午 16 时左右，这样大批出雏的时间在白天，有利于出雏操作，也便于第二天雏鸡的运输。将蛋码满盘后插入蛋架，插时一定要使蛋盘卡入蛋架滑道内，插盘顺序为由下至上。采用八角式蛋架孵化机上蛋时，应注意蛋架前后、左右蛋盘数量相等，重量平衡，以防一侧蛋盘过重，导致蛋架翻转。采用同一孵化机分批入孵时，各批入孵的新蛋和老蛋要相互交叉放置，以利于新蛋与老蛋互相调节温度。

种蛋在码盘后或上完蛋架后立即进行消毒。

(二)孵化日常管理

1. 检查孵化机的正常运转情况

孵化机如出现故障要及时排除，孵化机最常见的故障有皮带松弛或断裂，风扇转慢或停止转动，蛋架上的长轴螺栓松动或脱出造成蛋的翻倒等。因此，对皮带要经常检查，发现有裂痕或张力不足应及时更换，风扇如有松动，特别是发出异常声响应及时维修，另外，如发现电子继电器不能准确控制温度应立即更换，如检查电动机听其音响异常，手摸外壳烫手，应立即维修或换上备用电动机。此外，还应注意孵化机内的风扇、电动机及翻蛋装置工作是否正常。

2. 温度的观察与调节

孵化器控温系统，在入孵前就要校正。检验并试机运转正常，一般不要随意更动。刚入孵时，开门入蛋引起热量散失以及种蛋和孵化盘吸热，因此孵化器里温度暂时降低，是正常的现象。待蛋温、盘温与孵化器里的温度相同时，孵化器温度就会恢复正常。每隔半小时通过观察窗观察一次里面的温度计温度，每两小时记录 1 次温度。有经验的孵化人员，还经常用手触摸胚蛋或将胚蛋放在眼皮上测温，必要时，还可照蛋，以了解胚胎发育情况和孵化给温是否合适。孵化温度是指孵化给温，在生产上又大多以“门表”所示温度为准。在生产实践中，存在着 3 种温度要加以区别，即孵化给温(显示温度)、胚蛋温度和门表温度。上述 3 种温度是有差别的，只要孵化器设计合理，温差不大且孵化室内温度不过低，则门表所示温度可视为孵化给温，并定期测定胚蛋温度，以确定孵化时温度掌握得是否正确。如果孵化器各处温差太大，孵化室温度过低，观察窗仅一层玻璃，尤其是停电时，则门表温度绝不能代表孵化温度，此时要以测定胚蛋温度为主。

3. 湿度的观察与调节

现代孵化机都是自动控湿，要随孵化期的不同及时调节湿度，另外，在孵化器观察窗内挂一干湿球温度计，定期观察记录，并换算出机内的相对湿度。与显示湿度对照，若有较多差距，说明湿度显示不灵敏，要及时检修。要注意包裹湿度计棉纱的清洁，并加蒸馏水。

4. 观察通风和翻蛋情况

定期检查出气口开闭情况，根据胚龄决定开启大小，整批孵化的前 5 d(尤其是冬季)，进出气孔可不打开，随着胚龄的增加逐渐打开进出气孔，出雏期间进出气孔全部打开。分批入孵，进出气孔可打开 1/3～2/3。注意每次翻蛋时间和角度，对不按时翻蛋和翻蛋速度过大或过小的现象要及时处理解决，停电时定时手动翻蛋。

5. 孵化记录

整个孵化期间，每天必须认真做好孵化记录和统计工作，它有助于孵化工作顺利有序进行和对孵化效果的判断。孵化结束，要统计受精率、孵化率和健雏率。孵化室日常管理记录见表 4-12，孵化生产记录见表 4-13。

表 4-12　孵化室日常管理记录

机号　　第　　批　　胚龄　　年　　月　　日

时间	机器情况					孵化室		停电	值班员
	温度	湿度	通风	翻蛋	凉蛋	温度	湿度		

表 4-13　孵化记录表

批次	入孵日期	种蛋来源	品种	入孵数量	头照		二照		出雏					受精率/%	受精蛋孵化率/%	入孵蛋孵化率/%	健雏率/%
					无精	死胚	破损	死胚	破损	落盘数	毛蛋数	弱死雏	健雏数				

(三)照蛋

1. 照蛋的意义

照蛋是检查胚胎发育状况和调节孵化条件的重要依据。照蛋即在禽蛋孵化到一定的时间后,用照蛋器在黑暗条件下对胚蛋进行透视,检查禽胚胎发育情况,剔除无精蛋、死胚蛋和破损蛋的过程。孵化期中应照蛋3次。孵化正常情况下,一般孵化厂每批胚蛋照蛋2次(10～11 d时的抽样照检省去)。在大型孵化厂,为节省工时、减轻劳动强度和避免照蛋对胚胎产生的应激反应,通常在5～7 d时只照1次。

2. 照蛋的时间及内容要求(表4-14)

表 4-14　3次照蛋的时间　　d

家禽种类	头照	二照	三照
鸡	5～7	10～11	18～19
鸭	6～7	13～14	25
鹅	7～8	15～16	27～28

(1)头照　头照的主要目的是剔除无精蛋、死胚蛋,区别弱胚蛋和正常胚蛋,头照时各类型的蛋有如下特征:

①正常胚蛋　整个蛋暗红色(除气室外),气室界限清楚,胚胎发育像蜘蛛形态,其周围血管鲜红、明显,扩散面占蛋体的4/5,胚胎的黑色眼点清楚,将蛋微微晃动,胚胎亦随之而动。

②弱胚蛋　发育缓慢,胚体较小,血管淡而纤细,扩散面不足蛋体的4/5,黑色眼点不明显。

③死胚蛋　俗称“血蛋”，只见蛋内有不规则的血线、血点或紧贴内壳面的血圈，有时可见到死胚小黑点贴壳静止不动。

④无精蛋　俗称“白蛋”，蛋内发亮，只见蛋黄阴影稍扩大，颜色淡黄，看不见血管及胚胎。

第一次照检时蛋的表征如图 4-3 所示。

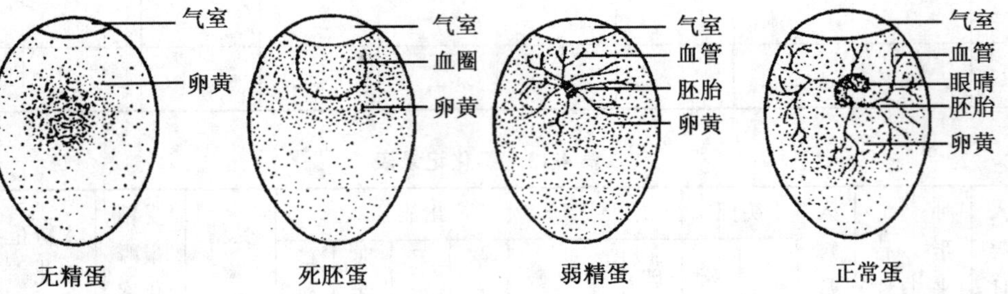

图 4-3　鸡胚头照各类型示意图

（赵聘. 家禽生产技术. 2011）

(2)二照　此次照蛋一般抽样进行，主要目的是检查胚胎发育是否正常，以便及时调节孵化条件，此时胚胎的典型特征是“合拢”，即尿囊血管已延伸至蛋的小头，将蛋白包裹。照检时，若有 60%～70%的胚蛋“合拢”，说明胚胎发育正常；若有 90%以上的“合拢”，说明胚胎发育偏快，应适当降低孵化温度；若只有 20%～30%的胚蛋“合拢”，说明胚胎发育偏慢，应适当升高孵化温度。

(3)三照　三照一般结合落盘进行，主要目的是检查胚胎发育情况，将发育差或死胚蛋剔除，各类型蛋的特征如下：

①正常活胚蛋　可见蛋内全为黑色，小头部不透光(已“封门”)，气室口变斜，气室边界弯曲明显，有时可见胚胎颤动(俗称“闪毛”)，触摸蛋发热。

②弱胚蛋　气室边界平整，血管纤细，看不见胎动，有的小头有少部分透亮。

③死胚蛋　气室口未变斜，气室边界颜色较淡，无血管分布，蛋的小头透亮，摸之感觉发凉。

三照时禽胚蛋发育特征见图 4-4。

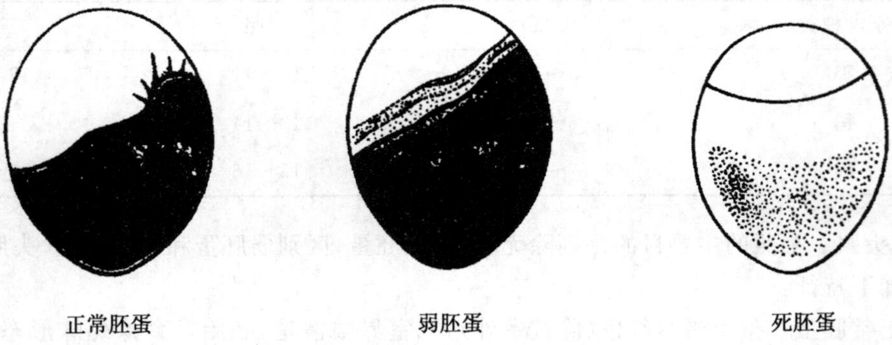

图 4-4　鸡胚三照时各类型蛋示意图

（赵聘. 家禽生产技术. 2011）

照检蛋时动作要快，轻拿轻放。胚蛋在室温中放置不超过 25 min，室温要求保持在 22～28℃，操作过程中不小心打破胚蛋应及时剔出。

(四)落盘(也叫“移盘”)

鸡胚孵至 19 d(鸭 25 d，鹅 28 d)，经过最后一次照蛋后，将胚蛋从入孵器的孵化盘移到出雏器的出雏盘的过程，称移盘或落盘。过去多在孵化第 18 天落盘。现认为鸡蛋孵满 19 d 再落盘较为合适。生产实践中约有 10%鸡胚“打嘴”时进行落盘为宜。孵化 18～19 d，正是鸡胚从尿囊绒毛膜呼吸转换为肺呼吸的生理变化最剧烈时期。此时，鸡胚气体代谢旺盛，是死亡高峰期。推迟落盘，鸡胚在入孵器的孵化盘中比在出雏器的出雏盘中，能得到较多的新鲜空气，且散热较好，有利于鸡胚度过危险期，提高孵化效果。落盘时，如有条件应提高室温，动作要轻、稳、快，尽量减少碰破胚蛋。最上层出雏盘加铁丝网罩，以防雏鸡窜出。目前国内多采用人工落盘(“扣盘”)，也有采用机器进行落盘的。

(五)拣雏

(1)拣雏　鸡蛋孵化满 20 d，鸭蛋满 27 d 就开始出雏。应及时拿出绒毛已干的雏禽和空蛋壳，在出雏高峰期，应每 4 h 拣一次，拣出绒毛已干的雏鸡同时，拣出蛋壳，以防蛋壳套在其他胚蛋上闷死雏鸡，每次拣完后进行拼盘。取出的雏禽放入箱内，置于 25～28℃室温内存放。出雏期间要保持孵化室和孵化机内的温、湿度，室内安静，机门尽量少开。

(2)人工助产　对少数未能自行脱壳的雏禽，应进行人工助产。助产时只需破去钝端蛋壳，拉直头颈，然后让雏禽自行挣扎脱壳，不能全部人为拉出，以防出血而引起死亡或成为毫无价值的残弱雏。

(六)机具清洗与消毒

(1)清洗用具　出雏结束后，将出雏室、出雏机、出雏盘进行彻底清洗。

(2)消毒用具　所有出雏器具清洗完后，消毒出雏盘和出雏机，以备下次出雏时使用。消毒方法可选用任何一种消毒药物进行喷洒，也可采用甲醛熏蒸法进行消毒。

【案例分析】

甘肃畜牧工程职业技术学院种鸡场种蛋孵化技术

一、鸡种蛋孵化技术方案

鸡种蛋电机孵化法具有易于操作和管理、孵化数量大、孵化效果好等优点，符合现代养鸡业规模化、集约化、标准化生产的需要，在生产中被广泛采用。该场鸡种蛋电机孵化法的操作方法介绍如下：

(一)种蛋的选择与消毒

(1)选择　首先，种蛋应选自管理完善、饲喂配合日粮、生产性能好、受精率高、体质健康的种鸡群。其次，应选择新鲜的种蛋。通常情况下，以贮存期不超过 7 d 为宜。另外，还要求选择蛋形指数正常(1.35～1.40)，蛋重符合品种特征，蛋壳结构细密均匀、厚薄适度，蛋壳颜色符合其品种特征和没有破损的鸡蛋留作种蛋。

(2)消毒　一般来说，种蛋需经过两次消毒：收集后和孵化前。常用的消毒方法有以下几种:福尔马林熏蒸消毒,每立方米空间用高锰酸钾 15 g,福尔马林 30 mL,并提供适宜的温度(25℃)和湿度(75%),密闭熏蒸 20～30 min,此法主要用于种蛋产下后和入孵前的消毒;新洁尔灭浸泡消毒,用 0.1%的新洁尔灭浸泡种蛋(水温 30～32℃)5 min 后,取出晾干,码盘入孵;过氧乙酸熏蒸,每立方米用 16%的过氧乙酸溶液 50 mL,加高锰酸钾 5 g,熏蒸 15 min。消毒时,需要注意以下几点:潮湿的种蛋不能直接用甲醛熏蒸,必须烘干后再消毒;消毒时间不能过长,以免对种蛋造成毒害;在开始孵化后,胚蛋即进入了快速的生长发育阶段,所以应尽量避免使用甲醛熏蒸消毒,因其在消毒的同时,还可使胚蛋受到一定的毒害作用。

(3)其他　入孵前,应使孵化室内的温度达到 22～26℃、相对湿度达到 55%～65%。把种蛋放在孵化室内存放 6～10 h,然后正式进入入孵阶段。码盘时,将种蛋大头向上摆放在蛋盘上,这样可在一定程度上利于胚胎的正常发育。入孵时间以在下午 16:00～18:00 为宜,这样可使出雏时间集中在第 21 天的白天,有利于生产的正常进行。

(二)孵化条件

(1)温度　在孵化过程中,调控温度的最主要依据是胚胎的发育情况,即所谓的"看胎施温",按照鸡胚胎发育的自然规律,给予最适合的温度。在生产中,可采用以下两种孵化方法:①恒温孵化。在种蛋数量较少或来源不足的情况下,需分 3～4 批次(每隔 5～6 d 入孵一批种蛋)装入同一台孵化器孵化时,可将孵化器内的温度设定为 37.8℃,装机时将新、老蛋交错放置。②变温孵化。在种蛋来源充足的情况下,可采用变温孵化法,针对不同胚龄的种蛋采取不同的孵化温度,有利于胚胎的生长发育,特别是可有效减少孵化早期和后期的胚胎死亡。参考温度:1～5 d 为 38.2℃,6～12 d 为 38.0℃,13～19 d 为 37.8℃。孵化室内的温度应尽量保持在 20～25℃。此外,还应依据季节、品种和蛋重以及出雏等具体情况调控孵化温度。

(2)湿度　湿度调节是依靠孵化机内的加湿系统来调控的。在孵化的不同阶段对湿度的要求也不相同,总的原则是"两头高,中间低"。在孵化初期(1～7 d),孵化机内的相对湿度可设定为 60%～65%;孵化中期(8～14 d)为 50%～55%;孵化后期(15～18 d)为 65%～75%。若采用分批孵化法,孵化机内的相对湿度可设定为 50%～60%。

(3)通风换气　主要是指孵化器内的通风换气,同时也包括孵化室的通风换气。因早期(1～7 d)的胚胎主要通过卵黄囊血管利用卵黄中的氧气,所以若为整批孵化,在孵化前期可以不开或少开通气孔;胚胎发育到中期,气体代谢是依靠尿囊,通过气孔直接利用空气中的氧气,这时,应逐渐加大通风量,以满足胚胎发育所需的氧气;在孵化后期(18～21 d),胚胎耗氧量和二氧化碳的排出量迅速增加,此时,应加强通风换气,否则,畸形胚、死胚会急剧增加,必要时,可采取输氧等措施,为胚胎发育提供充足的氧气。通风和温度、湿度密切相关,当通风量大时,机内温度降低,湿度变小,胚胎内水分蒸发加快,增加能源消耗;通风量小时,孵化机内温度高,湿度大,空气流通不畅。因此,通风与温、湿度的调节要彼此兼顾。

(4)翻蛋　在鸡蛋孵化过程中,要在入孵开始至落盘前这段时期内,每 2 h 翻蛋一次。要求翻蛋角度以达到 90°为宜(即在垂直中线位置上向前后倾斜都为 45°)。

(5)照蛋　通常情况下,一批种蛋在一个孵化期内需要照蛋 2～3 次,即在孵化至第 5～6 天时进行第一次照蛋(头照),在第 18～19 天时进行第二次照蛋。在头照过程中,检出无精蛋、死胚蛋和破壳蛋。另外,在孵化过程还可不定期地抽检胚蛋,通过观察胚胎的发育情况以确定孵化机内的温度是否合适,如有问题,应及时采取相应措施。

(6)移盘(落盘)　三照后(孵化至 19 d 时),应进行"移盘",即把发育正常的种蛋转入到出雏机内继续孵化。移盘时间一般在 10%的鸡胚啄壳时为宜。在胚蛋进入出雏器前,将出雏器内的温度、湿度分别调整到37.2℃和70%～75%。还应适当提高室温,避免低温对胚蛋造成应激,并且要求操作轻、快、稳,以免碰破胚蛋。

(7)出雏　正常情况下,在孵化至21 d早晨时雏鸡开始大批出壳。此时,要注意以下几点:①做好通风换气工作,防止缺氧;②可适当提高湿度,以利于啄壳和防止雏鸡脱水;③关闭机器内的照明灯,避免雏鸡骚动和因此而踩破未出壳的胚蛋;④雏鸡出壳毛干后,应尽量减少在出雏器内的停留时间,及时拣出。当雏鸡出壳率达到80%以上且绒毛完全干燥时就可进行第一次拣雏。拣雏时,要轻、快,避免碰破胚蛋。在拣出干毛雏鸡的同时,也要拣出蛋壳,以防空蛋壳套压在其他胚蛋上,造成其他雏鸡出壳困难甚至是闷死。

(三)其他

(1)避免应激　为避免对胚蛋发育产生一定的不利影响,在孵化期间,应尽量避免一切可能产生的应激因素,如噪声、短期停电等。

(2)卫生防疫　每次孵化结束后,应对孵化室、孵化器、出雏器、出雏盘、水盘等进行彻底的清扫(清洗)和消毒,以备下次使用。严格遵循卫生防疫制度和生产操作规程,及时清除场区内的废弃物,并做好无害化处理工作,保持环境整洁、卫生。

(3)应急处理

①停电　若是停电时间较短,则可以采取一些简单的应对措施。在孵化前期,主要以保温为主,尽量少开机门,并加以适当的通风;若是在中后期,则以通风、散热为主,避免造成机内局部或整体高温,可采取中间部位与边缘部位的蛋盘相互倒换或定时打开机门等方法。同时,还可通过手工操作,维持正常的翻蛋频率。若停电时间较长,则应利用发电设备自行发电。

②孵化器故障　当孵化器出现故障时,应立即进行检修,排除故障。若维修时间较长时,可先将种蛋转移到备用机器中,继续进行孵化,然后再排除故障。

二、案例分析

(1)种蛋的选择　种蛋选自高产健康的鸡群,贮存期不超过7 d,以保证新鲜,蛋形符合要求,蛋壳颜色符合品种特征,达到了种蛋选择的要求。

(2)种蛋的消毒　种蛋产下后进行第一次消毒,然后入库,达到无菌贮存。入孵前被鸡粪污染的种蛋用药液浸泡消毒,干净的种蛋码盘后喷雾消毒,然后在24℃以上的环境中预热6～12 h,推入孵化机开始孵化时甲醛熏蒸消毒,达到了种蛋孵化的要求。

(3)孵化控制　孵化方法科学,孵化温度、湿度、通风换气控制得当,保证了胚胎发育所需条件。每2 h翻蛋一次,可使胚蛋受热均匀,防止胚胎与壳膜的粘连,以及刺激血管区的生长发育,促进卵黄的利用和胚胎运动,保持胎位正常。通过照蛋,拣出了无精蛋、死胚蛋和破壳蛋。另外,在孵化过程还不定期地抽检胚蛋,通过观察胚胎的发育情况以确定孵化机内的温度是否合适,如有问题,可及时采取相应措施。移盘时间合理,出雏方法科学。

(4)其他方面　卫生消毒严格,停电、孵化器故障处理措施得当。

该种鸡场采用这种孵化技术方案,经过多年的实践总结,取得了很好的孵化效果。

【阅读材料】

初生雏鸡的雌雄鉴别

一、伴性遗传鉴别法

伴性遗传鉴别是利用伴性遗传原理,培育自别雌雄品系,通过不同品系间杂交,根据初生雏鸡羽毛的颜色、羽毛生长速度准确地辨别雌雄。

(1)快慢羽鉴别法　控制羽毛生长速度的基因存在于性染色体上，且慢羽(K)对快羽(k)为显性。用慢羽母鸡与快羽公鸡杂交，其后代中凡快羽的是母鸡，慢羽的是公鸡。区别快慢羽的方法是：初生雏鸡若主翼羽长于覆主翼羽为快羽，若主翼羽短于或等于覆主翼羽则为慢羽，现代白壳蛋鸡和粉壳蛋鸡多采用羽速自别雌雄。

(2)羽色鉴别法　利用初生雏鸡绒毛颜色的不同区别雌雄。如：褐壳蛋鸡品种依莎、罗曼、海兰等就可利用其羽色自别雌雄。银白色为显性(S)，金黄色(s)为隐性，用金黄色羽的公鸡与银白色羽的母鸡杂交，商品代雏鸡中，凡绒毛金黄色的为母雏，银白色的为公雏。现代褐壳蛋鸡可羽色自别雌雄。

(3)羽斑鉴别法　用非横斑公鸡(白来航等显性白羽鸡除外)与横斑母鸡交配，其子一代呈交叉遗传，即公雏全部是横斑羽色，母雏全部是非横斑羽色。例如用洛岛红公鸡和横斑母鸡交配，则子一代公雏皆为横斑羽色(黑色绒毛，头顶上有不规则的白色斑点)，母雏全身黑色绒毛或背部有条斑。

二、翻肛鉴别法

翻肛鉴别法是根据初生雏鸡有无生殖隆起以及生殖隆起在组织形态上的差异，以肉眼分辨雌雄的一种鉴别方法。

1. 初生雏鸡生殖隆起的形态和分类

雄雏生殖隆起分为正常型、小突起型、分裂型、肥厚型、扁平型和纵型；雌雏分为正常型、小突起型和大突起型。初生雏鸡生殖突起的形态特征见表 4-15。

2. 初生雏鸡雌雄生殖隆起的组织形态差异

初生雏鸡有无生殖隆起是鉴别雌雄的主要依据，但部分初生雌雏的生殖隆起仍有残迹，这种残迹与雄雏的生殖隆起在组织上有明显的差异。正确掌握这些差异，是提高鉴别率的关键。

表 4-15　初生雏鸡生殖突起的形态特征

性别	类型	生殖突起	八字皱襞
雌雏	正常型	无	退化
	小突起	突起较小，不充血，突起下有凹陷，隐约可见	不发达
	大突起	突起大，不充血，突起下有凹陷	不发达
雄雏	正常型	大而圆，形状饱满，充血，轮廓明显	很发达
	小突起	小而圆	比较发达
	分裂型	突起分为两部分	比较发达
	肥厚型	比正常型大	发达
	扁平型	大而圆，突起变扁	发达，不规则
	纵型	尖而小，着生部位较深，突起直立	不发达

3. 鉴别操作方法

(1)抓雏、握雏　雏鸡的抓握法一般有两种：一种是夹握法(图 4-5)，右手朝着雏鸡运动的方向，掌心贴雏背将雏抓起，然后将雏鸡头部向左侧迅速移至放在排粪缸附近的左手，雏背贴掌心，肛门向上，雏颈轻夹在中指与无名指之间，双翅夹在食指与中指之间，无名指与小指弯曲，将两脚夹在掌面；技术熟练的鉴别员，往往右手一次抓两只雏鸡，当一只移至左手鉴别时，将另一只夹在右手的无名指与小指之间。另一种是团握法(图 4-6),左手朝雏尾部的方向,掌心贴雏背将雏抓起,雏背向掌心,肛门朝上,将雏鸡团握在手中;雏的颈部和两脚任其自然。两种抓握法没有明显差异,虽然右手抓雏移至左手握雏需要时间,但因右手较左手敏捷而得以弥补。团握法多为熟练鉴别员采用。

图 4-5　握鸡法之一(夹握法)

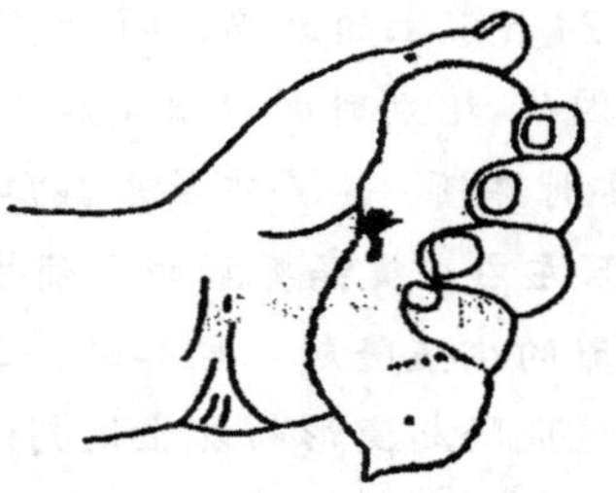

图 4-6　握鸡法之二(团握法)

(2)排粪、翻肛

①在鉴别观察前,必须将粪便排出,其手法是左手拇指轻压腹部左侧髋骨下缘,借助雏鸡呼吸将粪便挤入排粪缸中。

②翻肛手法较多,下面介绍常用的三种方法。

第一种方法:左手握雏,左拇指从前述排粪的位置移至肛门左侧,左食指弯曲贴于雏鸡背侧,与此同时右食指放在肛门右侧,右拇指侧放在雏鸡脐带处(图 4-7)。右拇指沿直线往上顶推,右食指往下拉、往肛门处收拢,左拇指也往里收拢,三指在肛门处形成一个小三角区,三指凑拢一挤,肛门即翻开。

第二种方法:左手握雏,左拇指置于肛门左侧,左食指自然伸开,与此同时,右中指置于肛门右侧,右食指置于肛门端(图 4-8)。然后右食指往上顶推,右中指往下拉,左拇指向肛门处收拢,三指在肛门形成一个小三角区,由于三指凑拢,肛门即翻开。

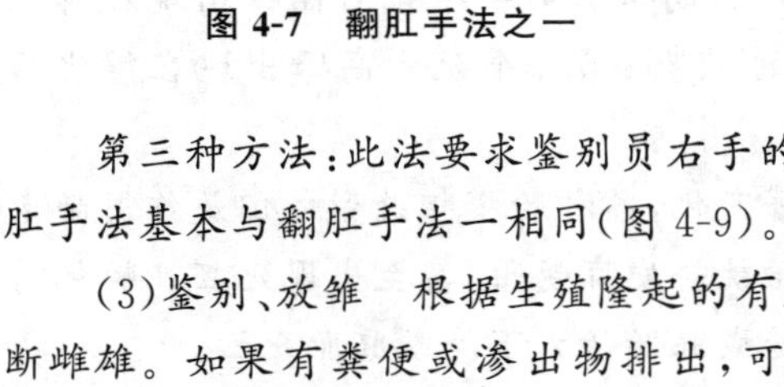

图 4-7　翻肛手法之一

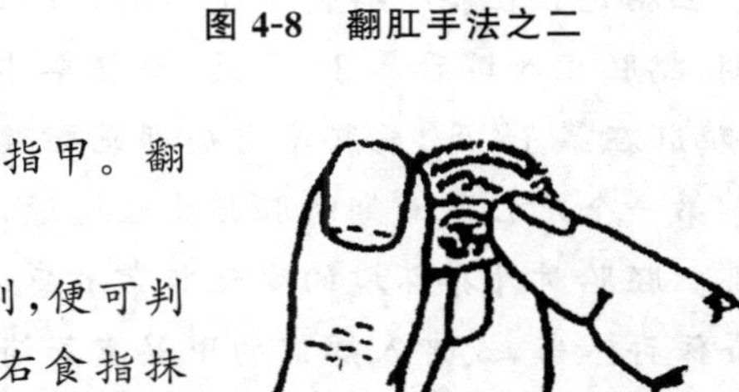

图 4-8　翻肛手法之二

第三种方法:此法要求鉴别员右手的大拇指留有指甲。翻肛手法基本与翻肛手法一相同(图 4-9)。

(3)鉴别、放雏　根据生殖隆起的有无和形态差别,便可判断雌雄。如果有粪便或渗出物排出,可用左拇指或右食指抹去,再行观察。遇生殖隆起一时难以分辨时,也可用左拇指或右食指触摸,观察其充血和弹性程度。鉴别后的雏鸡根据习惯把公雏放在左侧雏鸡盒内,母雏放在右侧雏鸡盒内。

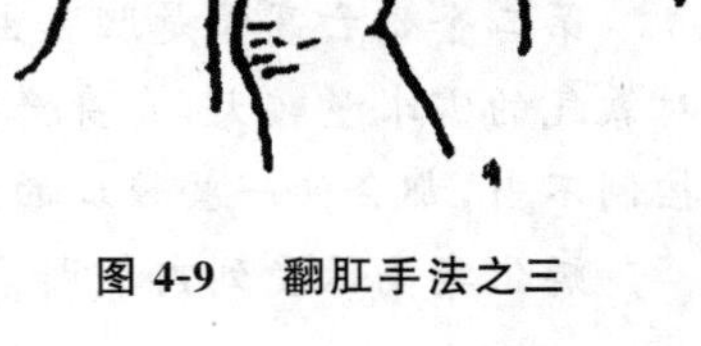

图 4-9　翻肛手法之三

4.鉴别的适宜时间与鉴别要领

(1)鉴别的适宜时间　最适宜的鉴别时间是出雏后2～12 h,在此时间内,雌雄雏鸡生殖隆起的性状差异最显著,也好抓握、翻肛。而刚孵出的雏鸡,身体软绵呼吸弱,蛋黄吸收差,腹部充实,不易翻肛,技术不熟练者甚至造成雏鸡死亡。

孵出24 h以上的雏鸡,肛门发紧,难以翻开,而且生殖隆起萎缩,甚至陷入泄殖腔深处,不便观察。因此,鉴别时间以出壳后不超过24 h为宜。

(2)鉴别要领　生产中要求翻肛分辨雌雄准确率达到95%以上,技术熟练者每小时可鉴别1 000只左右。提高鉴别的准确性和速度,关键在于正确掌握翻肛手法和熟练而准确无误分辨雌雄雏的生殖隆起。翻肛时,三指的指关节不要弯曲,三角区宜小,不要外拉和里顶才不致人为地造成隆起变形而发生误判。一般容易发生误判的有以下几种情况:雌雏的小突起型误判为雄雏的小突起型;雌雏的大突起型误判为雄雏的正常型;雄雏的肥厚型误判为雌雏的正常型。只要不断实践是不难分辨的。

5.鉴别注意事项

(1)动作要轻捷　鉴别时动作粗鲁容易损伤肛门或使卵黄囊破裂,影响以后发育,甚至引起雏鸡的死亡;鉴别时间过长,肛门容易被粪便或渗出液掩盖或过分充血,而无法辨认。

(2)姿势要自然　鉴别员坐的姿势要自然。

(3)光线要适中　肛门雌雄鉴别法是一种细微结构的观察,故光线要充足而集中,从一个方向射来,光线过强过弱都容易使眼睛疲劳。自然光线一般不具备上述要求,常采用有反光罩的40～60 W乳白灯泡的光线。光线过强,不仅刺激眼睛,而且炽热烤人。

(4)盒位要固定　鉴别桌上的鉴别盒分三格,中间一格放未鉴别的混合雏,左边一格放雄雏,右边一格放雌雏。要求位置固定,不要更换,以免发生差错。

(5)鉴别前要消毒　为了做好防疫工作,鉴别前,要求鉴别员穿工作服、鞋,戴帽、口罩,并用消毒液洗手。

【考核评价】

一、考核题目

孵化效果的检查与分析。

二、评价标准

1.胚胎死亡规律及原因

胚胎死亡在整个孵化期是不均匀的,存在着两个死亡高峰。第一个死亡高峰出现在孵化前期,鸡胚在入孵后第3～5天,死胚率占全部死胚数的15%;第2个死亡高峰出现在孵化后期,鸡胚在第18天,死胚率占全部死胚数的50%。

第一个死亡高峰期时胚胎生长迅速,形态发生显著变化,各种胎膜相继形成但是作用尚未完善。胚胎对外界环境的变化非常敏感,稍有不适胚胎就会发育受阻,甚至出现死胚。孵化前种蛋保存不当,或者入孵前的甲醛熏蒸消毒不当都会造成胚胎活力下降或胚胎死亡。

第二个死亡高峰是胚胎由尿囊绒毛膜呼吸过渡到肺部呼吸,此过程胚胎的生理变化剧烈,对氧气的需求量较大,自身产热量急增,此时对孵化条件要求高,若温度、相对湿度、通风换气控制不当,都会使一些较弱的胚胎死亡。

孵化率高低受到内部因素和外部因素的共同影响。内部因素主要是种蛋自身品质,受到遗传和饲养管理的影响。外部因素是指种蛋保存的环境和孵化条件。第一个死亡高峰受内部因素影响较大,第二个死亡高峰受外部因素的影响大。

2.孵化各个阶段胚胎死亡原因

(1)孵化前期死亡 鸡孵化前期为1～6 d,鸭为1～8 d,鹅为1～9 d。死亡原因主要为种禽患病,在种蛋形成和产出过程中受到细菌和病毒的侵蚀;种蛋运输剧烈颠簸,造成系带的断裂;种蛋保存的时间过长,保存条件不好,比如温度过高或者过低甚至受冻;孵化设备和种蛋消毒不当,通风时间短,有甲醛的残留;受到阳光的暴晒;孵化初期升温过快。

(2)孵化中期死亡 鸡孵化中期为7～12 d,鸭为8～15 d,鹅为9～17 d。此阶段出现死亡主要是种禽营养不良,饲料中缺乏维生素而导致胚胎发育营养物质不足而死亡。

(3)孵化后期死亡 鸡孵化后期为13～18 d,鸭为16～23 d,鹅为18～26 d。此时胚胎的代谢强度高,对外部环境的变化应激大,当温度过高、相对湿度过低、翻蛋次数和角度不够、通风换气不良和凉蛋不到位等造成发育中的胚胎出现死亡。由此可见,此阶段孵化条件的控制和调整可以提高孵化率,降低死亡率。

(4)出雏期死亡 鸡出雏期为19～21 d,鸭为24～28 d,鹅为27～32 d。此时出现死亡是因为胚胎出壳无力或者窒息死亡,是由于吸收的营养不足,出壳持续时间过长,体力消耗过大而死亡;气室里含氧不足,缺氧而死;孵化后期湿度不足,蛋壳脆性低,造成破壳困难,多见于水禽。

3.影响孵化效果的其他因素

影响孵化效果的因素可以分为三类,分别为种禽的质量、种蛋的管理和孵化条件。前两个因素决定了入孵前种蛋的质量,是提高孵化率的前提。只有同时控制好这三类因素才能极大地提高孵化效率。

(1)遗传因素 物种、品种、品系均会影响种蛋的孵化效果。通常鸡的孵化率比鸭、鹅高,鸭的孵化率比鹅高;小型品种(系)孵化率比体型大的品种(系)高。体型大小相近的品种(系)杂交所产种蛋孵化率要比体型差异大的品种(系)杂交所产种蛋孵化率高。

(2)年龄 初产期间所产种蛋的孵化率低;随着产蛋量逐步上升,孵化率也在提升,在产蛋高峰期间所产种蛋孵化率最高;随后孵化率开始出现下降趋势。

(3)营养水平 胚胎的生长发育所用养分均由种蛋供应,而种蛋的养分是种禽将日龄中的养分分解、吸收、转化而成。一旦日粮中缺乏营养成分,也会导致受精率下降,胚胎出现畸形和死亡等,雏禽无力破壳,体弱,先天性营养不足导致的死胚明显增加。如维生素A缺乏可以引起蛋黄颜色浅,受精率低,死胎多,生长迟缓,肾及其他器官有盐沉积,眼部肿胀,雏禽出现眼病,许多雏禽无力破壳或破壳出不来。维生素B_2缺乏可引起营养不良特征,体小,颈弯曲,绒毛卷缩,脑膜浮肿;侏儒体型,绒毛卷曲,雏颈和脚麻痹,趾弯曲(鹰爪)。维生素D缺乏可引起营养不良,皮肤水肿,肝脏脂肪浸润,肾脏肥大,出现死亡;出雏时间拖延,初生雏软弱。钙缺乏时蛋壳薄而易碎,蛋白稀薄。雏禽骨骼发育小且出现畸形,颈部水肿,腹部突出。

(4)管理水平 种禽舍的环境状况与孵化率有关。若通风不良、温度湿度高,种蛋收集不及时等因素都会导致种蛋较脏,影响孵化率。若种鹅运动不足,饲养密度过大以及水面积不足都会影响种蛋的受精率。因此,必须科学管理,为种禽提供良好的环境条件。

(5)种禽的健康状况 种禽的健康状况直接影响种蛋质量,如果种禽患有疾病,会导致蛋品质严重下降，孵化率降低。在产蛋期间种禽疫苗接种也会影响种蛋的品质。

【信息链接】

1. NY/T 1620—2008 种鸡场孵化厂动物卫生规范
2. NY/T 828—2004 肉鸡生产性能测定技术规范
3. JB/T 9809.1—1999 孵化机 技术条件
4. DB 34/T 354—2003 肉用鸡种蛋孵化技术规程
5. NY/T 1551—2007 禽蛋清选消毒分级技术规范

项目五

家禽的饲养管理和兽医保健

【学习目标】

掌握雏鸡、育成鸡、产蛋鸡、肉鸡的生理特性和饲养管理方法；熟悉养好蛋鸡与肉鸡的条件；掌握鸡场的兽医卫生保健措施；掌握鸭和鹅的饲养管理方法；掌握鸡的疫病防制措施。

【学习任务】

任务1 禽场的兽医卫生保健

一、消毒

消毒是预防动物疫病的重要手段，是禽病防治中最常用的措施之一，包括外环境消毒、禽舍消毒、器具消毒和粪便消毒等。

(一)外环境消毒

禽舍外环境每周清扫1～2次，并保持清洁，做到无杂草、无污物垃圾、无饲料碎渣。清洁卫生也是减少鼠害、蝇害、鸟类和提高消毒效果的重要保证。清扫之后用机动喷雾器喷洒烧碱溶液或其他消毒剂。

禽场门口和生产区门口必须设立消毒池，池内贮放2%～5%的烧碱溶液，并时常添换，以保持有效浓度。工作人员及进出车辆经消毒后方可进入场区或生产区。每栋禽舍门口也要设立消毒池(槽)，工作人员经更衣换鞋、踩池消毒后方可进入禽舍。

(二)禽舍消毒

禽舍消毒分空舍消毒和带禽消毒。

1.空舍消毒

(1)机械性清扫　清除包括粪便、垫草、垃圾污物、墙上的粪斑、墙角和顶棚上的蜘蛛网以及粉尘等。为了避免病原微生物随尘埃到处飞扬，扫前洒上清水或消毒液。对清除的粪便、垫草、垃圾污物等按粪便消毒法处理，对于水泥地面在清扫后，再用清水冲洗一遍，效果会更好。用高压水枪冲洗时，必须以单向水流冲洗，污水流向同一方向。冲洗后应空置 1 d 以上，待禽舍干燥后再喷洒消毒药。

(2)喷洒消毒　为了加强消毒效果还可结合熏蒸消毒或结合紫外线灯照射消毒。喷洒所用消毒剂的选择视具体情况而定。喷洒顺序一般从门一侧开始，自上而下，先墙壁(包括窗子、门)再到天花板，最后喷洒地面。喷洒用量为每平方米 800～1 200 mL，平均 1 000 mL，砖墙水泥地面的禽舍可少些，土质禽舍可多些。按顺序均匀喷洒，墙壁喷过处要有水珠往下流，地面喷过处似刚下过雨，脚踩留印，按此要求喷洒后，剩余药液全部洒地。

新禽舍、空置较久的禽舍、育雏室和转群后的禽舍最好在喷洒消毒的基础上结合熏蒸消毒。熏蒸消毒最常使用的消毒剂是福尔马林(即 38%～40% 的甲醛溶液)。用量为每立方米空间福尔马林 25 mL、水 12.5 mL、高锰酸钾 12.5 g。在熏蒸前先检查禽舍是否密闭，门窗无玻璃或不全者，装上玻璃；有较大缝隙者，加以密封。然后根据空间容积算好用量，量(称)取药品，先将水倒入耐腐蚀的陶瓷或搪瓷容器内，然后加入福尔马林，再加入高锰酸钾，人即离开。也可用生石灰代替高锰酸钾进行，或福尔马林仍按每立方米空间 25 mL 用量，加等量水，直接用小火加热蒸发消毒。密闭熏蒸 12～24 h 后，打开门窗，通风换气 2 d 以上，散尽余气后，方可使用。如不急用，最好密闭两周。

舍内的温、湿度越高，甲醛的消毒效果越好。一般要求室温不得低于 15℃，相对湿度不得低于 60%，以 60%～80% 为宜。用热源直接加热福尔马林溶液时应注意安全，防止引起火灾。

针对育雏室也可在喷洒后结合紫外线灯对空气、墙壁、地面等物体表面照射消毒，根据房间的大小确定紫外线灯的数量，灯管高度距离地面 2 m 左右，照射 1～2 h。

2.带禽消毒

每天上午清扫禽舍，刷洗食具和饮水器具，以保持饲料和饮水干净，清除的粪便及污物运至远离禽舍的场所发酵。器具定期用消毒液直接刷洗消毒。

带禽消毒可选用低毒、高效、无腐蚀性、无刺激性的消毒剂如百毒杀、过氧乙酸等，使用高压喷雾器喷雾消毒，雾粒大小一般为 80～100 μm，夏季最好每天 1 次，秋季每 3～5 d 1 次，冬季每周 1 次。

(三)粪便消毒

一般采用生物热消毒法。利用粪便发酵产热来杀灭病原微生物以及寄生虫虫卵，有堆积发酵法和池发酵法。

二、免疫接种

免疫接种就是给动物接种疫苗或注射免疫血清，提高机体特异性抵抗力，是规模化养殖场预防动物疫病的重要手段。家禽的免疫接种以接种疫苗为主，而免疫血清很少使用。

(一)家禽疫苗的类型和特点

家禽疫苗有活苗和死苗两大类,活苗又有中等毒力的苗(简称中毒苗)和弱毒苗之分。中毒苗较少,如新城疫Ⅰ系苗、传染性腔上囊炎中毒苗和传染性支气管炎 H_{52} 苗,一般用于年龄较大的鸡。大多数活苗为弱毒苗,大小鸡均可使用。活苗剂型几乎均为冻干苗,需稀释后才能使用,接种途径因疫苗不同而异。死苗即灭活苗,一般用于大龄鸡或于产蛋前期使用,剂型为液体,不需稀释即可使用,接种途径较为局限,只能注射,不能口服。为了增强免疫效果,都加入了一定类型的佐剂,如氢氧化铝佐剂、油乳剂等。

家禽疫苗除单苗外,还有许多联合苗,可根据实际情况选择应用,以减少免疫次数,达到事半功倍的效果。

(二)疫苗的购买、运输和保存

(1)购买　要保证疫苗的免疫效果,首先把好购买关。所购疫苗最好是信誉好、质量好、服务好的生产厂家生产的疫苗。购买时必须当面检查,凡无瓶签,或过期,或瓶子有裂纹,或瓶塞松动,或无详细使用说明书,或瓶内疫苗性状与说明书上所叙述的不符,均不要购买。

(2)运输　运输前须妥善包装,防止碰破流失。运输途中避免高温和日光直射,应在低温条件下运送。大量运输时使用冷藏车,少量时装入盛有冰块的广口保温瓶内运送。但对灭活苗在寒冷季节要防止冻结。

(3)保存　购买的疫苗应尽快使用。距使用时间较短者(1～2 d),置于 2～15℃阴暗、干燥的环境,如地窖、冰箱冷藏室;量少者也可保存于盛有冰块的广口冷藏瓶中。需要较长时间保存者,活苗置冰箱冷冻室(－15℃以下)冻结保存,个别疫苗,如鸡马立克氏病细胞结合性疫苗需在液氮中(－196℃)保存。灭活苗保存于冰箱冷藏室(2～8℃)即可。

(三)疫苗的使用

1.用前检查

免疫接种前,还要对使用的疫苗进行仔细检查。瓶签上的说明(名称、批号、用法、用量、有效期)必须清楚,瓶子与瓶塞无裂缝破损,瓶内的色泽性状正常,无杂质异物,无霉菌生长,否则不得使用。

2.稀释

灭活苗不需稀释即可使用;冻干苗必须经稀释后才能使用。有的疫苗配备有专用的稀释液,如鸡马立克氏病疫苗。没有配备专用稀释液的疫苗,稀释液的选择可参考表 5-1。

表 5-1　疫苗稀释液的选择

疫苗种类及接种途径		稀释液
细菌苗		生理盐水
病毒苗	注射	生理盐水或蒸馏水
	滴鼻、点眼	生理盐水或蒸馏水
	气雾免疫	蒸馏水
	饮水免疫	蒸馏水或井水或凉开水

3.接种途径和方法

(1)注射法　家禽疫苗的注射途径有皮下注射和肌肉注射。皮下注射的部位,雏鸡常在颈背侧皮下部(如鸡马立克氏病疫苗),育成鸡和成年鸡一般在大腿内侧皮下部。肌肉注射的部位有胸肌、外侧腿肌,胸肌注射时防止伤害内脏器官。

不需要稀释的疫苗(灭活苗),先除去瓶塞上的封蜡或铝盖上的中央铝封片,用酒精棉球消毒橡皮瓶塞或暴露部分,并在瓶塞上固定一个消毒的针头,专供吸取药液,吸药后不再拔出,用酒精棉球包裹,以便再次吸取,每次吸取时注意摇匀药液。使用连续注射器时,将注射器吸药针头消毒后直接插入疫苗瓶,使用时只需将疫苗瓶装入工作服胸前口袋即可。

需要稀释的疫苗,准备好盛装疫苗的带有橡皮塞的灭菌空瓶,按稀释用量装入稀释液。用镊子揭去疫苗瓶铝盖的中央铝封片,并用酒精棉球消毒橡皮盖暴露部分;再用带针头的灭菌注射器吸取少量稀释液,注入疫苗瓶中,振荡使疫苗充分溶解后,吸出注入稀释瓶,摇匀即可。

注射前,注射器及针头要消毒或灭菌,注射部位要消毒;如使用 1 个针头,每注射 1 只禽,须将针头用酒精棉球擦拭消毒。

(2)滴鼻、点眼　使用标准滴管,有些疫苗生产厂家随疫苗配有滴瓶,一滴约 0.03 mL。即 1 000 羽份疫苗加入 30 mL 稀释液,每羽 1 滴;如采用 2 滴,则需加入 60 mL 稀释液。小雏禽一人操作,左手握禽,用手指固定头部,并使一侧的眼睛(或鼻孔)朝上,右手持滴管或滴瓶将疫苗滴入眼眶或鼻孔内。滴鼻时用手指按住另一侧鼻孔,待药液吸入鼻孔后再将禽轻轻放回。大禽需两人操作,一人保定,另一人滴液。为了防止滴管的滴头部分被污染而传播疾病,滴头不能挨着眼皮或鼻孔,要保持一定距离。

(3)饮水免疫　饮水免疫是将可供口服的疫苗混于水中,使家禽通过饮水而获得免疫。此法已用于鸡传染性腔上囊炎疫苗和鸡新城疫 IV 系弱毒苗等的免疫。饮水免疫时,饮水器具要干净,无洗涤剂和消毒剂残留,并按家禽总羽份和每羽份 30 min 内能全部饮完的水量准备稀释用水。免疫前,视天气情况停水 2～4 h,以保证疫苗稀释后在较短时间内饮完,气温过高可不停水。夏季应于清早饮水免疫。混有疫苗的饮水要注意温度,一般以不超过室温为宜。

由于家禽的饮水量有多有少,饮水免疫时疫苗量应加大 2～3 倍,稀释后按 10 L 水加入 30 g 脱脂奶粉或 300 mL 脱脂牛奶(将新鲜牛奶加热煮沸,冷却后撇去上面的油脂,即为脱脂牛奶),在 2 h 内饮完。免疫前后 24 h 内不得饮用高锰酸钾水或其他含有消毒剂的饮水。

(4)气雾免疫　此法是用压缩空气通过气雾免疫发生器将稀释疫苗喷射出去,使疫苗形成直径 1～10 μm 的雾化粒子,均匀地悬浮在空气之中,通过呼吸将疫苗吸入而达到免疫目的。

事先调节气雾发生器的喷头,通过显微测定将雾粒大小调至所需范围内。然后将疫苗按照:1 月龄雏鸡 1 000 只为 200 mL,平养鸡 1 000 只为 250～500 mL,笼养鸡 1 000 只为 250 mL,加入稀释液,稀释后装入气雾发生器的容器内。关闭门窗和通风设备,以减少空气流动;喷头距离鸡头上方 30～50 cm,往返 2～3 遍,喷完疫苗。喷雾后应停留 20～30 min,开启门窗,通风换气。为了达到好的免疫效果,气雾免疫宜在傍晚或清晨进行,环境温度应保持在15～20℃，相对湿度保持在70%以上。应当注意，鸡群有慢性呼吸道疾病时慎用气雾免疫。

(5)刺种　只有个别的家禽疫苗可实施刺种，如鸡痘疫苗，在鸡翅膀内侧无血管处消毒后，用消毒过的刺种针或蘸笔尖蘸取疫苗，刺入皮下1～2次。

(6)泄殖腔接种法　将鸡的肛门向上，翻出肛门黏膜，然后滴上疫苗或用棉签蘸取疫苗在肛门黏膜上涂擦3～5次。

(四)免疫接种前的准备及接种后的护理与观察

(1)编订禽群免疫计划表册　根据免疫程序拟定免疫计划，其内容包括禽群的种类、品种、年龄、数量、接种日期、疫苗的种类和数量以及稀释液、接种途径、器材和消毒药品的数量，安排和组织接种人员有计划地进行免疫接种。

(2)接种前的检查　免疫接种前，必须对禽群进行详细了解和检查，注意禽的年龄是否符合免疫年龄，以及禽的营养状况和健康状况。只要禽群健康，饲养管理和卫生条件良好，就可保证免疫接种结果的安全。如饲养管理条件不良，则可能使禽出现明显的接种反应，甚至发生免疫失败。对病禽和可疑感染禽暂不免疫接种，待康复后再根据实际情况决定补免时间。

(3)接种后的护理和观察　禽群接种疫苗后，部分禽会出现接种反应，有些禽可发生暂时性抵抗力降低现象，故应加强接种后的护理和观察。观察期限一般不少于1周。注意改善禽舍环境卫生和饲养管理，尽可能减少对禽群有影响的应激因素。产蛋禽在短期内可能出现停产或产蛋量下降。如发现严重反应甚至死亡的要及时查明原因，了解疫苗情况和使用方法，提出对策。

(五)免疫接种的注意事项

(1)接种时严格执行消毒和无菌操作。工作前后均应洗手消毒；注射器、针头、刺种针、镊子应高压灭菌或煮沸消毒。

(2)疫苗使用前，必须充分振荡，使其混合均匀后才能使用。

(3)已经打开瓶塞或稀释过的疫苗，必须当天用完，鸡马立克氏病疫苗在稀释后1 h内用完。未用完的疫苗经加热处理后废弃，以防污染环境，吸入注射器内未用完的疫苗应注入专用空瓶内同前处理。

(六)免疫程序的制定

科学、合理的免疫程序是有效预防家禽疫病的重要保证，目前还没有一个可供统一使用的免疫程序，不同的地区因流行的疫病种类不同免疫程序不同，即使同一疾病免疫程序也不尽相同。免疫程序的制定是根据当地流行的疫病种类、危害程度、鸡场规模、饲养方式、疫苗种类、免疫方法、母源抗体水平和多年来的实际免疫效果等因素逐步完善建立的。免疫程序也不是一成不变的，一个程序使用一段时间后，根据禽群发生的问题和防制中的经验教训进行调整。初次养鸡者可向当地已经取得免疫经验的鸡场或养鸡户讨教借鉴。种鸡参考免疫程序见表5-2，肉鸡参考免疫程序见表5-3。

表 5-2　种鸡综合免疫程序(仅供参考)

日龄	病名	疫苗	剂量	免疫方法	备注
1	马立克氏	CV1988/Rispens	0.2 mL	颈部皮下注射	
7～14	新城疫、传染性支气管炎	Ⅱ系、Lasota 株、克隆 30、H_{120}	1 羽份	点眼滴鼻、气雾	或用新支二联苗
14～21	传染性法氏囊炎	NF_8、B_{87}、BJ_{836} 中毒苗	1 羽份	饮水、滴口	
	禽流感	油乳剂	0.2 mL	皮下注射	
21～28	新城疫	Ⅱ系、Lasota 株、克隆 30	1 羽份	点眼滴鼻、饮水、气雾	油乳剂与Ⅱ系或Ⅳ系同时免疫
	禽痘	鹌鹑化弱毒苗	1 羽份	皮下刺种	
28～35	传染性法氏囊炎	NF_8、B_{87}、BJ_{836} 中毒苗	1 羽份	饮水、滴口	
	鸡毒支原体	TS_{200} 株活疫苗	1 羽份	点眼	
35～42	传染性喉气管炎	冻干弱毒疫苗	1 羽份	点眼滴鼻	非疫区不用
	传染性鼻炎	油乳剂灭活苗	0.5 mL	皮下注射	
42～50	传染性支气管炎	H_{52} 株		滴鼻、饮水	或用新支二联苗
	禽流感	油乳剂	0.5 mL	肌肉注射	
70～80	新城疫	Lasota 株或Ⅰ系	1 羽份	喷雾或饮水(肌注)、	根据抗体水平使用
	传染性喉气管炎	冻干弱毒苗	1 羽份	滴鼻点眼	非疫区不用
90	禽霍乱	C_{190} E_{40} 弱毒苗	1 羽份	肌肉注射	
110	传染性鼻炎	油乳剂灭活苗 TS_{200}	0.5 mL	皮下注射	
	鸡毒支原体	株弱毒苗	1 羽份	点眼	
120～140	新-支-减	油乳剂	0.5 mL	肌肉注射	可用单苗、也可用二联或三联苗免疫、商品鸡不免传染性法氏囊炎苗
	传染性法氏囊炎	油乳剂	0.5 mL	肌肉注射	
	禽流感	油乳剂	0.5 mL	肌肉注射	
300	新城疫	Lasota 株	4 倍量	喷雾或饮水	根据抗体水平使用
	禽流感	油乳剂	0.5 mL	肌肉注射	

注:1.商品蛋鸡在开产前不需要注射传染性法氏囊炎油苗。

2.各地区可根据当地实际情况增减使用疫苗,但要注意疫苗之间的干扰现象。

表 5-3　肉鸡免疫程序(仅供参考)

日龄	疾病名	疫苗	剂量	免疫方法	备注
1	马立克氏病	CV1988/Rispens	0.2 mL	颈背皮下注射	
7～10	新城疫	Lasota 株	1 羽份	滴鼻点眼、饮水、气雾	或用新支二联苗
	传染性支气管炎	H_{120} 株			
10～14	传染性法氏囊炎	NF_8、B_{87}、BJ_{836}	1 羽份	滴口、滴鼻点眼	
	禽流感-新城疫	二联灭活苗	0.3 mL	肌肉注射	
17～21	新城疫	Lasota 株	1 羽份	滴鼻点眼	
	传染性支气管炎	H_{120} 株		滴鼻、饮水	
24～28	传染性法氏囊炎	NF_8、B_{87}、BJ_{836}	1 羽份	滴口、滴鼻点眼	
30	鸡痘	禽痘弱毒苗	1 羽份	皮下刺种	按季节适时应用

注:若某场鸡群慢性呼吸道病严重时,可于第 15 日龄用鸡毒支原体活苗点眼一次。有病毒性关节炎者可加用该种疫苗。

三、其他防疫措施

(一)禽场必须制定严格的卫生防疫制度

禽场工作人员不准在自家和场外饲养家禽及鸟类,不得涉外从事禽病诊疗服务。禽场工作人员所需蛋、肉由本场供应。饲养人员进入生产区要消毒、更换衣帽,工作期间不得相互串舍聊天。禁止闲杂人员进入生产区,谢绝外来人员参观访问。

(二)坚持"全进全出"制度

同一品种、同一日龄、同一来源的禽,饲养到一定(体重)阶段需要转群或上市销售时,均应执行"全进全出"制度。出舍后,禽舍经清洗、消毒后空置1～2周,再进下一批禽群。

(三)必要的药物预防

目前,有些家禽疫病尚无有效的疫苗,可在发病年龄(或季节)之前,在饲料或饮水中预防性投药,能起到有效的防治作用。

(四)杀虫灭鼠、阻止鸟类进入场区

1.杀虫

某些小型的个体养禽场,平时不注重排泄物的无害化处理和禽舍清洁卫生,易招引苍蝇等节肢动物,尤其夏、秋季节,禽舍内外苍蝇成群,骚扰禽群,影响生产性能;其边吃、边吐、边拉的习性造成饲料、饮水器、蛋壳的严重污染,同时传播一些疫病。杀灭方法有物理杀虫法和化学杀虫法。

(1)物理杀虫法　及时清除粪便,应特别注意死角中的粪便和污水,尽可能地保持禽舍的清洁和干燥,同时还应搞好外环境的清洁卫生,清除的粪便和污物发酵处理,发酵地点要远离禽舍。定期检查饮水和喂料系统,确保不漏水、不洒料。拣蛋时,尽量避免蛋壳破损。适当调节禽舍的通风系统,保持通风良好,防止氨气含量过高。

夏秋季节,禽舍门窗应装置纱窗或挂上纱帘,阻止蝇类进入。

(2)化学杀虫法　化学药物是控制苍蝇的最有效方法。化学药物分为杀幼虫剂和杀成虫剂。杀幼虫剂有有机磷类(如杀螟松、倍硫磷、马拉硫磷、敌百虫)和氨基甲酸酯类(如苯二威),可直接将杀幼虫剂喷洒在粪便上或喷洒在清除粪便后的地面上。施药2周后才能看到效果。杀成虫剂有有机氯类(三氯杀虫酯)、有机磷类(杀螟松、倍硫磷、马拉硫磷)、氨基甲酸酯类(80%虫威酯类混合剂)、拟菊酯类和氨基甲酸酯类混合剂、拟菊酯类(溴氰菊酯)。在蝇类喜欢停落之处,喷洒、涂抹或粉刷杀成虫剂,当苍蝇爬行或栖息在这样处理过的表面时,接触吸收杀虫剂而中毒死亡。也可用杀虫气雾剂或弥雾剂进行空间喷洒,快速杀灭蝇类。或用混合性食物毒饵,如液体毒饵、粘胶毒饵、颗粒毒饵灭蝇。

2.灭鼠

凡是养殖场,鼠害普遍较多,禽舍撒落的饲料、饲槽饲料、仓库饲料是其食物来源。鼠类不仅偷食饲料,鼠粪污染饲料,而且会咬死咬伤雏禽,也是某些疫病的传播媒介和传染源。为此

必须加大力度消灭鼠害，灭鼠方法可采取机械灭鼠和药物灭鼠。

3. 驱赶鸟类

养殖场也是鸟类经常光顾的场所，有时聚集成群，院内遗留的饲料碎渣、草籽等是可食之物。鸟类往往携带有新城疫病毒、禽流感病毒等病原体，可造成这些疫病的跳跃式传播。为了减少和阻止鸟类进入养殖场，平时须保持外环境清洁干净，非常时期可派专人驱赶。

(五)合理处理尸体

死于传染病的禽尸体，含有大量的病原微生物，是一种特殊的传染源，若处理不当或处理不及时，会污染环境，造成传播。处理尸体的方法较多，对危害极大的传染病，如禽流感，采取焚烧处理。其他一般病尸体可采取深埋处理，尸坑要远离鸡舍，深 2 m 以上，而且还要便于管理，每投进一次尸体，覆盖一层厚土，等添平后，再挖新坑。或采取坑井腐败法处理，即将尸体投入深 9 m 以上特设的加盖坑井中，使其腐败发酵。

任务 2　蛋鸡的饲养管理

一、雏鸡的饲养管理

(一)生理特点

(1)幼雏体温较低，体温调节机能不完善。初生雏的体温较成年鸡低 2～3℃，4 日龄开始慢慢上升，到 10 日龄时达到成年鸡体温，到 3 周龄左右，体温调节机能逐渐趋于完善，7～8 周龄以后才具有适应外界环境温度变化的能力。幼雏绒毛稀短，皮薄，早期自身难以御寒。因此，育雏期，尤其是早期要注意保温防寒。

(2)雏鸡生长迅速，代谢旺盛。蛋用雏 2 周龄体重约为初生时的 2 倍，6 周龄为 10 倍，8 周龄为 15 倍。以后随日龄增长而逐渐减慢生长速度。雏鸡代谢旺盛，饲料利用率高，耗氧量大，所以既要保证雏鸡的营养需要，又要保证良好的空气质量。

(3)幼雏羽毛生长快、更换勤。雏鸡 3 周龄时羽毛为体重的 4%，4 周龄时为 7%，以后大致不变。从出壳到 20 周龄，鸡要更换 4 次羽毛，分别在 4～5 周龄、7～8 周龄、12～13 周龄和 18～20 周龄。羽毛中蛋白质含量高达 80%～82%，为肉、蛋 4～5 倍。因此，雏鸡日粮的蛋白质(尤其是含硫氨基酸)水平要高。

(4)消化系统发育不健全。幼雏胃肠容积小，进食量有限，消化腺也不发达(缺乏某些消化酶)，肌胃研磨能力差，消化力弱。因此，要注意喂给纤维含量低、易消化的饲料，并且要少喂勤添。

(5)抵抗力弱，敏感性强。雏鸡免疫机能较差，约 10 日龄才开始产生自身抗体，产生的抗体较少，出壳后母源抗体也日渐衰减，3 周龄左右母源抗体降至最低，故 10～21 日龄为危险期，雏鸡对各种疾病和不良环境的抵抗力弱，对饲料中各种营养物质缺乏或有毒药物的过量反应敏感。所以，要做好疫苗接种和药物防病工作，搞好环境净化，保证饲料营养全面，投药均匀适量。

(6)雏鸡易受惊吓，缺乏自卫能力。各种异常声响以及新奇的颜色都会引起雏鸡骚乱不安，因此，育雏环境要安静，并有防止兽害设施。

(二)育雏准备

1.制订育雏计划，选择育雏季节

(1)制订育雏计划　育雏前必须有完整周密的育雏计划。育雏计划应包括饲养的品种、育雏数量、进雏日期、饲料准备、免疫及预防投药等内容。育雏数量应按实际需要与育雏舍容量、设备条件进行计算。进雏太多，饲养密度过大，影响鸡群发育。一般情况下，新母雏的需要量加上育雏育成期的死亡淘汰数，即为进雏数。同时，进雏前还应确定育雏人员，育雏人员必须吃苦耐劳，责任心强，最好有一定的育雏经验。

(2)育雏季节的选择　在密闭式鸡舍内育雏，由于为雏鸡创造了必要的环境条件，受季节影响小，可实行全年育雏。但对开放式鸡舍因不能完全控制环境条件，受季节影响较大，应选择育雏季节。

春季气候干燥，阳光充足，温度适宜，雏鸡生长发育好，并可当年开产，产蛋量高，产蛋时间长；夏季高温高湿，雏鸡易患病，成活率低；秋季育雏，气候适宜，成活率较高，但育成后期因光照时间长，会造成母鸡过早开产，影响产蛋量；冬季气温低，特别是北方地区育雏需要供暖，成本高，且舍内外温差大，雏鸡成活率受影响。可见，育雏最好避开夏冬季节，选择春秋两季育雏效果最好。也要参考市场行情和周转计划选择育雏季节。

2.育雏方式的选择

(1)地面育雏　要求舍内为水泥地面，便于冲洗消毒。育雏前对育雏舍进行彻底消毒，再铺 20～25 cm 厚的垫料，垫料可以是锯末、麦草、谷壳、稻草等，应因地制宜，但要求干燥、卫生、柔软。

地面育雏成本较低，但房舍利用率低，雏鸡经常与粪便接触，易发生疾病。

(2)网上育雏　就是用网面来代替地面的育雏方式。网面的材料有铁丝网、塑料网，也可用木板条或竹竿，但以铁丝网最好。网孔的大小应以饲养育成鸡为适宜，不能太小，否则，粪便下漏不畅。饲养初生雏时，在网面上铺一层小孔塑料网，待雏鸡日龄增大时，撤掉塑料网。一般网面距地面的高度应随房舍高度而定，多以 60～100 cm 为宜，北方寒冷地区冬季可适当增加高度。网上育雏最大的优点是解决了粪便与鸡直接接触的问题。

由于网上饲养鸡体不能接触土壤，所以提供给鸡的营养要全面，特别要注意微量元素的补充。

(3)立体育雏　这是大中型饲养场常采用的一种育雏方式。立体笼一般分为 3～4 层，每层之间有盛粪板，四周外侧挂有料槽和水槽。立体育雏具有热源集中、容易保温、雏鸡成活率高、管理方便、单位面积饲养量大的优点。但笼架投资较大，且上下层温差大，鸡群发育不整齐。为了解决这一问题，可采取小日龄在上面 2～3 层集中饲养，待鸡稍大后，逐渐移到其他层饲养。

3. 育雏舍的准备

(1)房舍准备　育雏舍应做到保温良好,不透风,不漏雨,不潮湿,无鼠害。通风设备运转良好,所有通风口设置防兽害的铁网。舍内照明分布要合理,上下水正常,不能有堵漏现象。供温系统要正常,平养时要备好垫料。

(2)育雏舍的清洁消毒　消毒前要彻底清扫地面、墙壁和天花板,然后洗刷地面、鸡笼和用具等。待晾干后,用2%的火碱喷洒。最后用高锰酸钾和福尔马林熏蒸,剂量为每立方米空间福尔马林40 mL,高锰酸钾20 g。熏蒸前关闭门窗,熏蒸24 h以上。

4. 器具的准备

除育雏设备外,主要的育雏用具有食具和饮具。要求数量充足,保证使每只鸡都能同时进食和饮水;大小要适当,可根据日龄的大小及时更换,使之与鸡的大小相匹配;结构要合理,以减少饲料浪费,避免饲料和饮水被粪便和垫草污染。

(1)料槽　在最初几天,可自制简易喂料盘,也可用蛋托代替料盘,以后逐渐改为饲槽或料桶。

(2)饮水器　一般育雏主要使用槽式或塔式真空饮水器。

①槽式饮水器　这种饮水器所用材料主要为硬塑料,槽切面成"V"形或"U"形。大小可随鸡的日龄不同而变化。每只鸡应占有水槽位置为2～2.5 cm,幼雏用槽高3～4 cm,槽口宽4～5 cm。

②塔式真空饮水器　多采用塑料制成,结构简单,笼养第1周和平养使用较多。倒扣式真空饮水器由贮水器和盛水盘两部分组成,盛水器顶端为圆锥形,以防雏鸡飞落。下部有一直径约为2 cm的出水孔。使用时,将贮水器装满水,再将盛水盘翻转对准盖好,倒扣过来,水从出水孔流入水盘。

5. 饲料药品的准备

育雏前要按雏鸡日粮配方准备足够的饲料,特别是各种添加剂、矿物质、维生素和动物蛋白质饲料。常用的药品,如消毒药、抗生素等必须适当准备一些。

6. 育雏舍预温

育雏舍在进雏前1～2 d应进行预温,预温的主要目的是使进雏时的温度相对稳定,同时也检验供温设施是否完整,这在冬季育雏时特别重要。预温也能够使舍内残留的福尔马林逸出。

(三)雏鸡的挑选与运输

1. 挑选

高质量的雏鸡是取得较高育雏成绩的基础。通过选择,将残、次、弱雏淘汰,对提高整体鸡群的抗病力有利,按雏鸡的大小、强弱实行分群饲养,可提高整体的均匀度。雏鸡的选择一般是凭经验进行的。首先,仔细观察雏鸡的精神状态,健康雏鸡活泼好动,绒毛长短适中,羽毛清洁干净,眼大而有神,腹部松软,卵黄收口良好,泄殖腔干净,腿脚无畸形,站立行走正常。而残次雏缩头缩脑,羽毛凌乱不堪,泄殖腔处糊有粪便,卵黄吸收不全,站立行走困难。健壮雏叫声清脆响亮,弱雏有气无力、嘶哑微弱。其次,用手触摸时,健雏握在手中有弹性,努力挣扎,鸡爪及身体有温暖感,腹部柔软。弱雏则手感发凉,轻飘无力,腹大。最后,选择雏鸡时,还应当事先了解种鸡群的健康状况,雏鸡的出壳时间和整批雏鸡的孵化率。一般来讲,来源于高产健康种鸡群的种蛋，在正常时间出壳，且孵化率高，则健雏率高，而来源于患病鸡群的种蛋，出壳过早或过晚，则健雏率低。

2. 运输

雏鸡的运输是一项重要工作，稍有不慎就可能对生产造成巨大损失，有些雏鸡本来很强壮，运输中管理不当，就会变成弱雏，严重时，会造成雏鸡大量死亡。所以，雏鸡运输中要管理得当。

运输工具，应根据具体情况，选择空运、火车运输、汽车运输、船舶运输等。运输雏鸡的用具最好使用一次性专用运输盒。近距离运输也可使用塑料周转箱，但每次使用后都要认真清洗消毒。雏盒周围打适当数量的透气孔，内部最好隔成四部分，每个部分装鸡 20～30 只，每盒可装鸡 80～120 只。这种结构可防止在低温时，由于雏鸡拥挤成堆而压伤压死。雏盒底部最好铺吸水强的垫纸，一方面具有防滑作用，可使雏鸡在盒内站立稳当，同时，又可吸收雏鸡排泄物中的水分，保持干燥清洁。在运输时，雏鸡盒要摆放平稳，重叠不宜过高，以免太重而相互挤压，使雏鸡受损。运输中要定期观察雏鸡情况，当发现雏鸡张嘴喘息绒毛湿时，温度可能太高，应及时倒换雏盒的上下、左右、前后位置，以利通风散热。最适宜运输雏鸡的温度为 22～24℃。当运输距离远、时间长时，应在车内洒水，一方面利于蒸发散热，另一方面由于雏鸡出壳后，体内水分消耗较大，48 h 可消耗 15%，通过洒水，避免雏鸡脱水而影响成活率。

不同季节运输有不同要求，夏季运输比冬季运输更容易发生问题，主要是过热闷死雏鸡。空调车内因氧气不足而造成雏鸡死亡的事屡见不鲜。所以，最好避开高温时间，早晚运输较好。冬季尽管气温低，但只要避免冷风直吹，适当保温，是比较安全的，保温用具可用棉被、棉毯、床单。汽车运输时，车厢内底部最好铺一层毡，效果会更好。当雏鸡发出刺耳叫声时，应及时检查，不是过冷，就是太热，或夹挤受伤。应马上采取相应措施。冬季运输还应特别注意贼风。

雏鸡运到鸡舍后，休息片刻，即可按合理的密度放入舍内饲养。

(四)育雏技术

1. 提供适宜的环境条件

(1)适宜的温度　能否提供最佳的温度，是育雏成败的关键之一。温度适宜，有利于雏鸡运动、采食和饮水，生长发育好。如果温度过高，雏鸡饮水量增加，采食量下降，容易出现拉稀，使体质变弱，弱雏增多，并易诱发啄癖和呼吸道疾病。如果温度过低，雏鸡运动减少，体热散发速度快，影响雏鸡增重，严重时，还可能诱发白痢等疾病。因此，必须严格控制育雏温度。育雏温度包括育雏器的温度和舍内温度。舍温一般低于育雏器的温度。由于较高的温度可促使雏鸡体内蛋黄进一步吸收，雏鸡发育健壮，生长整齐。因此，最初育雏温度可控制在 33～35℃，以后每周下降 2～3℃，直到 20℃脱温。

育雏器的温度是指鸡背高处的温度值，测温时要求距离热源 50 cm，用保温伞育雏时，将温度计挂在保温伞边即可。立体育雏，要将温度计挂在笼内热源区底网上。影响育雏温度的因素很多，不同品种鸡对温度的要求是不同的，如褐壳蛋鸡由于羽毛生长速度比轻型蛋鸡慢，育雏前期温度要求略高，应以 34～35℃为宜，以后则和轻型蛋鸡要求一致。当舍内外温差较大时，可适当使育雏温度提高。育雏方式不同，也影响育雏温度，如立体笼育雏，由于饲养密度大，雏鸡活动范围小，温度可稍低；平养时，热源较集中，温度稍高，在育雏 1～2 周内，最好用护栏围住。另外，网上平养，由于网下有凉气，进雏应使温度稍高些。

温度是否适宜，一是直接检查温度计，看和要求是否一致；二是通过观察鸡群的行为来进行判断。若温度过高，雏鸡远离热源，饮水量增加，伸颈，张口喘气；若温度过低，雏鸡靠近热源，运动量减少，为了取暖，常拥挤扎堆，部分雏鸡可能被压死；温度适宜，雏鸡食欲旺盛，饮水量正常，羽毛生长良好，活泼好动，分布均匀，互不挤压，安静。在控制温度时，要注意及时降温，按照雏鸡生长发育要求供热，随着鸡日龄的加大，温度应逐步降下来，否则会影响鸡的生长发育，但降温不能突然，每周下降 2～3℃，即每天下降约 0.5℃，而不是在周末突然下降 2～3℃。

(2)适宜的湿度　湿度虽不像温度那样重要，但如果掌握不好，育雏也可能出问题。湿度要随鸡日龄的变化而调整。开始育雏时，要防止高温脱水，特别是延迟出壳的鸡和经长途运输的雏鸡。要防止湿度过低，一般要求相对湿度为 70%。湿度低，雏鸡脚趾干瘪，皱纹多，干瘦；在垫料上奔跑时，可能带起灰尘。育雏后期湿度以 50%～60%为宜。

增加湿度通常采用室内挂湿帘，火炉加热产生水蒸气，地面洒水等方法。随着雏鸡日龄的不断增加，呼出的水汽量和排粪量增加，容易出现湿度偏高，导致球虫病暴发，使大量细菌繁殖，对鸡的生长发育造成很大威胁。因此，可通过开窗或机械通风的方法来控制湿度，使之保持在适宜的范围内。

温度与湿度密切相关，必须综合起来加以考虑。高湿低温，出现“阴冷”；而高湿高热易形成“闷热”，应引起足够的重视。

(3)重视通风换气　育雏时，往往重视保温，而忽视通风。雏鸡虽小，但生长快，代谢旺盛，氧气需要量大，而排出的二氧化碳也多，加之饲养密度大，有时不能及时清粪，粪中的含氮物在一定条件下分解又产生氨气等有害气体，影响鸡群健康。尤其是在冬季，为了保温将鸡舍封闭过严，导致鸡舍氧气含量下降，氨气和二氧化碳含量增高，使鸡食欲下降，生长受阻。因此，在育雏期一定要注意合理通风，以便为雏鸡提供新鲜空气，排除舍内有害气体，并保证舍温分布均匀，调节湿度。

通风换气要根据鸡的日龄、体重、季节及温度变化灵活掌握。为解决通风与保温的矛盾，一般在通风前可适当提高舍温 2℃左右，冬季通风应避免在早晚气温低时进行，通风时，不要让气流流向正对鸡群，不要有贼风，对 1 周龄内的雏鸡更应小心谨慎。1 周后的雏鸡可逐渐加大通风量，尤其在天气温暖时，应每隔 2～3 h 进行 1～2 min 的通风换气，这样可提高雏鸡对温度变化的适应能力。

(4)合理的光照　光照包括自然光照和人工光照。合理的光照时间是：前 3 d 每天可采用 24 h 的光照时间；4～14 日龄的光照时间控制在 16～19 h；从 15 日龄开始到开产前，密闭式鸡舍每天 8～10 h 光照（也有 4 日龄开始就采用每天 8～10 h 光照的），开放式鸡舍采用自然光照。有条件的开放式鸡舍制定 4 日龄以后的光照方案时，要考虑到当地日照时间的变化。

合理的光照强度可以这样掌握：除第 1 周为了让雏鸡尽早熟悉料槽、饮水器和舍内环境，可采用 25～30 lx 的较强光照外，其余都以弱光（5～10 lx）为好。具体应用中，按每 15 m^2 的鸡舍在第 1 周时，用一个 40 W 灯泡悬挂于 2 m 高的位置，第 2 周开始换用 25 W 的灯泡就可以了。人工光照一般采用白炽灯（电灯），其功率以 25～60 W 为宜，不可过大。

2.开食与初饮

(1)饮水　先饮水后开食是育雏的基本原则之一。一定要在雏鸡充分饮水 1～2 h 后再开食，因为雏鸡出壳后体内还有一部分卵黄没有被充分吸收，对雏鸡的生长还有作用，及时饮水有利于卵黄的吸收和胎粪的排出。另外在运输过程和育雏室的高温环境中，雏鸡体内的水代谢和呼吸的散发都需要大量水分，饮水有助于体力的恢复。因此，育雏时，必须重视初饮，使每只鸡都能喝上水。

雏鸡初次饮水的水温很重要，绝对不能直接饮用凉水，否则，极易造成腹泻，在育雏第一周最好饮用温开水。饮水时，可在水中适当加一些维生素、葡萄糖，以促进和保证鸡的健康生长。特别是经过长途运输的雏鸡，饮水中加糖和维生素 C 可明显提高成活率。另外，在水中添加抗生素可预防白痢等病的发生。

在育雏初期，特别是前 3 d，为使雏鸡充分饮水，应有足够的光照。由于鸡体所有的代谢离不开水。体温调节离不开水，维持体液的酸碱平衡和渗透压也离不开水。断水会使雏鸡干渴，抢水而发生挤压，造成损伤。所以，在整个育雏期内，要保证全天供水。

为使所有的雏鸡都能尽早饮水，应进行诱导，用手轻轻握住雏鸡身体，用食指轻按头部，使喙进入水中，稍停片刻，松开食指，雏鸡仰头将水咽下，经过个别诱导，雏鸡很快相互模仿，普遍饮水。随着雏鸡日龄的增加，要更换饮水器的大小和型号。数量上必须满足雏鸡的需要，使用水槽时，每只雏鸡要有 2 cm 的槽位，小型饮水器应保证 50 只雏鸡一个，且要定期进行清洗和消毒。

(2)开食

①开食时间　雏鸡的第一次喂饲称开食。开食要适时，过早开食雏鸡无食欲，过晚开食因得不到营养而消耗自身的营养物质，从而消耗雏鸡体力，使雏鸡变得虚弱，影响以后的生长发育和成活。一般来讲，在出壳后 24～36 h 内开食，对雏鸡的生长是有利的，实际饲养中，在饮水 2 h 后即可开食。

②开食料　雏鸡的开食料必须科学配制，营养含量要能完全满足雏鸡的生长发育需要。没有必要添加蛋白质营养。但有时为防止育雏初期的营养性腹泻(糊肛)，在开食时，每只雏鸡可喂 1～2 g 小米或碎玉米，也可添加少量酵母粉以帮助消化。

③开食　对雏鸡饲喂可直接喂干料，将干料撒在开食盘或雏鸡食槽内，任其采食。但干料的适口性差，最好将料拌湿，以抓到手中成团，放在地上撒成粉为宜，以增加适口性。

开食时，大部分雏鸡都能吃到料，但总有部分雏鸡由于受到应激过重等因素的影响，不愿采食，这时应采取人工诱食措施。喂料时，应做到少喂勤喂，促进鸡的食欲，1～2 周每天喂 5～6 次，3～4 周每天喂 4～5 次，5 周以后每天喂 3～4 次。

④喂量　对每天的饲喂量不同品种有不同要求，并且饲喂量也与饲料的营养水平有关，应根据本品种的体重要求和鸡群的实际体重来调整饲喂量。

⑤食具　初期用开食盘或蛋托，随着雏鸡日龄的增加，鸡的活动范围也在增大，在 7～10 日龄后，可以逐步过渡到正规食具(料桶或料槽等)。要保证足够的槽位。同时要保持料槽(桶)的卫生，及时清理混入料中的粪便和垫料，以免影响雏鸡的采食和健康。逐步提高采食面的高度使之与鸡背高度相仿，以免挑食和刨食，减少饲料浪费。

3. 日常管理

育雏是一项细致的工作，要养好雏鸡应做到眼勤、手勤、腿勤、科学思考。

(1)观察鸡群状况　要养好雏鸡，学会善于观察鸡群至关重要，通过观察雏鸡的采食、饮水、运动、睡眠及粪便等情况，及时了解饲料搭配是否合理，雏鸡健康状况如何，温度是否适宜等。

观察采食、饮水情况主要在早晚进行，健康鸡食欲旺盛，晚上检查时嗉囊饱满，早晨喂料前嗉囊空，饮水量正常。如果发现雏鸡食欲下降，剩料较多，饮水量增加，则可能是舍内温度过高，要及时调温，如无其他原因，应考虑是否患病。

观察粪便要在早晨进行。若粪便稀，可能是饮水过多、消化不良或受凉所致，应检查舍内温度和饲料状况；若排出红色或带肉质黏膜的粪便，是球虫病的症状；如排出白色稀粪，且黏于泄殖腔周围，一般是白痢。

(2)定期称重　为了掌握雏鸡的发育情况，应定期随机抽测5%左右的雏鸡体重与本品种标准体重比较，如果有明显差别时，应及时修订饲养管理措施。

①开食前称重　雏鸡进入育雏舍后，随机抽样50～100只逐只称重，以了解平均体重和体重的变异系数，为确定育雏温度、湿度提供依据。如体重过小，是由于雏鸡从出壳到进入育雏舍间隔时间过长所造成的，应及早饮水，开食；如果是由于种蛋过小造成的，则应有意识地提高育雏温度和湿度，适当提高饲料营养水平，管理上更加细致。

②育雏期称重　为了了解雏鸡体重发育情况，应于每周末随机抽测50～100只鸡的体重，并将称重结果与本品种标准体重对照，若低于标准很多，应认真分析原因，必要时进行矫正。矫正的方法是：在以后的3周内慢慢加料，以达到正常值为止，一般的基准为1 g饲料可增加1 g体重，例如，低于标准体重25 g，则应在3周内使料量增加25 g。

(3)适时断喙　由于鸡的上喙有一个小弯弧，这样在采食时容易把饲料刨在槽外，造成饲料浪费。当育雏温度过高，鸡舍内通风换气不良，鸡饲料营养成分不平衡，如缺乏某种矿物元素或蛋白质水平过低，鸡群密度过大，光照过强等，都会引起鸡只之间相互啄羽、啄肛、啄趾或啄裸露部分，形成啄癖。啄癖一旦发生，鸡群会骚动不安，死淘率明显上升。如不采取有效措施，将对生产造成巨大损失。在生产中，一般针对啄癖产生的原因，改变饲料配方，减弱光照强度，变换光色(如红光可有效防止啄癖)，改善通风换气条件，疏散密度等来避免啄癖继续发生，而且可减少饲料浪费。所以，在现代养鸡生产中，特别是笼养鸡群，必须断喙。

断喙适宜时间为7～10日龄，这时雏鸡耐受力比初生雏要强得多，体重不大，便于操作。断喙使用的工具最好是专用断喙器，它有自动式和人工式两种。在生产中，由于自动式断喙器尽管速度快，但精确度不高，所以，多采用人工式。如没有断喙器，也可用电烙铁或烧烫的刀片切烙。

断喙器的工作温度按鸡的大小、喙的坚硬程度调整，7～10日龄的雏鸡，刀片温度达到700℃较适宜，这时，可见刀片中间部分发出樱桃红色，这样的温度可及时止血，不致破坏喙组织。

断喙时，左手握住雏鸡，右手拇指与食指压住鸡头，将喙插入刀孔，切去上喙1/2，下喙1/3，做到上短下长，切后在刀片上灼烙2～3 s，以利止血。

断喙时雏鸡的应激较大，所以，在断喙前，要检查鸡群健康状况，健康状况不佳或有其他反常情况，均不宜断喙。此外，在断喙前可加喂维生素K。断喙后要细致管理，增加喂料量，不能使槽中饲料见底。

(4)密度的调整　密度即单位面积能容纳的雏鸡数量。密度过大，鸡群采食时相互挤压，采食不均匀，雏鸡的大小也不均匀，生长发育受到影响；密度过小，设备及空间的利用率低，生产成本高。所以，饲养密度必须适宜。不同育雏方式的饲养密度见表5-4。

表 5-4 不同育雏方式的饲养密度 只/m^2

地面平养		网上平养		笼养	
周龄	密度	周龄	密度	周龄	密度
0～6	20	0～6	24	0～1	60
				2～3	50
				4～6	40

(5)及时分群 通过称重可以了解平均体重和鸡群的整齐度情况。鸡群的整齐度用均匀度表示。即用进入平均体重±10%范围内的鸡数占总测鸡数的百分比来表示。均匀度大于80%,则认为整齐度好,若小于70%则认为整齐度差。为了提高鸡群的整齐度,应按体重大小分群饲养。可结合断喙、疫苗接种及转群进行,分群时,将过小或过重的鸡挑出单独饲养,使体重小的尽快赶上中等体重的鸡,体重过大的,通过限制饲养,使体重降到标准体重。这样就可提高鸡群的整齐度。逐个称重分群,费时费力,可根据雏鸡羽毛生长情况来判断体重大小,进行分群。

4.做好日常记录

育雏期间,每天应记录死亡及淘汰雏鸡数,进出周转或出售数,各批鸡每天耗料情况,免疫接种、用药情况,体重抽测情况,环境条件变化情况等资料,以便育雏结束时进行系统分析。

(五)育雏舍饲养管理技术操作规程

1.工作目标

(1)为育成期提供体重均匀、活泼健康的雏鸡。

(2)育雏期(42 日龄)成活率 98.5%以上。

(3)雏鸡第 6 周龄周末体重要求达到该品种的标准体重±5%。

2.工作日程

7:00 水箱上水,加消毒药,更换消毒池,清扫消毒宿舍、操作间及外环境。

7:30 检查,调整水线,更换坏灯泡。

8:00 开灯,给水,喂料。

8:30 清扫鸡毛,拣死鸡。

10:00 带鸡消毒(每周两次)。

11:00 喂料。

15:00 喂料,巡视鸡舍。

16:00 关灯,填写报表。

3.技术规范

(1)进雏前,育雏舍、育雏笼要彻底清洗消毒,空舍时间不少于 7 d。

(2)进雏前一天,饲料、药品准备妥当。

(3)做好育雏舍的预温工作,提前 1～2 d 加热提高舍温,温度达到 33～35℃。

(4)开饮:饮水器加入开食盐、维生素给雏鸡饮用(有条件使用凉开水)。

(5)开食:开饮后2～3 h后,用料桶开始加料,可在饲料中添加适量的多种维生素、抗生素等。

(6)温度控制:1～3 d为33～35℃(冬天35～37℃),4～7 d为32～33℃,以后每周减少2℃直至自然温度。经常观察室温变化和鸡群状况。

(7)通风:鸡舍要适时采用通风装置进行通风,降低空气中有害气体的浓度。

(8)光照:第一周龄采用24 h光照,第2～6周龄据实际情况调节光照。

(9)密度:第一周每平方米少于60只,第二周每平方米少于30只。

(10)清粪消毒:一般情况下,第7天清理一次。以后每隔3 d清理一次。每天更换一次门口消毒盆中的消毒水,每天舍内喷雾消毒1次(3周前避免直接喷到鸡体)。

(11)饮水管理:1～6 d用小饮水器加水供雏鸡饮用,根据鸡群情况添加适量的抗生素如泰农、强力等,不少于15 d饮水过渡,以后用乳头式饮水器,直接用自来水。乳头式饮水器水管分高低两级,小型鸡15 d前将水管放于最低处,15 d以后水管放于最高处。

(12)喂料:1～8 d用料桶喂料,9～15 d过渡,16 d后用料槽喂料,适时在饲料中添加适量的维生素,用以补充雏鸡生长所需。

(13)预防药物的添加:根据鸡群的实际健康状况适时在饲料或饮水中添加药物,用以预防肠炎、呼吸道疾病等。

(14)注意观察鸡群的健康状况:观察鸡群的生长发育、粪便情况、采食情况、饮水情况、呼吸情况、精神状况,发现病鸡,及时隔离护理与治疗,严重或原因不明及时上报。

(15)做好免疫接种工作。

(16)做好生产报表登记工作:按报表要求完整、准确、整洁地填写。将每天鸡群的进料、耗料、存料,鸡群数目变动情况、温度、鸡群周末体重抽称(3周末开始称)、用药情况等填写"种鸡场生产日报表"、"种鸡场生产周报表"。

二、育成鸡的饲养管理

育成鸡一般是指7～18周龄的鸡。育成期的培育目标是鸡的体重体型符合本品种或品系的要求;群体整齐,均匀度在80%以上;性成熟一致,符合正常的生长曲线;良好的健康状况,适时开产,在产蛋期发挥其遗传因素所赋予的生产性能,育成率应达94%～96%以上。

(一)生理特点

(1)对环境具有良好的适应性。育成鸡的羽毛已经丰满,具备了调节体温及适应环境的能力。所以,在寒冬季节,只要鸡舍保温条件好,舍温在10℃以上,则不必采取供暖措施。

(2)消化机能提高。对麸皮、草粉、叶粉等粗饲料可以较好地利用,所以,饲料中可适当增加粗饲料和杂粕。

(3)骨骼和肌肉处于旺盛的生长时期。这一时期,鸡体重增加较快,如轻型蛋鸡18周龄的体重可达到成年体重的75%。

(4)生殖器官发育加快。10周龄以后,母鸡的生殖系统发育较快,在光照和日粮方面加以控制,蛋白质水平不宜过高,含钙不宜过多,否则会出现性成熟提前,从而早产,影响产蛋性能的充分发挥。

(二)饲养

1.饲养方式及饲养密度

(1)饲养方式　有地面平养、网上平养和笼养等。

(2)饲养密度　育成鸡饲养密度要适中,密度过大,鸡群拥挤,采食不均,均匀度差;密度过小,不经济,保温效果差。所以,育成期内要有合理的饲养密度(表5-5)。

表5-5　育成期饲养密度　只/m^2

品种	周龄	饲养方式		
		地面平养	网上平养	笼养
中型蛋鸡	7～12	7～8	9～10	36
	13～18	6～7	8～9	28
轻型蛋鸡	7～12	9～10	9～10	42
	13～18	8～9	8～9	35

2.营养

逐渐降低能量、蛋白质等营养的供给水平,保证维生素、矿物质及微量元素的供给,这样可使鸡的生殖系统发育缓慢,又可促进骨骼和肌肉生长,增强消化系统机能,使育成鸡具备一个良好的繁殖体况,能适时开产。

限制水平一般为7～14周龄日粮中粗蛋白质含量15%～16%,代谢能11.49 MJ/kg;15～18周龄蛋白质14%,代谢能11.28 MJ/kg。应当强调的是,在降低蛋白质和能量水平时,应保证必需氨基酸,尤其是限制性氨基酸的供给。育成期饲料中矿物质含量要充足,钙磷应保持在(1.2～1.5)∶1,同时,饲料中各种维生素及微量元素比例要适当。为改善育成鸡的消化机能,地面平养每100只鸡每周喂0.2～0.3 kg沙砾,笼养鸡按饲料量的0.5%饲喂。

3.限制饲养

(1)目的意义　它是人为控制鸡采食的一种方法。合理的限饲,不但对肉种鸡,而且对蛋鸡也非常重要,既可以控制鸡的生长,抑制性成熟,又可以节省饲料。

育成期除光照能影响鸡的性成熟外,营养对鸡的性成熟也有很大作用。育成鸡营养标准过高,会造成腹脂沉积过多,产蛋期表现为易发生脱肛,生产性能不高,死淘率高。通过限饲,使性成熟推迟,卵巢和输卵管得到充分发育,机能活动增强,从而提高整个产蛋期的产蛋量,可以节省10%左右的饲料。同时,使一些病、弱鸡通过限饲自然淘汰,从而提高产蛋期的存活率。

(2)方法　蛋鸡育成鸡一般从9周龄开始实施限制饲喂。

①限量饲喂　就是不限制采食时间,把配合好的日粮按限制量喂给,喂完为止,限制饲喂量为正常采食量的80%～90%。

采取这种办法,必须先掌握鸡的正常采食量,而且每天的喂料量应正确称量。所喂日粮的质量必须符合要求,否则,会因日粮质差量少而使鸡群生长及发育受到影响。

②限时饲喂　分隔日限饲和每周限饲两种。

隔日限制饲喂:就是把2 d的饲喂量集中在1 d喂完。给料日将饲料均匀地撒在料槽中,然后停喂1 d,料槽中不留料,也不放其他食物,但要供给充足的饮水,特别是热天不能断水。这种方法常用于体重超标的青年鸡。

每周限制饲喂:即每周停喂1 d或2 d。可节约饲料5%,这种方法适用于蛋鸡育成鸡。

③限质饲喂　是让日粮中某些营养成分低于正常水平,从而达到限饲的目的。如低能、低蛋白质和低赖氨酸日粮都会延迟性成熟,减少饲料消耗,降低饲料成本。采用何种方法,各地应根据鸡群状况、技术力量、鸡舍设备、季节、饲料条件等具体情况而定。

(3)注意事项

①限制饲养时需随时抽测体重。只有当育成鸡的体重超过标准时,才能实行限制饲喂。因此,要经常抽测体重,一般应抽测鸡群数的1%～5%,最少不能少于50只。如果平均体重继续超重,限饲方案继续执行;如果平均体重低于标准时,就应增加采食量或恢复正常饲喂,促使体重增加,以免产蛋期死亡率提高。

②应有足够的采食空间。由于限饲,使鸡群处于饥饿状态。因此,喂料后鸡群就可能疯狂采食,若采食空间小,就会出现弱肉强食,弱鸡由于吃不上料,体重越来越小,体壮的鸡体重越来越大,达不到限饲的目的。从而使均匀度下降,发育不整齐,影响产蛋性能的发挥,在限制饲喂期间,除保证每只鸡有10～15 cm长的食槽位置外,还应留有10%的槽位,以保证每只鸡都有充足的采食空间。

③限制饲喂的鸡群一定要断喙。在限制饲喂期间,由于鸡群处于饥饿状态,容易产生啄肛、啄羽等恶癖,为了防止啄癖的发生,限制饲喂的鸡群一定要断喙,若在育雏期已断过,在限饲前最好再修一次。

④限饲应注意生产成本。限饲的目的是为了提高鸡的生产性能,同时降低生产成本。但如果限饲不当,造成死亡率增加,生产力下降,则会增加成本,降低总体效益。因此,当环境条件不好,体重标准又较轻时,不可进行限制饲喂。

⑤在限制饲喂前,要对鸡群实行分群,对于低于标准体重的鸡另行饲喂,不进行限制饲喂,以提高鸡群的均匀度,减少死亡。

⑥在限制饲喂过程中,如果遇到接种、发病、转群等特殊情况,可转入正常饲喂。

另外,限制饲喂应与光照配合,使光照时间相应短一些,可收到最佳效果。

(三)管理

1.入舍初期管理

从雏鸡舍转入育成舍之前,育成鸡舍的设备必须彻底清扫、冲洗和消毒,在熏蒸消毒后,密闭空置3～5 d后进行转群。转入初期必须做如下工作:

(1)临时增加光照　转群第一天应24 h供光,同时在转群前做到水、料齐备,环境条件适宜,使育成鸡进入新鸡舍能迅速熟悉新环境,尽量减少因转群对鸡造成的应激反应。

(2)补充舍温　如在寒冷季节转群,舍温低时,应给予补充舍内温度,补到与转群前温度相近或高1℃左右。这一点,对平养育成鸡更为重要。否则,鸡群会因寒冷拥挤起堆,引起部分被压鸡窒息死亡。如果转入育成笼,每小笼鸡数量少,舍温在18℃以上时,则不必补温。

(3)整理鸡群　转入育成舍后,要检查每笼的鸡数,多则提出,少则补入,使每笼鸡数符合饲养密度要求,同时清点鸡数,便于管理。在清点时,可将体小、伤残、发育差的鸡捉出另行饲养或处理。

(4)换料　从育雏期到育成期,饲料的更换是一个很大的转折。雏鸡料和育成料在营养成分上有很大差别,转入育成鸡舍后不能突然换料,而应有一个适应过程,一般以1周的时间为宜。从第7周龄的第1～2天,用2/3的育雏料和1/3的育成料混合喂给;第3～4天,用1/2的育雏料和1/2的育成料混合喂给;第5～6天,用1/3的育雏料和2/3的育成料混合喂给,以后喂给育成料。

2.光照管理

鸡在10～12周龄时性器官开始发育,此时光照对育成鸡的作用很大,光照时间的长短,影响性成熟的早晚。育成鸡若在较长或渐长的光照下,性成熟提前,反之性成熟推迟。育成期的光照原则为:绝不能延长光照时间,以每天8～9 h为宜,强度以5～10 lx为最好。

(1)恒定光照法(密闭式鸡舍采用)　由于密闭式鸡舍不受外界自然光照的影响,可以采用恒定的光照程序,即从4日龄开始,到18周龄,恒定为8～9 h光照,从19～20周龄开始,每周增加光照时间0.5～1 h,直至光照时间达到16 h。

(2)自然光照法(开放式鸡舍采用)　开放式鸡舍饲养育成鸡,由于受外界自然光照的影响,采用自然光照加补充光照的办法。针对每年4月15日至9月1日孵出的雏鸡,由于其生长后半期自然光照处于逐渐缩短时期,只要每天光照时间不小于10 h即可,利用自然光照,无须人工补充。

(3)渐减光照法(开放式鸡舍采用)　针对每年9月1日至次年4月15日之间孵出的雏鸡采用。方法是:查出本批雏鸡到20周龄时的白天光照时间,再加上7 h,作为4日龄至1周龄的光照时间,从第2周开始每周减少光照时间20 min;到20周龄时正好与自然光照长短相一致。21周龄开始每周逐渐增加光照时间至16 h。

3.日常管理

日常管理是养鸡生产的常规性工作,必须认真、仔细地完成,这样才能保证鸡体的正常生长发育,提高鸡群的整齐度。

(1)做好卫生防疫工作。为了保证鸡群健康发育,防止疾病发生,除按期接种疫苗,预防性投药、驱虫外,要加强日常卫生管理,经常清扫鸡舍,更换垫料,加强通风换气,疏散密度,严格消毒等。

(2)仔细观察,精心看护。每日仔细观察鸡群的采食、饮水、排粪、精神状态、外观表现等,发现问题及时解决。

(3)保持环境安静稳定,尽量减缓或避免应激。由于生殖器官的发育,特别是在育成后期,鸡对环境变化的反应很敏感,在日常管理上应尽量减少干扰,保持环境安静,防止噪声,不要经常变动饲料配方和饲养人员,每天的工作程序更不能变动。调整饲料配方时要逐渐进行,一般应有一周的过渡期。断喙、接种疫苗、驱虫等必须执行的技术措施要谨慎安排,最好不转群,少抓鸡。

(4)保持适宜的密度。适宜的密度不仅增加了鸡的运动机会,还可以促进育成鸡骨骼、肌肉和内部器官的发育,从而增强体质。网上平养时一般每平方米10～12只,笼养条件下,按笼底面积计算,比较适宜的密度为每平方米15～16只。

(5)定期称测体重和体尺,控制均匀度。育成期的体重和体况与产蛋阶段的生产性能具有较大的相关性,育成期体重可直接影响开产日龄、产蛋量、蛋重、蛋料比及产蛋高峰持续期。体型是指鸡骨骼系统的发育,骨骼宽大,意味着母鸡中后期产蛋的潜力大。饲养管理不当,易导致鸡的体型发育与骨骼发育失衡。鸡的胫长可表明鸡体骨骼发育程度，所以通过测量胫长长度可反映出体格发育情况。

为了掌握鸡群的生长发育情况，应定期随机抽测5%～10%的育成鸡体重和胫长，与本品种标准比较，如发现有较大差别时，应及时修订饲养管理措施，为培育出健壮、高产的新母鸡提供参考依据，实行科学饲养。

(6)淘汰病、弱鸡。为了使鸡群整齐一致，保证鸡群健康整齐，必须注意及时淘汰病、弱鸡，除平时淘汰外，在育成期要集中两次挑选和淘汰。第一次是在8周龄前后，选留发育好的，淘汰发育不全、过于弱小或有残疾的鸡。第二次是在17～18周龄，结合转群时进行，挑选外貌结构良好的，淘汰不符合本品种特征和过于消瘦的个体，断喙不良的鸡在转群时也应重新修整。同时还应配有专人计数。

(7)做好日常工作记录。

(四)育成舍饲养管理技术操作规程

1.工作目标

(1)育成期满18周龄时育成率应达到94%～96%。

(2)育成期满18周龄时体重、体型达到本品种标准。

(3)育成期要求鸡群整齐一致，有80%以上鸡只的体重与胫长在本品种标准体重和胫长的±10%范围内。

2.工作日程

7:00 水箱上水，加消毒药，更换消毒池，清扫消毒宿舍、操作间及外环境。

7:30 鸡舍给水。

8:00 开灯，检查，调整水线，更换坏灯泡，鸡舍加湿。

9:00 喂料，清扫鸡毛，拣死鸡。

10:00 带鸡消毒(每周两次)。

13:00 更换坏乳头，鸡舍加湿。

14:30 巡视鸡舍，备料。

16:00 关灯，填写报表。

3.技术规范

(1)转群。一般从6周末至8周末直接转入育成舍。在转群1周前，必须完成育成舍及设备的检修、清洗和消毒等准备工作。转群前后2～3 d要在饲料中添加倍量多种维生素或电解多维。正式转群前6 h要停止给料。转群的当天要给予24 h的光照，以便熟悉环境，充分采食和饮水。结合转群，进行鸡只的盘点、强弱分群和选留淘汰，淘汰病残个体，以防病菌带进育成舍。

(2)逐渐脱温。转群前应逐渐降温，降至与育成舍温度相衔接，原则上，只要昼夜温度稳定在15～18℃以上，即可脱温；但如果遇到降温天气(尤其是晚上)，则应及时升温。

(3)逐渐换料。雏鸡料和育成鸡料有很大差异，如果突然换料，会造成较大的应激，应逐渐更换，在喂料中每天以15%～20%比例增加育成料，用1周左右时间逐渐过渡到育成料。

(4)保证饮水充足，按量饲喂。饲料给料量按营养需求及时调整配方和饲料给料量；每天定时检查饮水设备，发现渗漏及时维修。

(5)育成期每两周称重一次。

(6)卫生消毒和疾病预防。加强卫生消毒和疾病的预防监控。每天按时清粪,清出的粪便应运至粪污处理场或区,进行无害化处理;保持鸡舍内部和周围环境的清洁卫生,水槽每天洗刷消毒,料槽及其他饲喂用具要定期洗涮消毒;鸡舍和周围环境每周消毒一次,带鸡消毒1～2次,喷雾的高度以超出鸡背20～30 cm为宜,有疫情时增加消毒次数。严格按照预定的免疫程序进行免疫接种。

(7)断喙。在7～8周龄或10～12周龄左右进行第二次断喙,此次主要断去第一次的再生部分,亦可以进行简单的修剪。

(8)开产前的选择与淘汰。对后备母鸡的要求是:个体间要均匀、体重达到或超出标准要求,体质结实、骨骼发育良好。在12周龄时,及时淘汰鸡群中跛脚、瘦小及有病的鸡。然后在16～18周龄再进行一次选择,淘汰不符合标准的。

三、产蛋鸡的饲养管理

产蛋鸡一般是指19～72周龄的鸡。产蛋阶段的饲养任务是最大限度地消除、减少各种应激对蛋鸡的有害影响,为产蛋鸡提供最有益于健康和产蛋的环境,使鸡群充分发挥生产性能,从而达到最佳的经济效益。

(一)开产前的准备

1.鸡舍及设备的消毒

上一批产蛋鸡淘汰以后,青年母鸡转入产蛋舍前,要对鸡舍及设备进行彻底的消毒。

(1)彻底清除积粪和垫草,用高压水泵将地面、墙壁及各种笼具冲洗干净。

(2)用火焰喷射器将笼具、墙壁及地面烧一遍,一些塑料制品,应先浸入到含有洗涤剂的水中清洗干净,再用含有消毒剂的水消毒干净,饮水系统必须清洗干净后,再进行消毒。鸡舍周围要打扫干净,喷洒消毒药进行消毒。

(3)用广谱消毒剂喷洒墙壁和地面,若发现有寄生虫,应加上杀虫剂,在鸡舍的墙壁上用石灰浆水喷洒一层,既能起到消毒作用,又能增加鸡舍内的亮度。

(4)空舍时间必须在10 d以上。鸡舍内换上干净的设备后,关闭鸡舍,舍内温度升高到25℃,湿度升高到60%～70%,按每立方米鸡舍空间40 mL甲醛、20 g高锰酸钾进行熏蒸消毒,熏蒸时间不能少于18 h,时间长一些,效果将更好,在进鸡前48 h,打开门窗及风机,排出气味,就可进鸡。

2.转群

应在鸡群开产前及时转群,使鸡有足够的时间熟悉和适应新的环境,以减少因环境变化给开产带来的不良影响。转群的时间视具体情况而定,如蛋用型鸡可在17～18周龄时转群。限饲的鸡群,转群前48 h应停止限饲;转群应在鸡正好休息的时间内进行,为减少惊扰鸡群,可在夜间进行,将鸡舍灯泡换成小瓦数或绿色灯泡,使光线变暗,或白天将门窗遮挡好,以便于捉鸡。捉鸡时要捉两腿,不要捉颈捉翅,动作迅速,轻抓轻放,不能粗暴,以最大限度减少鸡群惊慌。

转群前要准备充足的水和饲料。转群时注意天气不应太冷、太热,冬天尽量选择在晴天转群，夏天可在早晚或阴凉天气转群，转群后的1～2周应做好向产蛋期过渡的工作，如调换饲料配方，增加光照等，准备产蛋。

(二)生理特点

(1)开产后身体尚在发育。刚进入产蛋期的母鸡，虽然已性成熟，开始产蛋，但身体还没有发育完全，体重仍在继续增长，开产后20周，约达40周龄时生长发育基本停止，增重极少，40周龄后体重增加多为脂肪蓄积。

(2)产蛋鸡富于神经质，对于环境变化非常敏感。母鸡产蛋期间对于饲料配方变化，饲喂设备改换，环境温度、湿度、通风、光照、密度的改变，饲养人员和日常管理程序等的变换以及其他应激因素很敏感，会对产蛋造成不良影响。

(3)不同周龄的产蛋鸡对营养物质的利用率不同。母鸡刚达性成熟时(蛋用鸡在17～18周龄)，成熟的卵巢释放雌激素，使母鸡的"贮钙"能力显著增强。随着开产到产蛋高峰时期，鸡对营养物质的消化吸收能力增强，采食量持续增加，而到产蛋后期，其消化吸收能力减弱而脂肪沉积能力增强。

(4)换羽的特点。母鸡经一个产蛋期以后，便自然换羽。从开始换羽到新羽长齐，一般需2～4个月的时间。换羽期间因卵巢机能减退，雌激素分泌减少而停止产蛋。换羽后的鸡又开始产蛋，但产蛋率较第一个产蛋年降低10%～15%，蛋重提高6%～7%，饲料效率降低12%左右。产蛋持续时间缩短，仅可达34周左右，但抗病力增强。

(三)产蛋规律

鸡群产蛋有一定的规律性，鸡群开产后，最初5～6周内产蛋迅速增加，达产蛋高峰，以后则平稳下降直到产蛋末期。每周的产蛋常用产蛋率表示，为了排除死淘的影响，一般不用入舍鸡产蛋率，而使用"饲养日产蛋率"。

一般从开始产蛋到全群产蛋率50%，约需3周，再从全群产蛋率达50%到产蛋进入高峰期需3周左右，达到高峰后，稳定一段时期，然后产蛋率逐渐下降，到产蛋52周时，下降到70%左右。从产蛋高峰以后，每周产蛋率约下降0.5%。鸡种性能愈优良，饲养条件愈适宜，愈稳定。蛋鸡开产后蛋重也一直增长，前15周增长较快，到产蛋结束时，蛋重约增长30%。

如果将每周的母鸡产蛋率的数字标点在图纸上，并将各点连起来，就会得出产蛋曲线(图5-1)。鸡群产蛋第1周是指鸡群日产蛋率达5%时的周龄。现代蛋鸡由于有优异的产蛋性能，所以各品系鸡种的正常产蛋曲线有以下特点：

(1)开产后，产蛋迅速增加，曲线呈陡然上升态势。这一时期产蛋率每周成倍增长，在产蛋6～7周之内可达90%以上，这就是产蛋高峰期。

(2)产蛋高峰过后，产蛋曲线下降十分平稳，呈直线状。

(3)在产蛋过程中，如遇到饲养管理不当或其他应激刺激时，会使产蛋受到影响，产蛋率低于标准曲线是不能完全补偿的。这种影响，如发生在前6周，会使曲线上升中断，产蛋下降，永远达不到标准高峰。同时，在产蛋曲线下降之前，曲线呈"弧形"。低的高峰在以后的产蛋期间是不可能再补偿的，而且，高峰低于标准曲线的百分比，以后每周产蛋会按同等比例减少。

由于产蛋率的上升或下降，尽管因鸡的品种不同而有差异，但受饲养管理条件的影响较大。只有在良好的饲养管理条件下，鸡群的实际产蛋状况才能同标准曲线相符合。

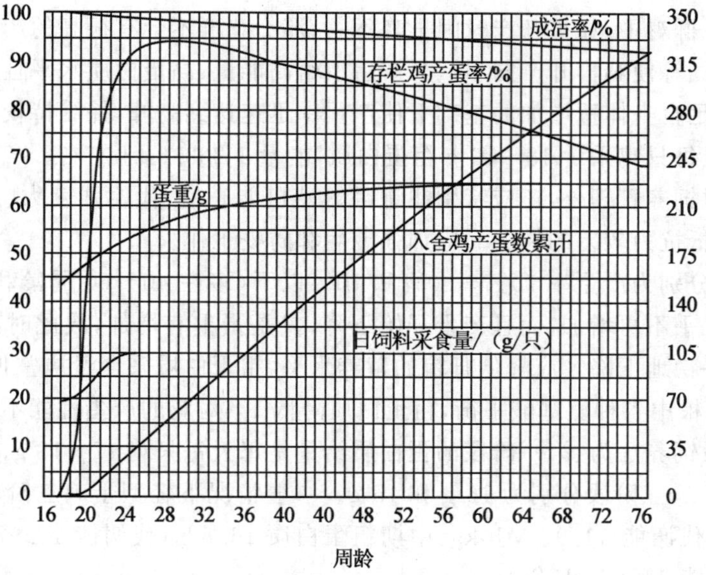

图 5-1　产蛋曲线

（杨山.现代养鸡.2002）

在生产中，及时绘制出鸡群每周的产蛋曲线，并对照标准曲线，是很重要的，如果偏离标准曲线，说明饲养管理方面出了问题，应设法及时纠正。同时，由于产蛋高峰与年产蛋量呈正相关关系，可以估算所养鸡群的年产蛋量，要使鸡群充分发挥遗传潜力，达到标准产蛋量，则鸡群的产蛋高峰必须达到高水平。

(四)饲养

现代性能卓越的蛋鸡群，500 日龄入舍母鸡总产蛋量可达 18～19 kg，是它本身体重的 8～9 倍，在产蛋期间体重增加 30%～40%。采食的饲粮约为其体重的 20 倍。因此，在饲养时必须认真研究与计算，用尽可能少的饲粮全面满足其营养需要，既能使鸡群健康正常，也能充分发挥其产蛋潜力，以取得良好效益。

1.分段饲养

蛋鸡产蛋期间的阶段饲养是指根据鸡群的产蛋率和周龄将产蛋期分为几个阶段，并根据环境温度喂给不同营养水平的日粮，这种既满足营养需要，又不浪费饲料的方法叫阶段饲养法。阶段饲养在不同的情况下有着不同的含义，这里主要指产蛋阶段饲料蛋白质和能量水平的调节，以便更准确地满足蛋鸡不同产蛋期的蛋白质、能量需要量，以降低饲料成本。阶段饲养分为三阶段饲养法和两阶段饲养法两种。

(1)三阶段饲养法　即产蛋前期、中期、后期，或产蛋率 80%以上，70%～80%，70%以下三个阶段。

第一阶段是产蛋率 80%以上时期(多数是自开产至 40 周龄)。在育成阶段发育良好，均匀度较高，光照适时，一般在 20 周龄开产，26～28 周龄达产蛋高峰，产蛋率可达 95%左右。到 40 周龄时产蛋率也能维持在 80%以上，蛋重由开始的 40 g 左右增至 56 g 以上。实践证明，产蛋率50%的日龄以160～170 d为宜，这样的鸡初产蛋重较大，蛋重上升快，高峰期峰值高，持续时间也长。在一群鸡中，如果开产时间早晚不一，那么鸡群不会有很高的产蛋高峰出现。可通过控制光照、限饲等使鸡群开产同步。开产后喂给高能量、高蛋白质水平且富含矿物质和维生素的日粮，在满足自身体重增加的基础上使产蛋率迅速达到高峰，并维持较长的时间。此阶段日粮可掌握每天每只鸡采食18～19 g粗蛋白质，能量1 263.6 kJ左右。产蛋前期的母鸡除了应注意刚转群时饲养管理外，还应特别注意因繁殖机能旺盛、代谢强度大、产蛋率和自身体重均增加，而出现抵抗力较差的情况。应加强卫生和防疫工作。

第二、三阶段分别为产蛋率70%～80%和70%以下(多在40～60周龄和60周龄以后)。此期母鸡的体重几乎不再增加，而且产蛋开始下降，只是蛋重有增加，故此时的饲养管理应是使产蛋率缓慢和平稳地下降。应降低日粮的营养水平，粗蛋白质采食量应掌握在16～17 g和15～16 g。只要日粮中各种氨基酸平衡，粗蛋白质降低1%对鸡的产蛋性能不致有影响。加拿大雪佛公司的阶段饲养法为：第一阶段的蛋白质给量是每天每只鸡17～18 g，高峰的顶峰阶段甚至高达19 g，第二、三阶段分别为16 g和15 g。一般情况下轻型蛋鸡三阶段日粮标准为前期粗蛋白质18%，代谢能11.97 MJ/kg；中期粗蛋白质16.5%，代谢能11.97 MJ/kg；后期粗蛋白质15%，代谢能11.97 MJ/kg。

(2)两阶段饲养法　即从开产至42周龄为前期，42周龄以后为后期。产蛋前期喂给较高水平蛋白质日粮，蛋白质水平为17%或18%，产蛋后期日粮蛋白质水平降为15%或16%。

2.调整饲养

产蛋鸡的营养需要受品种、体重、产蛋率、鸡舍温度、疾病、卫生状况、饲养方式、密度、饲料中能量含量以及饮水温度等诸多因素的影响，而分段饲养的营养标准只是规定鸡在标准条件下营养需要的基本原则和指标，不能全面反映可变因素的营养需要。调整日粮配方以适应鸡对各种因素变化的生理需要，这种饲养方式称为调整饲养。

(1)调整饲养的依据　气温在10～26℃条件下，鸡按照自己需要的采食量采食，超出这一范围，要进行人工调整；能量需要因体重、增重、产蛋率、环境温度等不同而有变化，鸡对除能量以外的其他养分有特定的需要量，但鸡又不能自行调节，产蛋鸡蛋白质的需要量实际上就是对氨基酸的需要。

(2)在不同条件下产蛋鸡营养需要量的计算　产蛋鸡的调整饲养要根据产蛋鸡的维持需要量、增重量、产蛋量及舍温等情况，对营养需要认真计算，才能正确地执行饲养标准，并取得良好效益。

产蛋鸡能量的计算：

$$\text{轻型蛋鸡}ME=0.91W(170-2.2T)+5\Delta W+2E$$

$$\text{中型蛋鸡}ME=(140-2.2T)W+5\Delta W+2E$$

式中，ME为一只鸡每天的代谢能需要量(kJ/(只·d))，W为鸡的体重(kg)，ΔW为平均日增重(g)，E为平均日产蛋重量(g)，T为鸡舍内温度(℃)。

产蛋鸡蛋白质的需要量的计算：

产蛋鸡蛋白质的需要量(g/(只·d))为：

$$\frac{1.1\times\text{体重(kg)}+0.12\times\text{产蛋量(g)}}{0.8\times0.6}$$

式中，1.1为每千克体重维持量，0.12为蛋中蛋白质的含量，0.8为蛋白质平均消化率，0.6为饲料蛋白质的生物效价。

(3)在鸡群采取一些管理措施或鸡群出现异常时也可以进行调整饲养　在断喙当天或前后1天，每千克饲料中添加2 mg维生素K，断喙1周内或接种疫苗后7～10 d内，日粮中蛋白质含量增加1%，出现啄羽、啄肛等恶癖，在消除引起恶癖原因的同时，饲料适当增加粗纤维含量。蛋鸡开产初期，脱肛、啄肛严重时，可加喂1%的食盐1～2 d，在鸡群发病时，可提高日粮中营养成分，如提高蛋白质1%～2%，多种维生素提高0.02%等。

(4)调整饲养应注意的事项　调整饲养时，要注意配方的相对稳定性，不到万不得已，尽量不要调整配方，这是保证产蛋稳定的一个重要条件。调整时要以饲养标准为基础进行，偏差过大会对生产造成危害。调整后，要认真观察鸡群的产蛋情况，发现异常，要及时采取措施。调整前，要进行认真细致的计算，保证日粮中各种营养成分之间的平衡，不能为了节约而对配方进行大的调整或对饲料种类进行调换，以免打乱鸡对日粮的习惯性和适口性，引起产蛋量大幅度下降。

3.限制饲养

随着养鸡科技的进一步发展，蛋用型鸡产蛋期限制饲养的意义已日趋明显。由于饲料消耗是影响蛋鸡收益的最主要的经济性状，在产蛋期实行限制饲养，可以提高饲料转化率，降低成本，维持鸡的适宜体重，避免母鸡过肥而影响产蛋。即便是由于限饲使产蛋量略有下降，但由于能节省饲料，最终核算时，只要每只鸡的收入大于自由采食时的收入，限制饲喂也是合算的。

对产蛋鸡应该在产蛋高峰过后两周开始实行限制饲喂。具体方法是在产蛋高峰过后，将每100只鸡的每天饲料量减少230 g，连续3～4 d，如果由于饲料减少没有使产蛋量下降很多，则继续使用这一给料量，并可使给料量再少一些。只要产蛋量下降正常，这一方法可以持续下去，如果下降幅度较大，就将给料量恢复到前一个水平。当鸡群受应激刺激或气候异常寒冷时，不要减少给料量。在正常情况下，限制饲喂的饲料减少量不能超过8%～9%。

(五)管理

1.环境管理

(1)温度管理　温度对鸡的生长、产蛋、蛋重、蛋壳品质以及饲料转化率都有明显影响。鸡因无汗腺，通过蒸发散发热量有限，只有依靠呼吸散热。所以，高温对鸡极为不利，当环境温度高于37.8℃时，鸡有发生热衰竭的危险，超过40℃，鸡很难存活。由于成年鸡有厚实的羽毛，皮下脂肪也会形成良好的隔热层，所以，它能忍受较低的温度。产蛋鸡适宜的环境温度为5～28℃，产蛋适宜温度为13～20℃，13～16℃产蛋率较高，15.5～20℃饲料转化率较高。

(2)湿度管理　一般情况下，湿度对鸡的影响与温度共同发生作用。表现在高温或低温时，高湿度的影响最大。在高温高湿环境中，鸡采食量减少，饮水量增加，生产水平下降，鸡体难以耐受，且易使病原微生物繁殖，导致鸡群发病。低温高湿环境，鸡体热量损失较多，加剧了低温对鸡体的刺激，易使鸡体受凉，用于维持所需要的饲料消耗也会增加。

产蛋鸡在适宜的温度范围内，鸡体能适应的相对湿度是40%～72%，最佳湿度应为60%～65%。如果舍内湿度低于40%，鸡羽毛零乱，皮肤干燥，空气中尘埃飞扬，会诱发呼吸道疾病。若高于72%，鸡羽毛粘连，关节炎病也会增多。

防止鸡舍潮湿，尤其是冬季鸡舍潮湿是一个比较困难的问题，需要采取综合措施。

(3)通风管理　鸡舍内通风的目的在于减少空气中有害气体、灰尘和微生物的含量，使舍内保持空气清新，供给鸡群充足的氧气，同时也能够调节鸡舍内的温度，降低湿度。

鸡的体重愈大，外界气温愈高，通风量也愈高，反之则低。具体根据鸡舍内外温差来调节通风量与气流的大小。气流速度：夏季不能低于 0.5 m/s，冬季不能高于 0.2 m/s。

(4)光照管理

①光照管理的目的　以适宜的光照，使母鸡适时开产，并充分发挥它的生产潜力，光照是蛋鸡高产稳产必不可少的条件，必须严格管理，准确控制。

②产蛋鸡的光照原则　产蛋阶段光照时间只能延长，不可缩短，光照强度不可减弱，不管采用何种光照制度，一经实施，不宜随意变动，要保持舍内照度均匀，并保证一定的照度。

③产蛋期间的光照制度　在育成期末光照时间的基础上，每周增加 30～40 min，当每天光照达 16 h 时保持恒定。

2. 日常管理

(1)观察鸡群　观察鸡群是蛋鸡饲养管理过程中既普遍又重要的工作。通过观察鸡群，及时掌握鸡群动态，以便于有效地采取措施，保证鸡群的高产稳产。

①清晨开灯后，观察鸡群的健康状况和粪便情况。健康鸡羽毛紧凑，冠脸红润，活泼好动，反应灵敏，越是产蛋高的鸡群，越活泼。健康鸡的粪便盘曲而干，有一定形状，呈褐色，上面有白色的尿酸盐附着。同时，要挑出病死鸡，及时交给兽医人员处理。

②在喂料给水时，要注意观察料槽和水槽的结构和数量是否适合鸡的采食和饮水。查看鸡的采食饮水情况，健康鸡采食饮水比较积极，要及时挑出不采食的鸡。

③及时挑出有啄癖的鸡。由于营养不全面，密度过大，产蛋阶段光线太强或脱肛等原因，均可引起个别鸡产生啄癖，这种鸡一经发现应立即抓出淘汰。

④及时挑出脱肛的鸡。由于光照增加过快或鸡蛋过大，从而引起鸡脱肛或子宫脱出，及时挑出进行有效处理，即可治好。否则，会被其他鸡啄死。

⑤仔细观察，及时挑出开产过迟的鸡和开产不久就换羽的鸡。

⑥夜间关灯后，首先将跑出笼外的鸡抓回，然后倾听鸡群动静，是否有呼噜、咳嗽、打喷嚏和甩鼻的声音，发现异常，应及时上报技术人员。

(2)定时喂料　产蛋鸡消化力强，食欲旺盛，每天喂料以三次为宜：第一次早晨 6:30～7:30；第二次上午 11:30～12:00；第三次下午 6:30～7:30，三次的喂料量分别占全天喂料量的 30%、30%和 40%。也可将 1 d 的总料量于早晚两次喂完，晚上喂的应在早上喂料时还有少许余料量，早上喂的料量应在晚上喂料时基本吃完。1 d 喂两次料时，每天要匀料 3～4 次，以刺激鸡采食。应定期补喂沙砾，每 100 只鸡，每周补喂 250～350 g 沙砾。沙砾必须是不溶性砂，大小以能吃进为宜。每次沙砾的喂量应在 1d 内喂完。不要无限量的喂沙砾，否则会引起硬嗉症。

(3)饲养人员要按时完成各项工作　开灯、关灯、给水、拣蛋、清粪、消毒等日常工作，都要按规定、保质保量地完成。

每天必须清洗水槽，喂料时要检查饲料是否正常，有无异味、霉变等。要注意早晨一定让鸡吃饱，否则会因上午产蛋而影响采食量，关灯前，让鸡吃饱，不致使鸡空腹过夜。

及时清粪，保证鸡舍内环境优良。定期消毒，做好鸡舍内的卫生工作，有条件时，最好每周

2次带鸡消毒，使鸡群有一个干净卫生的环境，从而使其健康得以保证，充分发挥其生产性能。

(4)拣蛋　及时拣蛋，给鸡创造一个无蛋环境，可以提高鸡的产蛋率。鸡产蛋的高峰一般在日出后的3～4 h，下午产蛋量占全天产蛋量的20%～30%，生产中应根据产蛋时间和产蛋量及时拣蛋，一般每天应拣蛋2～3次。

(5)减少各种应激　产蛋鸡对环境的变化非常敏感，尤其是轻型蛋鸡。任何环境条件的突然改变都能引起强烈的应激反应。如高声喊叫、车辆鸣号、燃放鞭炮等，以及抓鸡转群、免疫、断喙、光照强度的改变、新奇的颜色等都能引起鸡群的惊恐而发生强烈的应激反应。

产蛋鸡的应激反应，突出表现为食欲不振，产蛋下降，产软蛋，有时还会引起其他疾病的发生，严重时可导致内脏出血而死亡。因此，必须尽可能减少应激，给鸡群创造良好的生产环境。

(6)做好记录　通过对日常管理活动中的死亡数、产蛋数、产蛋量、产蛋率、蛋重、料耗、舍温、饮水等实际情况的记载，可以反映鸡群的实际生产动态和日常活动的各种情况，可以了解生产，指导生产。所以，要想管理好鸡群，就必须做好鸡群的生产记录工作。也可以通过每批鸡生产情况的汇总，绘制成各种图表，与以往生产情况进行对比，以免在今后的生产中再出现同样的问题。

(7)减少饲料浪费　可采取以下措施：加料时，不超过料槽容量的1/3；及时淘汰低产鸡、停产鸡；做好匀料工作；使用全价饲料，注意饲料质量，不喂发霉变质的饲料；产蛋后期对鸡进行限饲；提高饲养员的责任心。

(六)产蛋鸡常见问题的处理

1.产蛋量突然下降的原因

(1)产蛋鸡同时休产　产蛋母鸡在连续几个产蛋日后，就会休产1 d。如果休产的鸡在某一天偶尔增多，就会出现产蛋率突然下降。这不是鸡群健康状况或产蛋性能有什么变化，只不过是一种产蛋下降的假象，鸡群的产蛋会很快恢复到正常水平。

(2)环境影响

①通风不足　在冬季，尤其是在密闭鸡舍为了保温，往往忽视通风，造成舍内有害气体含量增多，造成鸡群的产蛋率急剧下降15%～20%，一般需1～2个月才能恢复。

②光照程序突然变化　突然停光或减少光照，强度突然降低等，都会造成鸡群产蛋量突然下降。

③环境温度　鸡群突然受到高温或寒流的袭击，以及长时间高温或低温，产蛋量都会突然下降。

(3)管理方面的影响

①饲料及饲喂　配方突然改变，饲料中钙和盐的含量过高或过低等，都会使鸡群产生应激，造成产蛋量的突然下降。若连续几天喂料量不足，也会造成鸡群的产蛋量突然下降。

②饮水　若供水系统发生故障，造成断水，或由于其他原因，造成鸡群长时间饮水不足等，都会造成鸡群的产蛋量突然下降。

③应激　饲养员工作服颜色突然改变，作业程序发生改变，异常响动，陌生人或犬等进入鸡舍，都会使鸡群受到惊吓，造成产蛋量突然下降。断喙、免疫接种以及用药不当等也会对鸡群造成应激，使产蛋量突然下降。

(4)疾病　鸡患了传染性疾病，会使鸡群产蛋量突然下降，而且多数情况下很难恢复到原来的水平。如当暴发新城疫时，会使产蛋率从90%下降到20%～40%；鸡群感染禽流感时，会在3～5 d内使产蛋率由高峰期降到10%以下，等等。

2. 互啄的发生及预防

(1)互啄发生的原因

①品种　具有神经质型的轻型蛋鸡要比其他蛋鸡品种更容易产生互啄。

②饲料和饲喂　饲料中能量过高，母鸡过肥，难产造成脱肛，发生啄肛。氨基酸不平衡，尤其是饲料中若缺乏含硫氨基酸，会导致羽毛发育不全，皮肤外露，容易发生啄癖。矿物质缺乏，如钙磷比例不当，容易造成啄蛋癖，饲料中含盐量太低，也会诱发啄癖。

限饲、强制换羽或者料槽空的时间太长，鸡群饥饿时间长，也会诱发啄癖。

③饲养密度、光强　饲养密度太大、光线太强都容易产生啄癖。个别鸡出现外伤，一旦出血，其他鸡就会追啄。

④疾病　体外寄生虫过多，引起自啄，也会引来其他鸡同啄。另外，大肠杆菌、沙门氏菌等也会引起脱肛，产生啄肛。

(2)防治措施　要加强管理，供给全面营养，定期驱虫，严格细致地断喙。一旦鸡群发生互啄，要及时分析原因，尽早采取措施。

对被啄的鸡，要及时挑出，单独饲养，痊愈后再放入大群中，较重的要及时淘汰。若大群互啄现象严重，可在饲料中加入1%的硫酸钠或硫酸钙，连喂7 d，以后改为0.2%的比例，长期使用。在饲料中加入1%的羽毛粉，可使脱肛现象明显减少。

四、蛋种鸡的饲养管理

饲养种鸡的目的，是为了提供优质的种蛋和种雏。因此，种鸡饲养管理的重点应放在始终保持种鸡具有健康良好的种用体况和旺盛的繁殖能力上，以确保生产尽可能多的合格种蛋，并保持高的种蛋受精率、孵化率和健雏率。

(一)后备种鸡的饲养管理

1. 饲养方式

种鸡的饲养虽有地面平养、网上(或栖架)平养和笼养三种饲养方式。生产实践中，为了便于鸡群疾病控制和防疫，多采用网上平养和笼养。

2. 饲养密度

种鸡的饲养密度比商品鸡小。不同品系的鸡种育雏育成期饲养密度各有指标要求。合适的饲养密度，有利于雏鸡的正常发育，也有利于提高鸡群的成活率和均匀度。应随日龄的增加逐渐降低饲养密度。可在断喙、接种疫苗的同时，调整鸡群，并强弱分饲。

3. 卫生管理

为了培育合格健壮的种用后备鸡，除要求按商品鸡的标准控制温度、湿度和通风等环境条件外，更应该强调卫生防疫工作。

(1)种鸡场应尽量远离商品场、屠宰厂和其他养殖场，防止野鸟或其他禽类进入鸡舍，要经常扑杀场内啮齿动物。

(2)全进全出的饲养模式能减小鸡群发病的风险。

(3)谢绝一切与生产无关的人员进入鸡场,接待客人应安排在办公室或接待室。

(4)鸡舍经冲洗消毒后空舍时间越长越安全。一般情况下,冲洗和初步消毒后应空舍3～4周,进雏前再进行彻底消毒。有条件时要做消毒效果的监测工作,不具条件者,至少消毒三次。在鸡场发生严重疫病的情况下,空舍时应在增加消毒次数和消毒药浓度的基础上,适当延长空舍时间。

(5)进入鸡舍的人员必须经淋浴洗澡、更换场内工作服和可消毒工作鞋后才可进入鸡场的生产区。鸡舍门口应设可淹没雨鞋鞋面的消毒池,并在出入鸡舍时对鞋进行踩踏消毒。

(6)舍外进行彻底消毒,特别是春秋季节。应采取焚尸炉或远离鸡舍深埋的方式处理每日的死鸡。清出的鸡粪决不可遗留在场内和鸡舍周围。

(7)从育雏第二天开始带鸡消毒,雏鸡每周二次,育成阶段每周一次。一种消毒药长期使用,会产生耐药性,同时,消毒药的刺激性太强,会诱发呼吸道疾病,腐蚀性较强的消毒剂对鸡体和笼具都有损伤。因此,消毒剂的选择要慎重。

(8)种鸡在有病期间的种蛋不能入库,只能作为商品蛋出售,所以种鸡一旦发病,损失是相当大的。

4.控制适宜的体重

现代鸡种均有其能最大限度发挥遗传潜力的标准体重,也就是最适宜的体重。特别是种鸡,在育成和达到性成熟时,更强调要有适宜的体重和良好的均匀度。

(二)产蛋期种母鸡的饲养管理

(1)转群时间　由于种鸡比商品蛋鸡通常要推迟1～2周开产,所以,转群时间比商品鸡推后1～2周。及时转群能让育成母鸡尽快熟悉蛋鸡舍的环境,减少脏蛋、破损蛋,提高种蛋的合格率。

(2)合理的公母比例　鸡群中公鸡比例大,吃料多,会增加饲养成本;公鸡比例少,虽能节省饲料,但可能出现公鸡配种任务过重,受精率降低。因此,笼养人工授精时公母比例一般为1∶(20～30)。

(3)控制开产日龄　种鸡开产过早,蛋重小,蛋形不规则,受精率低,早产易引起早衰,也会影响整个产蛋期种蛋的数量。因此,必须在种鸡生长阶段通过控制光照、限制饲喂以控制其开产日龄。

(4)检疫与疾病净化 种鸡群要对一些可以通过种蛋垂直感染的疾病进行检疫和净化工作。通过检疫淘汰阳性个体,留阴性的鸡做种用,就能大大提高种源的健康水平,检疫工作要年年进行才能有效。有些种鸡场在做净化的同时,还采用不饲喂动物性饲料,如鱼粉、骨肉粉等办法,效果很好。

(三)种公鸡的培育

从雏鸡开始,公母鸡实施分饲。平养与笼养均可,如有条件,饲养密度稀一些为好,以锻炼公鸡的体质。在17周龄以前应严格按照各品系的鸡种要求进行饲养管理,如测量体重、度量胫长、调整均匀度等。光照方案可按照种母鸡的进行。到17～18周龄时转入单体笼内饲养(人工授精),光照也以每周增加0.5 h的幅度递增,直到达16 h为止。

1.营养

后备种鸡营养水平是代谢能11～12 MJ/kg,育雏期粗蛋白质18%～19%,钙1.1%,有效磷 0.45%；育成期粗蛋白质 12%～14%，钙 1.0%，有效磷 0.45%。种公鸡的营养水平要比母鸡低。配种期间代谢能为 10.8～12.12 MJ/kg、粗蛋白质 12%～14%的日粮最为适宜。同时应注意蛋白质的质量，保证必需氨基酸的平衡，日粮中添加精氨酸，可以有效地提高精液品质。繁殖期种公鸡饲粮中钙以 0.9%～1.2%，有效磷以 0.65%～0.8%为宜。种公鸡饲料中的维生素对精液品质、种蛋的受精率、雏鸡的质量等都有很大的影响。每千克饲粮中维生素 A 10 000～20 000 IU，维生素 D 32 000～3 850 IU，维生素 E 20～40 mg，维生素 C 0.05～0.15 g。具体运用时，各种营养物质的需要量可参照各育种公司提供的标准。

2. 管理

(1)剪冠　由于种公鸡的冠较大，既影响视线，又影响种公鸡的活动、饮食和配种，还容易受到机械设备损伤或在公鸡打斗时受到损伤，同时为了便于在引种时区别公母鸡，种公鸡一般应进行剪冠。

剪冠的方法有两种：一是出壳后通过性别鉴定，用手术剪刀剪去公雏的冠。要注意不要太靠近冠基，防止出血过多，影响发育和成活。二是在南方炎热地区，只把冠齿截除即可，以免影响散热。2 月龄以上的公鸡剪冠后，不易止血，也会影响生长发育。所以剪冠应在 2 月龄以内进行。

现在有些蛋种鸡场建议不要对种公鸡进行剪冠处理。理由是种公鸡保持全冠有利于较早、较有效地实施公母分饲以及体重控制，不剪冠的种公鸡有助于维持产蛋后期的受精率，种公鸡保持全冠不易受到热应激的影响。

(2)断喙、断趾　人工授精的公鸡一般要断喙，以减少育雏，育成期的死亡。现在先进的断喙方法是用红外线光束穿透喙基部的外表层直至基础组织，而后数周内雏鸡正常的啄食行为使坚硬的外表层逐渐脱落，大约在 4 周的时间内所有的鸡只都有了圆滑的喙部。由于没有任何外伤，不会出现细菌感染，并可大大减少对雏鸡的应激。自然交配的公鸡不用断喙，但要断趾，以免配种时踩伤，抓伤母鸡。

目前全世界种鸡不断喙的趋势正在上升，许多未断喙的鸡群生产性能表现甚好，尤其是在遮光或半遮光条件下育雏育成的鸡群。

(3)单笼饲养　在群养时公鸡会互相打斗、爬跨等，影响精液数量和品质，为了避免应激，繁殖期人工授精的公鸡应单笼饲养。

(4)温度和光照　成年公鸡在 20～25℃环境条件下，可产生理想的精液品质。温度高于 30℃，导致暂时抑制精子的产生；而温度低于 5℃时，公鸡的性活动降低。

光照时间在 12～14 h，公鸡可产生优质精液，少于 9 h 光照，则精液品质明显下降。光照强度在 10 lx 就能维持公鸡的正常生理活动。

(5)体重检查　为了保证整个繁殖期公鸡的健康和具有优质的精液，应每月检查一次体重，凡体重低于或超过标准 100 g 以上的公鸡，应暂停采精，或延长采精间隔，并另行单独饲养，以使公鸡尽快恢复体质。

(四)蛋种鸡的饲养管理技术操作规程

1. 工作目标

(1)19 周龄～产蛋率 5%，性成熟发育整齐一致。

(2)产蛋率、蛋重、受精率、死淘率等指标达标。

2. 工作日程

6:00 开灯给水，检查水线、料线，清理消毒宿舍、操作间、场区，更换消毒池内的消毒液。

6:30 开蛋箱，清除蛋箱内的鸡粪，喂料，拣死鸡。

7:00 拣第一遍鸡蛋(地面蛋)。

7:30 早饭。

8:00 换坏灯泡，清除蛋箱及踏板上的灰尘和鸡粪。

8:30～10:00 拣第二遍鸡蛋，选蛋，交蛋。

10:30～12:00 拣第三遍鸡蛋，选蛋，交蛋。

11:30 喂料。

13:00～14:00 拣第四遍鸡蛋，选蛋，交蛋。

14:30～15:00 检查水线，更换坏乳头。

15:00～16:00 拣第五遍鸡蛋，选蛋，交蛋。

16:30 填写日报表。

16:30～17:30 带鸡消毒(每周两次)。

17:30 喂料。

18:30 擦灯泡，检修设备运行情况。

19:30 拣第六遍鸡蛋，选蛋，交蛋。

20:00 垫蛋窝，修理蛋箱，关蛋箱。

21:30 清洗水箱，关水。

22:00 关灯。

3. 技术规范

(1)转群后，做好饲养管理的过渡。主要包括光照、饲料和环境等的过渡。对于还未达到产蛋标准体重的个体或群体，采取相应的补救措施，比如适当提高单位饲粮的能量浓度。

(2)控制性成熟。16 周龄后以性成熟控制为主，能够按时开产的，按照标准料量继续饲喂；早熟或晚熟鸡群需要重新制定开产计划，即先确定该群鸡产蛋高峰料量，再确定 5%产蛋率开产周龄和开产料量，一般开产料量与高峰料量的差值在 15～30 g，早熟差值为 25～30 g，晚熟差值为 15～20 g，然后确定鸡群目前周龄至开产周龄各周龄料量。此时可以不考虑体重，只考虑性成熟一致性和料量即可。

(3)换料。一般在开产前 5 周时过渡预产料，产蛋率达到 2%～5%时过渡种鸡料。过渡期一般 5 d 左右，可以使用中草药拌料减少腹泻情况发生。

(4)进入产蛋高峰期后，及时淘汰病弱残鸡，并随时关注鸡只健康状况。包括蛋的颜色、蛋壳质量、饮水、采食、有无啄羽异食癖、产蛋峰期走势(每周下降不超过 0.5%～1%)等，出现问题后要及时找出原因并采取相应的措施。

(5)周末体重抽称。公母鸡均要抽称，并确保抽称准确性。开产后一般在早上喂料前抽称 2%～3%，开产至高峰每两周称 1 次，高峰后每四周称 1 次。

(6)人工授精。一般采用 5 d 一个循环输精周期。采精要求在下午 3:00 之后进行；输精深度在 2 cm 左右；输精量高峰期间为 0.025～0.030 mL 原精液，25 产蛋周龄或受精率水平不理想时为 0.040 mL；输精时输精器具插入阴道口，翻肛人员要马上停止施加腹压来协助输精人员输入精液，输精人员也要眼明手快的在腹压消失的瞬间将精液全部输入，当输精器具拔出后，翻肛人员要帮助泄殖腔口合并，以防止精液外溢，接着松开鸡腿，使母鸡自然返回笼内。

(7)饲喂。每天上料3次，产蛋旺季喂4次，每次上料不能超过料槽深度的1/3，应定时匀料(如采用自动喂料机的，应定时开动)，以增强鸡的食欲。根据产蛋率、蛋的质量和采食量，及时调整日粮营养水平。保持饮水充足，水质洁净新鲜。

(8)拣蛋。每天拣蛋3～4次，用蛋托或蛋筐盛放。集蛋的同时要注意观察蛋的颜色、大小、形状和蛋壳品质。发现异形蛋、软皮蛋、褪色蛋增多时，应及时查找原因并采取相应的措施。

(9)卫生消毒。每周按时清粪，保持鸡舍内和周围环境的清洁卫生，料槽及其他饲喂用具要定期洗刷消毒。鸡舍和周围环境坚持每周消毒一次，带鸡消毒1～2次，有疫情时增加消毒次数。饲养员每次进出鸡舍时要消毒。

(10)保持良好稳定的环境。蛋鸡对环境的变化非常敏感，尤其是轻型蛋鸡。各项操作都要定时、定点、定人，尤其是光照管理，饲喂饲粮管理，人员管理等。尽可能防止突然的变化。

(11)观察鸡群。是一项细致的工作，饲养员每天早晨开灯后，观察鸡群的精神状况和粪便是否正常，若发现病鸡和异常鸡应及时隔离检查；喂料时观察鸡的精神状态、采食和饮水情况，检查水槽是否漏水，乳头式饮水器是否出水；中午应仔细观察有无啄癖的鸡；夜间听鸡舍内有无呼吸道发出的异常声音；若发现病鸡立即拿出，送兽医检查化验。随时查看温湿度是否适宜，空气是否新鲜。

(12)淘汰低产鸡。低产鸡包括已停产、病弱及伤残鸡，根据产蛋鸡正常的外貌和生理特征，将大群中这类个体淘汰掉。停产鸡从外貌上表现为冠苍白，或发绀、萎缩等。在生理特征方面表现为耻骨间距变窄，小于2指或3指宽，肛门干燥紧缩等。

任务3 肉鸡的饲养管理

一、肉仔鸡的饲养管理

(一)生产特点

(1)早期生长速度快。肉用雏鸡出壳重约40 g，饲养56 d体重可达2 500 g以上，为出生重的60多倍。大群测试结果世界纪录56 d体重可达2 760 g。

(2)生产周期短、周转快。肉用仔鸡8周龄可达到上市标准，第一批鸡出栏后，鸡舍经2周清扫、消毒处理后又可进鸡，一年可饲养5批以上。因此，生产周期短，资金周转快。

(3)饲料转化率高。我国肉用仔鸡料肉比一般为(2.2～2.3)∶1，饲养条件好的可达(2.0～2.1)∶1，已达到或接近世界水平。目前，许多国家肉用仔鸡料肉比已经达到2.0∶1，高者已达到1.72∶1。另外，利用肉用仔鸡早期生长快的特点，缩短其饲养期，在7周龄上市，可进一步提高饲料转化率。

(4)适于高密度大群饲养。肉用仔鸡性情安静,体质强健,大群饲养很少出现打斗现象,具有良好的群居习性,不仅生长快,而且均匀、整齐。因此,适于大群高密度饲养。

(5)易发生营养代谢疾病。肉仔鸡由于早期肌肉生长速度快,而骨组织和心肺发育相对迟缓,因此易发生腿部疾患、腹水症、胸囊肿和猝死等营养代谢病,对肉鸡业危害很大。

(二)饲养

1. 饲养方式

(1)厚垫料地面平养　在鸡舍地面上铺设一层 5～10 cm 厚的垫料,随着鸡日龄的增加,不断地添加新垫料,使厚度达到 15～20 cm。垫料应吸水性强,干燥清洁,无毒无刺激,无霉变等等。每批肉仔鸡出栏后,应将垫料彻底清除更换。

厚垫料饲养的优点是简便易行,设备投资少,胸囊肿的发生率低,残次品少。缺点是鸡直接接触地面,球虫病、大肠杆菌病发生几率高,药品及垫料费用大。

(2)网上平养　是将鸡饲养在离地 50～60 cm 的网床上。网床一般用金属网或竹夹板制成,上铺一层塑料网,以减少胸囊肿的发生。由于离地饲养,鸡不与粪便接触,可减少球虫病的发生。

(3)笼养　肉仔鸡笼养可提高饲养密度,减少球虫病的发生,便于公母分群饲养,提高劳动效率和鸡舍空间利用率,节省燃料费用。但一次性投入大,因笼底网硬,笼养鸡活动受限,鸡胸囊肿和腿病较为严重,商品合格率低,推广应用不多。

2. 营养需要特点

肉用仔鸡对营养的要求严格,要保证供给肉用仔鸡高能量、高蛋白、维生素和微量元素等营养成分丰富而平衡的全价饲料,从而使肉用仔鸡快速生长的遗传潜力得到充分发挥。肉用仔鸡营养需要的特点是:生长前期蛋白质水平高、能量稍低;后期蛋白质水平稍低、能量较高。因为肉用仔鸡早期器官组织发育需要大量优质的蛋白质,生长后期脂肪沉积能力增强,需要较高的能量。“快大型”的肉用仔鸡,饲料中的能量水平在 11.75～13.4 MJ/kg 范围内,蛋白质 18%～23%为宜。

肉用仔鸡的饲料配方要以营养标准为依据,结合当地饲料资源情况而制定。设计饲料配方时不仅要充分考虑满足营养需要,而且也要考虑饲料成本,以保证肉用仔鸡生产的经济效益。

3. 饲喂技术

(1)实行自由采食　从一日龄开食到出栏,对肉用仔鸡应实施充分饲养,应尽可能诱导肉鸡多吃料,实行自由采食。

(2)料型　喂养肉用仔鸡比较理想的料型是前期使用破碎料,中、后期使用颗粒料。采用破碎料和颗粒饲料有利于提高饲料转化率和快速增重,减少疾病和饲料浪费。

(3)饮水　肉雏鸡进舍休息 1～2 h 就应饮水,以后不可间断。初次饮水,可在饮水中加入适量的高锰酸钾,经长途运输或高温条件下的雏鸡,最好在饮水中加入 5%～8%的白糖,连续用 3～5 d。最初 1 周内最好饮用温开水,水温基本与室温一致,1 周后可改饮自来水。通常情况下鸡的饮水量是采食量的 1～2 倍。饮水要清洁干净,使用饮水器供水时,每天至少清洗消毒一次。更换饮水设备时应逐渐进行。饮水设备边缘的高度以略高于鸡背为宜,饮水器下面的垫料要经常更换。

(4)喂料　雏鸡饮水 2～3 h 后，开始喂料，最初几天内喂料设备最好使用雏鸡开食盘，一般每 100 只鸡用一个，也可选用塑料蛋托或有色塑料布。

雏鸡饲料营养要丰富、全价，且易于消化吸收，饲料要新鲜，颗粒大小适中，易于啄食，以满足肉鸡迅速生长的需要。开食料不可一次加得太多，应均匀地少给勤添，并注意雏鸡是否都能采食到饲料，对尚未采食的雏鸡要诱导其吃料。开食后 2～3 d 就应改用喂料器，改喂配合饲料。用料桶时，一般每 30 只鸡备一个，2 周龄前使用 3～4 kg 的料桶，2 周龄后改用 7～10 kg 的料桶。更换喂料器时应采取逐渐过渡的方法。如使用自动喂料设备也应在 2～3 日龄时启动，并保证每只鸡有 5 cm 的采食位置，随着日龄的增加，采食位置应适当加宽，基本原则是保证每只鸡均有采食位置为宜(采用料槽喂料时也应使每只鸡有相同长度的采食位置)，以利于肉用仔鸡生长均匀。

为刺激鸡采食和确保饲料质量，应采用定量分次投料饲喂方法，但每次喂料器中空料时间不应超过 0.5 h。昼夜饲喂，饲喂次数，第一周每天 8 次，第二周每天 7 次，第三周开始每天 5～6 次。每天喂料量应参考种鸡场提供的耗料标准。

(三)管理

1. 创造适宜的环境条件

(1)温度　肉用仔鸡所需的环境温度比同龄蛋用雏鸡高 1℃左右，第一周 33～35℃，以后每周下降 2～3℃，下降到 20～24℃为止，这对增重速度和饲料转化率都极为有利。

(2)湿度　湿度对雏鸡的健康和生长影响也很大，高湿低温，雏鸡很容易受凉感冒，病原微生物容易繁殖，且易诱发球虫病，湿度过低，则雏鸡体内水分随呼吸而大量散发，影响雏鸡体内蛋黄的吸收，反过来导致雏鸡大量饮水，易发生拉稀，易使雏鸡脱水。故第一周相对湿度为 70%～75%，第二周为 65%，三周以后保持在 55%～60%，以舍内干燥为好。

(3)通风　肉用仔鸡生长快，代谢旺盛，饲养密度大，易造成舍内空气污浊，对鸡的健康十分不利，易造成缺氧并导致腹水症，所以，既要保证舍内适宜湿度，又要搞好通风换气。

(4)光照　肉用仔鸡光照的目的是延长采食时间，促进生长，但光照时间不能太长。一般一日龄 23 h 光照，1 h 黑暗，或者夜间在喂料或加水时光照 1～2 h，然后黑暗 2～4 h，采用照明和黑暗交替进行。另一种光照程序是：3 日龄前 24 h/d 光照；以后为 23 h/d 光照，1 h/d 黑暗。

光照强度掌握的原则是由强到弱，1～2 周龄期间由 20 lx 到 10 lx，第三周龄开始可降至 5 lx 到出栏。灯具安装要均匀，以灯距不超过 3 m，灯的高度距地面 2 m 为宜。

(5)饲养密度　饲养密度对雏鸡的生长发育影响很大，密度过大，鸡的活动受限，造成空气污浊，湿度增加，鸡群的整齐度差，易发病和发生啄癖；而密度小又很不经济。适宜的密度必须根据饲养方式、鸡舍条件、饲养管理水平等确定，随着雏鸡的日益增大，每只鸡所占的面积也要相应增加。地面垫料平养方式密度可参考表 5-6。网上平养和立体笼养时的密度可比地面垫料平养高出 30%～100%，在鸡舍设施条件许可时尽量降低饲养密度，这有利于采食、饮水和肉鸡发育，提高增重的一致性。开放式鸡舍自然通风，鸡群密度不应超过 20～22 只/m^2。

2. 重视后期育肥

肉仔鸡生长后期脂肪的沉积能力增强，因此应在饲料中增加能量含量，最好在饲料中添加 3%～5%的脂肪。在管理上保持安静的生活环境、较暗的光线条件，尽量限制鸡群活动，注意降低饲养密度，保持地面清洁干燥。

表 5-6 不同日龄肉用仔鸡的饲养密度(地面垫料平养)

日龄	饲养密度/(只/m^2)	备注
1～7	40	
8～14	30	
15～28	25	每周应将鸡群疏散一次
29～42	16～17	
43～56	10～12	

3. 添喂沙砾

1～14 d,每 100 只鸡喂给 100 g 细沙砾。以后每周 100 只鸡喂给 400 g 粗沙砾,或在鸡舍内均匀放置几个沙砾盆,供鸡自由采用,沙砾要求干净、无污染。

4. 适时出栏

肉用仔鸡的特点是,早期生长速度快、饲料利用率高,特别是 6 周龄前更为显著。因此要随时根据市场行情进行成本核算,在有利可盈的情况下,提倡提早出售。目前,我国饲养的肉仔鸡一般在 6 周龄左右,公母混养体重达 2 kg 以上,即可出栏。

5. 加强疫病防治

肉鸡生长周期短,饲养密度大,任何疾病一旦发生,都会造成严重损失。因此要制定严格的卫生防疫措施,搞好预防。

(1)实行“全进全出”的饲养制度。在同一场或同一舍内饲养同批同日龄的肉仔鸡,同时出栏,便于统一饲料、光照、防疫等措施的实施。第一批鸡出栏后,留 2 周以上时间彻底打扫消毒鸡舍,以切断病原的循环感染,使疫病减少,死亡率降低。全进全出的饲养制度是现代肉鸡生产必须做到的,也是保证鸡群健康,根除病原的最有效措施。

(2)加强环境卫生,建立严格的卫生消毒制度。搞好肉仔鸡的环境卫生,是养好肉仔鸡的重要保证。鸡舍门口设消毒池,垫料要保持干燥,饲喂用具要经常洗刷消毒,注意饮水消毒和带鸡消毒。

(3)疫苗接种。疫苗接种是预防疾病,特别是预防病毒性疾病的重要措施,要根据当地传染病的流行特点,结合本场实际制定合理的免疫程序。最可靠的方法是进行抗体检测,以确定各种疫苗的使用时间。

(4)药物预防。根据本场实际,定期进行预防性投药,以确保鸡群稳定健康。如 1～4 日龄饮水中加抗菌药物(环丙沙星、恩诺沙星),防治脐炎、鸡白痢、慢性呼吸道病等疾病,切断蛋传疾病。17～19 日龄再次用以上药物饮水 3 d,为防止产生抗药性,可添加磺胺增效剂。15 日龄后地面平养鸡,应注意球虫病的预防。

6. 控制胸囊肿

胸囊肿是指肉鸡胸部皮下发生的局部炎症,是肉仔鸡常见的疾病。它不传染也不影响生长,但影响屠体的商品价值和等级。应该针对产生原因采取有效措施。

(1)垫草干燥、松软,及时更换粘结、潮湿的垫草,保持垫草应有的厚度。

(2)减少肉仔鸡卧地的时间,肉仔鸡 1 d 当中有 2/3 左右的时间处于卧伏状态,卧伏时胸部受压时间长,压力大,胸部羽毛又长得晚,故易造成胸囊肿。应采取少喂多餐的办法,促使鸡站起来吃食活动。

(3)若采用铁网平养或笼养时,应加一层弹性塑料网。

7.预防腿部疾病

随着肉仔鸡生产性能的提高，腿部疾病的严重程度也在增加。引起腿病的原因是各种各样的，归纳起来有以下几类：遗传性腿病，如胫骨软骨发育异常，脊椎滑脱症等；感染性腿病，如化脓性关节炎、鸡脑脊髓炎、病毒性腱鞘炎等；营养性腿病，如脱腱症、软骨症、维生素 B_2 缺乏症等；管理性腿病，如风湿性和外伤性腿病。预防肉仔鸡腿病，应采取以下措施：

(1)完善防疫保健措施，杜绝感染性腿病。

(2)确保矿物质及维生素的合理供给，避免因缺乏钙、磷而引起的软脚病；缺乏锰、锌、胆碱、尼克酸、叶酸、生物素、维生素 B_6 等所引起的脱腱症；缺乏维生素 B_2 而引起的蜷趾病。

(3)加强管理，确保肉仔鸡合理的生活环境，避免因垫草湿度过大，脱温过早，以及抓鸡不当而造成的腿病。

8.预防肉仔鸡腹水综合征

肉仔鸡由于心、肺、肝、肾等内脏组织的病理性损伤而致使腹腔内大量积液的病称之为肉仔鸡腹水综合征。此病的病因主要是由于环境缺氧而导致的。发病后使用药物治疗效果差，生产上主要通过改善环境条件进行预防，其主要措施有：

(1)早期适当限饲或降低日粮的能量、蛋白质水平。

(2)降低饲养密度，加强舍内通风，保证有足够的新鲜空气供给。

(3)加强孵化后期通风换气。

(4)搞好环境卫生，减少舍内粉尘及其他病原菌的危害，特别是严格控制呼吸道疾病的发生。

(5)饲料中添加药物，如日粮中添加1%的碳酸氢钠及维生素C、维生素E等可减少发病率。

(四)肉仔鸡的饲养管理技术操作规程

1.工作目标

(1)出栏成活率95%以上。

(2)出栏商品率90%以上。

2.工作日程

5:50 观察鸡群状况，检查温度、湿度是否正常，并挑出病、弱、死雏做好记录。

6:20 喂料，加水。加水前先用清水洗一遍饮水器。

7:00 根据情况决定是否清粪和更换垫料。

8:00 打扫舍内外卫生，包括工具、饲料摆放。

8:30 根据料、水情况适当添加，并观察温度、湿度是否正常。

9:00 舍外环境消毒。

10:00 观察鸡群精神状态、粪便、采食、饮水情况。

10:30 加料，添水。

11:00 检查设备有无损坏，及时更换或修补。

11:30 带鸡消毒一次。

12:30 留一人值班，并及时添加水、料，注意温度、通风情况。

14:00 看料槽中有无结块现象。

14:30 添料加水，并观察鸡群状况。

16:00 把第二天要用的料、药品准备齐全并到位。

16:30 添料加水，注意观察粪便变化。

18:00 添料加水。

晚饭后一人值班，在第一周内夜间应每隔 2～3 h 观察一次鸡群，并根据采食，饮水情况及时加入料、水。

备注：15 日龄后可改为每天喂 4 次，早上 6:20，中午 11:00，下午 4:30，晚上 8:30 喂完，喂完最后一次料留一人值班，并注意鸡群情况，可每隔 2～3 h 查看一次。

3. 技术规范

(1)禽舍消毒　进雏前 6 d 对禽舍(包括用具、设备)进行熏蒸消毒。

(2)预温　于进雏前 2 d 预温，并达到育雏温度 34℃，湿度 65%～70%。

(3)饮水　进雏前 2 h 准备好温水。前 1～7 d，用 18～25℃温开水。雏鸡一旦饮水以后，不应再断水。

(4)喂料　饮水后 3 h 给料。开食最好安排在白天，不限量，自由采食，前 2 次温开水湿拌料饲喂，1～7 d 要少喂勤添，每隔 2～4 h 给料 1 次。7 d 以后，喂料次数逐渐减少。

(5)温度管理　1～2 d：白天 34℃，夜间 35～36℃。3～7 d：白天 31℃，夜间 32～34℃。以后每周下降 2～3℃，下降到 20～24℃时不再下降，育雏一定要保持温度适宜平稳，逐渐下降，不能忽高忽低，不能让冷风直吹雏鸡，防止发生呼吸道疾病。

(6)适宜的湿度　正常湿度应该控制为：1～3 周龄为 65%～70%。4～7 周龄为 50%～60%。

(7)光照　3 日龄前每天 24 h 光照；以后每天 23 h 光照，1 h 黑暗。

(8)密度　1～2 周龄，30～40 只/m^2；3～4 周龄，15～20 只/m^2；5～6 周龄，12～17 只/m^2。

(9)消毒　有饮水消毒与喷雾消毒。杀灭空气中的浮游细菌和病毒，维持室内环境的清洁。

(10)免疫接种　严格按照免疫操作规程进行；健康鸡群才可以接种；在新城疫免疫上用灭活苗＋活苗方法；尽量不用饮水的方法免疫，因饮水免疫操作缺点较多，很容易引起疫病的发生；免疫期间用多种维生素、免疫增效剂等增强免疫效果。

二、肉种鸡的饲养管理

现代肉鸡育种以提高肉用性能为中心，以提高增重速度为重点，育成的肉用鸡种体型大，肌肉发达，采食量大，饲养过程中易发生过肥或超重，使正常的生殖机能受到抑制，表现为产蛋减少、腿病增多、种蛋受精率降低，使肉种鸡自身的特点和肉种鸡饲养者所追求的目的不一致。解决肉种鸡产肉性能与产蛋任务的矛盾，重点是保持其生长和产蛋期的适宜体重，防止体重过大或过肥。所以，发挥限制饲养技术的调控作用，就成为饲养肉种鸡的关键。

(一)饲养方式

1. 全垫料平养

一般采用厚垫料平养，先将鸡舍地面清扫以后，冲洗消毒，撒上一层熟石灰，然后再铺上 5～6 cm 厚的垫料，育雏 1～2 周后继续铺设新的垫料，直至厚度达 20～25 cm 为止，垫料于育雏结束后一次清除。优点是可省去更换垫料的繁重劳动，垫料能发酵产热，提高舍温，垫料内由于微生物的活动，可产生维生素 B_{12}。这种地面柔软舒适，育雏育成期腿部疾病发生率和死淘率较低。种鸡经常扒翻垫料，可增加运动量，增加食欲和新陈代谢，促进生长发育，有利于鸡只在垫料上栖息和自然交配，种蛋的受精率高。缺点是鸡体不与粪便脱离，患病的几率大，垫料地面往往使母鸡产窝外蛋增多，垫料管理难度大，耗费较高。

2. 垫料—板条式平养

又称垫料与板条混合地面，这种方式以鸡舍宽度来划分，垫料地面占鸡舍中央的面积，用板条搭成的棚架沿鸡舍纵长的两侧铺设，又称高—低—高鸡舍，棚架与垫料地面的面积比例为 6∶4 或 2/3∶1/3。产蛋箱以板条边沿为基础，悬挂于中央垫料区的两侧。棚架高度为 40～60 cm，靠近垫料一侧下部要装上铁丝网封严，防止鸡只进入板条下的集粪区。饲养人员在中央垫料上行走或操作，也可通过台阶式踏脚板到棚架上饲养管理鸡群。棚架上面放置喂料和饮水设备，鸡群在上面采食、饮水和栖息，到松软的垫料区运动和自然交配。这种方式将垫料和网上平养的优点结合起来，是一种典型的肉种鸡管理方式，在肉种鸡生产中广泛采用。

平养肉种鸡可采用一段制，即从 1 日龄雏鸡开始在同一栋舍内饲养，中间不需转舍，饲养至鸡群淘汰为止。这种方式节省人工，减少了转群应激，但鸡舍利用率较低，多适于中小型肉种鸡场采用。

3. 笼养

随着肉鸡业的快速发展，近年来一些肉种鸡饲养场使用肉种鸡笼养技术，取得了良好效果。生产实践证明，只要使用专用笼具，满足肉种鸡的营养需要，按笼养鸡的饲养管理要求，使用人工授精技术，就能起到提高鸡群饲养密度和种蛋受精率的目的。笼养肉种鸡一般采用多段制，即按饲养阶段分舍饲养，鸡舍与设备专一配套，如目前大型肉种鸡场设有若干分场，既提高了生产设施的利用率和生产效率，又便于实行全进全出。

(二)种母鸡各阶段的饲养管理

1. 育雏育成期公母分群饲养

现代肉种鸡 0～10 日龄为育雏期，由于育雏期缩短，需要提供更精细的饲养管理。具体饲养管理方法见蛋用雏鸡饲养，此处仅重点介绍肉用种鸡育雏育成期的公母分群。

育雏、育成期种公鸡和种母鸡的饲养管理原则基本相同，但体重生长曲线和饲喂程序却不一样。虽然种公鸡的数量在整个鸡群中所占的比例较小，但在遗传育种重要性方面却起着百分之五十的作用。因此，种公鸡和种母鸡在达到其最适宜的体重目标方面具有同样的重要性。目前大多数饲养管理成功的鸡群在整个育雏育成阶段都采用种公鸡和种母鸡分开饲养的程序，至少前 6 周要分开饲养。

2. 育成期的限制饲养

(1)育成期的培育目标　育成期指 10 日龄至 15 周龄，是决定肉种鸡体型发育的重要阶段。育成前期随着采食量的增加，鸡体生长明显加快，其骨骼、肌肉为生长的主要部位，至 12 周龄以后骨骼发育减慢，生殖系统发育开始加快，沉积脂肪能力变强。

(2)限制饲养的目的

①延迟性成熟期。通过限制饲喂，后备种鸡的生长速度减慢，体重减轻，使性成熟推迟，一般可使开产日龄推迟 10～40 d。

②控制生长发育速度。使体重符合品种标准要求，提高均匀度，防止母鸡过多的脂肪沉

积，并使开产后小蛋数量减少。

③降低产蛋期死亡率。在限制饲喂期间，鸡无法得到充分营养，非健康和弱残的鸡在群体中处于劣势，最终无法耐受而死亡。这样在限喂期间将淘汰一部分鸡，育成后的鸡受到锻炼，在产蛋期间的死亡率降低。

④节省饲料。限制饲喂可节约饲料，降低生产成本，一般可节省10%～15%的饲料。

⑤使同群内的种鸡的成熟期基本一致，做到同期开产，同时完成产蛋周期。

(3)限制饲养的方法　为了控制体重，首先必须进行称重以了解鸡群的体重状况。称重一般从4周龄开始，每周称重一次，每次随机抽取全群总数的2%～5%或每栋鸡舍抽取不少于50只鸡，公母分开进行称重。称重后与标准体重进行对比，如果鸡体重未达标，则应增加饲喂量，延长采食时间，增加饲料中能量、蛋白质水平，甚至延长育雏料(育雏料中能量、蛋白质含量较高)饲喂周龄直至体重达标为止。如体重超标，则应进行限制饲喂，限制饲喂的方法：

①限时法　主要是通过控制种鸡的采食时间来控制其采食量。本法又可分为每日限饲、隔日限饲和每周限饲3种形式。

每日限饲：按种鸡年龄大小、体重增长情况和维持生长发育的营养需要，每日限量投料或通过限定饲喂次数和每次采食的时间来实现限饲。此法对鸡应激较小，适用于育雏后期、育成前期和转入产蛋鸡舍前1～2周或整个产蛋期的种鸡。

隔日限饲：把2 d限饲的饲料集中在1 d投给，即1 d喂料，1 d停料。该法对种鸡应激较大，但可缓解其争食现象，使每只鸡吃料量大体相当，从而得到体重整齐度较高而又符合目标要求的鸡群。该法适用于生长速度快而难以控制的阶段，一般在7～11周龄。但实施阶段2 d的喂料量，不可超过产蛋高峰期的喂料量。

每周限饲：每周喂5 d(周一、周二、周四、周五、周六)，停2 d(周三、周日)，即将7 d的饲料平均分配到5 d投饲。

②限质法　主要是限制饲料的营养水平，使种鸡日粮中某些营养成分的含量低于正常水平。通常采用降低日粮能量或蛋白质水平，或能量、蛋白质和赖氨酸水平都降低的方法，达到限制种鸡生长发育的目的。但是，在此应注意，对于种鸡日粮中的其他营养成分，如维生素、矿物质和微量元素等，仍需满足供给。

③限量法　通过减少喂料量，控制种鸡过快生长发育。实施此法时，一般按肉用种鸡自由采食量的70%～80%投喂饲料。当然，所喂饲料应保证质量和营养全价。

(4)限制饲养时应注意的问题

①所有肉用种鸡如超重，千万不要减料，维持原有水平，到下1周该加料时，暂不增加料，达到标准体重为止。

②转群、免疫、发病、天气突然变冷等应激因素到来时，应在标准水平上增加10%～15%喂量，直到解除应激因素为止。

③体重不足应加料，通常差1 g体重增加1～2 g料。

④限制饲喂前要进行调群、断喙。调群时，将鸡群分为大、中、小三群，针对不同群体采取不同的饲喂方法和措施。断喙对于防止啄癖很有帮助，因限饲时鸡群饥饿感增加，会诱使啄癖的出现。

⑤保证每只鸡有足够的采食和饮水位置，确保每只鸡能同时采食和饮水。料位不足则发生抢食，饥饱不均，发育不齐，整齐度差。

3.15 周龄至光刺激期间的饲养管理

这一阶段是影响母鸡开产、早期蛋重、种蛋产量、产蛋高峰前饲料绝对需要量和产蛋高峰潜力的关键时期。加强饲养管理的目的是尽量减少种鸡性成熟时间的差异，满足种母鸡各方面的生理需要，为性成熟做好准备。此期饲养管理的重点是制订一个合理的增重、增料计划，确保母鸡向性成熟和产蛋期平稳过渡。

(1)增重　在 15 周龄至光刺激期间应通过增加料量加速种母鸡的均匀生长，获取适宜的周增重。体重不断增长的结果会促进种母鸡生理上产生变化，逐渐趋于性成熟，还可以保证日后提高产蛋性能。鸡群可以从育成料换成预产期料或直接从育成期料换成产蛋期料。此期得到充分发育的鸡对光刺激反应敏感，在体成熟过程中也达到了相应的性成熟。所以，此期要保证较大的增重，发育不足的较瘦个体对光刺激不敏感，因分泌性激素不足使性成熟推迟，还会导致初产蛋重小，不合格种蛋比例增加，受精率低下，体重均匀度差和性成熟时间的不一致。但如果这个阶段鸡群喂料量过多，导致体重超过标准，也会出现早产，蛋重大且双黄蛋比例增加，产蛋高峰不高，种鸡总产蛋数量减少，整个产蛋期饲料需求量加大，整个生产周期受精率降低，鸡群死亡率增加。

(2)公母混群　通常情况下，种公鸡和种母鸡在 20～23 周龄时就能达到混群的要求。如果种公鸡群体中性成熟时间存在差异，应将脸、冠、肉髯等第二性征表现突出的种公鸡与种母鸡混群，尚未达到性成熟的种公鸡可再等待一定的时间，使其继续发育，待完全达到性成熟后再混群。公母混群时所挑选的种公鸡应体重均匀、无生理缺陷、双腿健壮、脚趾笔直、羽毛丰满、体态直立、肌肉结实。生产中常用的方法是 22 周龄时先混入 6% 的种公鸡，此后至 29 周龄再混入余下的 2.5%～3%。

(3)种母鸡饲喂设备　槽式(链式)喂料系统是最常用的喂料设备。每只鸡至少应有 15 cm 的采食位置。防止种公鸡偷吃母鸡料最有效的方法是在料槽上安装格栅，可将头部较宽、冠部较高的种公鸡隔绝在料槽之外。格栅内侧最小宽度为 43～45 mm。还应在格栅顶部 57 mm 处横向安装一条铁丝或在格栅顶部安装塑料管。如果种公鸡不剪冠，配合使用格栅和横向铁丝(或塑料管)可以确保大约 100% 的种公鸡无法吃到母鸡料。

4.光刺激期间至 30 周龄产蛋高峰前的饲养管理

(1)光刺激期间至 5% 产蛋率之间种母鸡的饲养管理　此阶段饲养管理的目的是利用光照和饲料刺激种母鸡产蛋。应该按照能够获得正常体重生长曲线的饲喂程序饲喂，并严格按照所推荐的光照程序加光，这样种鸡才能够适时开产。增光刺激与成熟体重的一致性，是实施增光措施的基本要求。鸡群没有达到适宜体重时，过早增加光照，鸡体对光照刺激失去敏感性，反而导致开产推迟。如果鸡群出现体成熟推迟或性成熟提前时，应推迟 1～2 周进行增光刺激，而在性成熟和体成熟同步提前的鸡群，则应提前增加光照刺激。必须定期增加料量以获得适宜的周增重、适宜的丰满度和适时的开产时间。监测种母鸡的耻骨宽度，确保性成熟的发育状态。保证饲料、饮水质量，避免疾病的发生，否则会对整个鸡群的开产及开产后的生产性能产生重大影响。表 5-7 和表 5-8 分别列举了某鸡场密闭式鸡舍和开放式鸡舍种母鸡推荐的光照程序。

表 5-7 某鸡场种母鸡推荐的光照程序(密闭式鸡舍)

项目	1～2日龄	3日龄	4日龄	5日龄	6日龄	7日龄	8日龄	9日龄	10～146日龄	21～22周龄	23～24周龄	25～26周龄	27周龄
光照时间/h	23	19	16	14	12	11	10	9	8	12	13	14	15
光照强度	育雏区域 80～100 lx；鸡舍内 10～20 lx				育雏区域 30～60 lx；鸡舍内 10～20 lx				10～20 lx，如出现啄癖，应降低光照强度	30～60 lx			

表 5-8 某鸡场种母鸡推荐的光照程序(开放式鸡舍)

鸡群年龄		顺季出雏 9月至次年2月	逆季出雏 3～8月	
周龄	日龄	育雏育成期的光照时间		
	1	23 h		
	2	23 h		
	3	19 h		
	4～9	自然光照		
10日龄至21周龄	10～147	自然光照	选择1 自然光照	选择2 自然光照至84日龄然后保持恒定
周龄	日龄	开产前，自然光照和人工辅助光照，再增加光照的小时数		
22	154	2～3 h	3～4 h	
23	161	1 h	1 h	
24	168	1 h	1 h	
注意		至24周龄最多17 h		

(2)5%产蛋率至产蛋高峰期间种母鸡的饲养管理 此阶段饲养管理的目的是促进和提高种母鸡的产蛋性能，其中包括早期蛋重、种蛋质量、产蛋高峰水平以及产蛋持续性。

种母鸡在产蛋初期必须增加体重，以最大限度地发挥其产蛋性能和种蛋质量。此阶段每天应观察和分析产蛋率、体重以及相应条件的变化并调整每天的料量。随着鸡群产蛋率逐渐上升，对营养的需要量不断增加，以产蛋率变化调整鸡群的饲料供给量，是这一阶段饲养工作的主要措施。鸡群产蛋率从5%上升到70%，要求平均日产蛋率增加2.5%。这就意味着鸡群从开产至70%产蛋率的时间不得超过4周，否则产蛋高峰到来较晚，并很难达到80%以上。产蛋率从70%到80%这段时间，每天产蛋率平均增加1%以上，从产蛋率80%至最高峰时日产蛋率上升0.25%以上。

喂料量随产蛋率的递增速度增加供给，增料过快或过慢都会影响产蛋性能，增料是决定能否按时达到产蛋高峰的关键措施。还可利用每天喂料后，观察鸡群吃完料槽内饲料所需要的时间，判定供料量是否适宜。维持较高的产蛋量，还要严格把好饲料质量关，对饲料原料进行质量检测。为确保种鸡每日各种营养物质的摄入量，产蛋前期，体重停滞或下降都说明鸡体营养不足。当气温升至27℃以上时，当鸡的采食量明显下降时，应对日粮配方进行调整。种母鸡重要生产性能标准观察次数见表5-9，产蛋期种母鸡的饲喂程序实例见表5-10。

表 5-9　种母鸡重要生产性能标准观察次数

体重	均匀度	产蛋率	蛋重	吃料时间	鸡只状况（丰满度）	鸡舍温度
至少每周一次	至少每周一次	每天一次	每天一次	每天一次	至少每周一次	每天一次

表 5-10　产蛋期种母鸡的饲喂程序实例

日产蛋率/%	5	10	15	20	25	30	35	40	45	50	55	60	65	70～75
料量增加/g		2	2	2.5	2.5	2.5	2.5	3	3	3	3	4	4	5
饲料总量/(g/(d·只)	123	125	127	129.5	132	134.5	137	140	143	146	149	153	157	162

注：1. 产蛋前根据体重情况喂料，鸡群 5%产蛋率时实施第一次加料。

2. 产蛋率上升阶段和产蛋高峰时的料量应根据鸡群的产蛋水平、蛋重、体重、环境、均匀度、吃完料的时间和环境温度而调整。

3. 均匀度良好的鸡群产蛋率上升很快，料量应相应进行调整。

4. 预期产蛋高峰超过产蛋性能标准，应在产蛋率 70%～75%以后进一步增加料量。

5. 产蛋高峰后种母鸡的饲养管理

此阶段饲养管理的目的是最大限度地提高每只种母鸡受精种蛋的数量。为保持种母鸡 30 周龄以后的身体健康和旺盛精力，种母鸡必须按照体重标准以近乎平均的速率获得体重增加。如果增重不足，种母鸡得不到足够的营养摄入，整体产蛋率就会有所下降。如果种母鸡增重过快，生产后期的产蛋率和受精率都会低于期望值。产蛋高峰后，体重超重和过多沉积脂肪会使产蛋持续性、蛋壳质量和种蛋受精率明显降低。为防止肉种鸡过量体脂肪沉积和超重，要求采用减料措施。具体实施要考虑到减料对鸡体造成的应激，避免导致产蛋率迅速下降，所以不同鸡群减料量和开始时间也不一样。应根据产蛋率、种母鸡体况、实际体重与标准体重的差异、环境温度、吃料时间、鸡群的健康状况等情况减料。一般在环境因素不变的前提下，当鸡群产蛋率停止上升后 1 周左右时间开始。每次减料以后，如果产蛋率下降的速度比预期的要快，应将料量立即恢复到原来的水平并在 5～7 d 后再尝试减料。

6. 其他管理措施

（1）采食和饮水位置　种母鸡 0～10 日龄，80～100 只雏鸡用 1 个雏鸡喂料盘，10 日龄至 7 周龄使用槽式喂料盘或盘式喂料器，采食位置为 5 cm/只，8～10 周龄 10 cm/只，10 周龄以后 15 cm/只。种公鸡 0～10 日龄，80～100 只雏鸡用 1 个雏鸡喂料盘；10 日龄至 7 周龄使用槽式喂料盘或盘式喂料器，采食位置为 5 cm/只，8～10 周龄 10 cm/只，11～20 周龄 15 cm/只，20 周龄以后 18 cm/只。育雏育成期使用自动循环或槽式饮水器，饮水位置为 1.5 cm/只，乳头饮水器 8～12 只鸡用 1 个，杯式饮水器 20～30 只鸡用 1 个。产蛋期使用自动循环或槽式饮水器，饮水位置为 2.5 cm/只，乳头饮水器 6～10 只鸡用 1 个，杯式饮水器 15～20 只鸡用 1 个。

（2）产蛋箱配备与拣蛋　鸡群生长到 18 周龄时把产蛋箱放入鸡栏内，让鸡熟悉环境，在预计开产前 1 周将产蛋箱门打开，每 4～5 只母鸡用 1 个产蛋箱。为减少蛋的破损及污染，每 2 h 拣蛋一次。对刚开产的鸡群，每天上下午要巡视、收集地面和棚架上的种蛋。蛋托应定期清洗消毒，饲养员在收集种蛋前清洗和消毒双手，对收集的种蛋及时进行熏蒸消毒，每立方米空间用高锰酸钾 21 g、福尔马林 42 mL。

（3）饲养密度　0～20 周龄种公鸡的饲养密度 3～4 只/m^2，种母鸡为 6～7 只/m^2。20

周龄～淘汰种公鸡和种母鸡的饲养密度为 4～5 只/m^2。天气炎热条件下饲养密度降低 10%～20%。

(4)光照 产蛋期要求每天给予 15～16 h 的连续光照,光照强度不低于 30～60 lx,并且照度均匀。开关灯时间要固定不变,最好安装定时控制装置。

(5)观察鸡群 在每次喂料时观察鸡群的精神、采食及饮水情况,水槽或乳头饮水系统有无漏水现象,笼养时设备是否正常,跑出的鸡只要及时抓到笼内,发现异常及时采取相应的措施。

(6)卫生消毒 保持舍内清洁卫生,经常带鸡消毒,杀灭病原微生物。

(7)准确记录 记录产蛋数、喂料量、温度、湿度、死亡淘汰数、有无异常情况等。如采食量减少时,查找原因及时解决,避免产蛋率大幅度波动。

(三)种公鸡的饲养管理

(1)体重控制 在保证肉用种公鸡营养需要量的同时应控制其体重,以保持品种应有的体重标准。在育成期必须进行限制饲喂,从 15 周龄开始,种公鸡的饲养目标就是让种公鸡按照体重标准曲线生长发育,并与种母鸡一道均匀协调地达到性成熟。混群前每周至少一次、混群后每周至少两次监测种公鸡的体重和周增重。平养种鸡 20～23 周龄公母混群后,监测种公鸡的体重更为困难,一般是在混群前将所挑选的±5%标准体重范围内 20%～30%的种公鸡做出标记,在抽样称重过程中,仅对做出标记的种公鸡进行称重。根据种公鸡抽样称重的结果确定喂料量的多少。

(2)种公鸡的饲喂 公母混群后,种公鸡和种母鸡应利用其头型大小和鸡冠尺寸之间的差异由不同的饲喂系统进行饲喂,可以有效地控制体重和均匀度。种公鸡常用的饲喂设备有自动盘式喂料器、悬挂式料桶和吊挂式料槽。每次喂完料后,将饲喂器提升到一定高度,避免任何鸡只接触,将次日的料量加入,喂料时再将喂料器放下。必须保证每只种公鸡至少拥有 18 cm 的采食位置,并确保饲料分布均匀。采食位置不能过大,以免使一些凶猛的公鸡多吃多占,均匀度变差,造成生产性能下降。随着种公鸡数量的减少,其饲喂器数量也应相应减少。经证明,悬挂式料桶特别适合饲喂种公鸡,料槽内的饲料用手匀平,确保每一只种公鸡吃到同样多的饲料。应先喂种母鸡料,后喂种公鸡料,有利于公母分饲。要注意调节种母鸡喂料器格栅的宽度、高度和精确度,检查喂料器状况,防止种公鸡从种母鸡喂料器中偷料,否则种公鸡的体重难以控制。

(3)监测种公鸡的体况 每周都应监测种公鸡的状况,建立良好的日常检查程序。种公鸡的体况监测包括种公鸡的精神状态,是否超重,机敏性和活力,脸部、鸡冠、肉垂的颜色和状态,腿部、关节、脚趾的状态,肌肉的韧性、丰满度和胸骨突出情况,羽毛是否脱落,吃料时间,肛门颜色(种公鸡交配频率高肛门颜色鲜艳)等。平养肉种鸡时,公鸡腿部更容易出现问题,比如跛行、脚底肿胀发炎、关节炎等,这些公鸡往往配种受精能力较弱,应及时淘汰。公母交配造成母鸡损伤时,淘汰体重过大的种公鸡。

(4)适宜的公母比例 公母比例取决于种鸡类型和体形大小,公鸡过多或过少均会影响受精率。自然交配时一般公母比例为(8.5～9)∶100 比较合适。无论何时出现过度交配现象(有些母鸡头后部和尾根部的羽毛脱落是过度交配的征兆),应按 1∶200 的比例淘汰种公鸡,并调整以后的公母比例。按常规每周评估整个鸡群和个体公鸡,根据个体种公鸡的状况淘汰多余的种公鸡，保持最佳公母比例。人工授精时公母比例为1∶(20～30)左右比较合适。

(5)创造良好的交配环境　饲养在“条板—垫料”地面的种鸡，公鸡往往喜欢停留在条板栖息，而母鸡却往往喜欢在垫料上配种，这些母鸡会因公鸡不离开条板而得不到配种。为解决这个问题，可于下午将一些谷物或粗玉米颗粒撒在垫料上，诱使公鸡离开条板在垫料上与母鸡交配。

(6)替换公鸡　如果种公鸡饲养管理合理，与种母鸡同时入舍的种公鸡足以保持整个生产周期全群的受精率。随着鸡群年龄的增长不断地淘汰，种公鸡的数目逐渐减少。为了保持最佳公母比例，鸡群可在生产后期用年轻健康强壮公鸡替换老龄公鸡。对替换公鸡应进行实验室分析和临床检查，确保其不要将病原体带入鸡群。确保替换公鸡完全达到性成熟，避免其受到老龄种母鸡和种公鸡的欺负。为防止公鸡间打架，加入新公鸡时应在关灯后或黑暗时进行。观察替换公鸡的采食饮水状况，将反应慢的种公鸡圈入小圈，使其方便找到饮水和饲料。替换公鸡(带上不同颜色的脚圈或在翅膀上喷上颜色)应与老龄公鸡分开称重，以监测其体重增长趋势。

(四)肉种鸡的饲养管理技术操作规程

1.工作目标

(1)24周龄至产蛋率5%，性成熟发育整齐一致。

(2)产蛋率、蛋重、受精率、死淘率等指标达标。

2.工作日程

6∶00 开灯给水，检查水线、料线，清理消毒宿舍、操作间、场区，更换消毒池内的消毒液。

6∶30 开蛋箱，清除蛋箱内的鸡粪，加公鸡料(中午喂料)，喂料，拣死鸡。

7∶00 拣第一遍鸡蛋(地面蛋)。

8∶00 换坏灯泡，清除蛋箱及踏板上的灰尘和鸡粪。

8∶30～10∶00 拣第二遍鸡蛋，选蛋，交蛋。

10∶30～12∶00 拣第三遍鸡蛋，选蛋，交蛋。

13∶00～14∶00 拣第四遍鸡蛋，选蛋，交蛋。

14∶30～15∶00 检查水线，更换坏乳头。

15∶00～16∶00 拣第五遍鸡蛋，选蛋，交蛋。

16∶30 填写日报表。

16∶30～17∶30 带鸡消毒(每周两次)。

18∶30 擦灯泡，检修设备运行情况。

19∶30 拣第六遍鸡蛋，选蛋，交蛋。

20∶00 垫蛋窝，修理蛋箱，关蛋箱。

21∶00 加料(早上喂料)。

21∶30 清洗水箱，关水。

22∶00 关灯。

3.技术规范

(1)严格控制体重，执行限制饲喂。肉用种鸡在3周龄以前基本和蛋用种鸡或肉用仔鸡育雏饲养方法相同，3周龄之后即要控制体重，执行限制饲喂。限制饲喂，一是饲料质的限制和量的限制，二是采食时间限制。目前世界各地普遍采用限制饲料量的方法控制鸡的体重，同时，随鸡龄的增长适当降低饲料能量和蛋白质水平。关于饲料量的限制程度，主要取决于鸡体重的变化，根据自己饲养某一个品系或品种的鸡体重变化情况对照标准体重确定喂料量。

(2)提高肉用种鸡群的整齐度。一般要求鸡群的整齐度为70%～80%。饲养管理对整齐度的影响很大，要达到鸡群较高的整齐度，除做一般饲养管理技术外，还要注意以下几方面：

①在鸡群实行限饲制度时，特别要注意对限饲效果出现整齐度低时，就应及时强弱分群，体重超标的加强限饲强度，不达标的放宽限饲强度。

②要保证每只鸡有足够的采食和饮水位置，确保每只鸡能同时采食和饮水。料位不足则发生抢食，饥饱不均，发育不齐，整齐度差。

(3)性成熟控制。18周龄后以性成熟控制为主，能够按时开产的，按照标准料量继续饲喂；早熟或晚熟鸡群需要重新制定开产计划，即先确定该群鸡产蛋高峰料量，再确定5%产蛋率开产周龄和开产料量，一般开产料量与高峰料量的差值在15～30 g，早熟差值为25～30 g，晚熟差值为15～20 g，然后确定鸡群目前周龄至开产周龄各周龄料量。此时可以不看体重，只看性成熟一致性和料量即可。

(4)换料。一般在开产前5周时过渡预产料，产蛋率达到2%～5%时过渡种鸡料，过渡期一般5 d左右，可以使用中草药拌料减少腹泻情况发生。

(5)进入产蛋高峰期后，及时淘汰病弱残鸡，并随时关注鸡只健康包括蛋的颜色、蛋壳质量、饮水、采食、有无啄羽异食癖、产蛋峰期走势(每周下降不超过0.5%～1%)等情况，出现问题后要及时找出原因并采取相应的措施。

(6)周末体重抽称。公母鸡均要抽称，并确保抽称准确性。开产后一般在早上喂料前抽称2%～3%，开产至高峰每两周称1次，高峰后每四周称1次。

(7)人工授精。一般采用5 d一个循环输精周期。采精要求在下午3:00之后进行；输精深度在2 cm左右；输精量高峰期间为0.025～0.030 mL原精液，25产蛋周龄或受精率水平不理想时为0.040 mL；输精时输精器具插入阴道口，翻肛人员要马上停止施加腹压来协助输精人员输入精液，输精人员也要眼明手快地在腹压消失的瞬间将精液全部输入，当输精器具拔出后，翻肛人员要帮助泄殖腔口合并，以防止精液外溢，接着松开鸡腿，使母鸡自然返回笼内。

(8)拣蛋。每天拣蛋3～4次，用蛋托或蛋筐盛放。集蛋的同时要注意观察蛋的颜色、大小、形状和蛋壳品质。发现异形蛋、软皮蛋、褪色蛋增多时，应及时查找原因并采取相应的措施。

(9)卫生消毒。每周按时清粪，保持鸡舍内和周围环境的清洁卫生，料槽及其他饲喂用具要定期洗刷消毒。鸡舍和周围环境坚持每周消毒一次，带鸡消毒1～2次，有疫情时增加消毒次数。饲养员每次进出鸡舍时要消毒。

(10)保持良好稳定的环境。产蛋期对环境的变化非常敏感。各项操作都要定时、定点、定人，尤其是光照管理，饲喂饲粮管理，人员管理等。尽可能防止突然的变化。

(11)观察鸡群。是一项细致的工作，饲养员每天早晨开灯后，观察鸡群的精神状况和粪便是否正常，若发现病鸡和异常鸡应及时隔离检查；喂料时观察鸡的精神状态、采食和饮水情况，检查水槽是否漏水，乳头式饮水器是否出水；中午应仔细观察有无啄癖的鸡；夜间听鸡舍内有无呼吸道发出的异常声音；若发现病鸡立即拿出，送兽医检查化验。随时查看温湿度是否适宜，空气是否新鲜。

(12)淘汰低产鸡。低产鸡包括已停产、病弱及伤残鸡，根据产蛋鸡正常的外貌和生理特征，将大群中这类个体淘汰掉。停产鸡从外貌上表现为冠苍白，或发绀、萎缩等。在生理特征方面表现为耻骨间距变窄，小于2指或3指宽，肛门干燥紧缩等。

任务4 鸭的饲养管理

一、鸭的生活习性

(1)喜水合群。鸭属于水禽，喜欢在水中洗浴、嬉戏、觅食和求偶。鸭一般只在休息和产蛋的时候回到陆地上，大部分时间在水中度过。鸭性情温顺，合群性很强，很少单独行动。因此，有水面的地方可大群放牧饲养。

(2)喜欢杂食。鸭嗅觉、味觉不发达，但食道容积大，肌胃发达。因此，鸭的食性很广，无论精、粗、青绿饲料都可作为鸭的饲料。

(3)耐寒怕热。鸭体表羽绒层厚，羽毛浓密，尾脂腺发达，皮下脂肪厚，耐寒性强。鸭比较怕热，在炎热的夏季喜欢泡在水中，或在树荫下休息，觅食减少，采食量下降，产蛋率也下降。所以，天气炎热时要做好遮阴防暑工作。

(4)反应灵敏、生活有规律。鸭的反应敏捷，能较快地接受管理训练和调教。鸭的觅食、嬉水、休息、交配和产蛋等行为具有一定的规律，如上午一般以觅食为主，下午则以休息为主，间以嬉水、觅食，晚上则以休息为主，采食和饮水甚少。交配活动则多在早晨放牧、黄昏收牧和嬉水时进行。鸭的这些生活规律一经形成就不易改变。

(5)适应能力强、胆小易惊。鸭对不同的气候和环境的适应能力较鸡强，适应范围广，生活力和抗病力强。但是，鸭胆小易惊，遇到人或其他动物即突然惊叫，导致产蛋减少甚至停产。

二、雏鸭的饲养管理

0～4周龄的鸭称为雏鸭。雏鸭绒毛稀短，体温调节能力差；体质弱，适应周围环境能力差；生长发育快，消化能力差；抗病力差，易得病死亡。雏鸭饲养管理的好坏不仅关系到雏鸭的生长发育和成活率，还会影响到鸭场内鸭群的更新和发展、鸭群以后的产蛋率和健康状况。

(一)育雏前的准备

1.育雏舍和设备的检修、清洗及消毒

雏鸭阶段主要是在育雏室内进行饲养，育雏开始前要对鸭舍及其设备进行清洗和检修。目的是尽可能将环境中的微生物减至最少，保证舍内环境的适宜和稳定，有效防止其他动物的进入。

对鸭舍的屋顶、墙壁、地面以及取暖、供水、供料、供电等设备进行彻底的清扫、检修，能冲洗的要冲洗干净，鼠洞要堵死，然后再进行消毒。用石灰水或其他消毒药水喷洒或涂刷。清洗干净的设备用具需经太阳晒干。

清扫和整理完毕后在舍内地面铺上一层干净、柔软的垫料，一切用具搬到舍内，用福尔马林熏蒸法消毒。鸭舍门口应设置消毒池，放入消毒液。

对于育雏室外附近设有小型洗浴池的鸭场，在使用之前要对水池进行清理消毒，然后注入清水。

2. 育雏用具设备的准备

应根据雏鸭饲养的数量和饲养方式配备足够的保温设备、垫料、围栏、料槽、水槽、水盆（前期雏鸭洗浴用）、清洁工具等设备用具，备好饲料、药品、疫苗，制定好操作规程和生产记录表格。

3. 做好预温工作

无论采用哪种方式育雏和供温，进雏前 2～3 d 对舍内保温设备要进行检修和调试，在雏鸭进入育雏室前 1 d，要保证室内温度达到育雏所需要的温度，并保持温度的稳定。

（二）雏鸭的环境条件

（1）温度　由于雏鸭御寒能力弱，初期需要温度稍高些，随着雏龄增加，室温可逐渐下降，3 周龄以内的雏鸭，可参考表 5-11 规定的标准给温。

表 5-11　蛋鸭育雏期的温度

日龄	1	2～7	8～14	15～21
室温/℃	28～26	26～22	22～18	18～16

（2）湿度　湿度不能过大，圈窝不能潮湿，垫草必须干燥，尤其在吃过饲料或下水游泳回来休息时，一定要卧在清洁干燥的垫草上。如久卧阴冷潮湿的地面，不但影响饲料的消化吸收，而且还会烂毛。

（3）通风换气　在室温较高、湿度较大的情况下，粪便分解快，挥发出大量氨和硫化氢等有害气体，刺激眼、鼻和呼吸道，严重时会造成中毒。因此，育雏室要定时通风换气，朝南的窗户要适当敞开，以保持室内空气新鲜。但任何时候都要防止贼风直吹鸭身。

（4）光照　第 1 周龄，每昼夜光照可达 20～23 h。第 2 周龄开始，逐步降低光照强度，缩短光照时间。第 3 周龄起，要区别不同情况，如上半年育雏，白天利用自然日照，夜间以较暗的灯光通宵照明，只在喂料时用较亮的灯光照半小时；如下半年育雏，由于日照时间短，可在傍晚适当增加光照 1～2 h，其余时间仍用较暗的灯光通宵照明。

（5）饲养密度　雏鸭饲养密度过大，会造成雏鸭活动不便，采食饮水困难，空气污浊，不利于雏鸭生长；密度过小，则房舍利用率低，消耗能源多，不经济。因此，要根据品种、饲养管理方式、季节等不同，确定合理的饲养密度。雏鸭的饲养密度见表 5-12。

表 5-12　雏鸭平面饲养的密度　　只/m^2

日龄	1～10	11～20	21～30
夏季	30～35	25～30	20～25
冬季	35～40	30～35	20～25

除温度、湿度、空气、光照、饲养密度等环境条件外，水源水质及噪声等，均对雏鸭有较大的影响，必须注意。

(三)雏鸭的饲养

(1)开水　刚出壳的雏鸭第一次饮水称开水，也叫“潮口”。先饮水后开食，是饲养雏鸭的一个基本原则，一般在出壳后 24 h 内进行。方法是把雏鸭喙浸入 30℃左右温开水中，让其喝水，反复几次，即可学会饮水。夏季天气晴朗，潮口也可在小溪中进行，把雏鸭放在竹篮内，一起浸入水中，只浸到雏鸭脚，不要浸湿绒毛。

(2)开食　一般在开水后 30 min 左右开食。开食料选用米饭、碎米、碎玉米粉等，也可直接用颗粒料自由采食的方法进行。开食时不要用料槽或料盘，直接撒在干净的塑料布上，便于全群同时采食到饲料。

(3)饲喂次数和雏鸭料　随着雏鸭日龄的增加可逐渐减少饲喂次数，10 日龄以内白天喂 4 次，夜晚 1～2 次；11～20 日龄白天喂 3 次，夜晚 1～2 次；20 日龄后白天喂 3 次，夜晚 1 次。雏鸭料可参考此饲料配方：玉米 58.5%、麦麸 10%、豆饼 20%、国产鱼粉 10%、骨粉 0.5%、贝壳粉 1%，此外可额外添加 0.01%的禽用多维和 0.1%的微量元素。

(四)雏鸭的管理

(1)及时分群，严防堆压。雏鸭在“开水”前，应根据出雏的迟早、强弱分开饲养。笼养的雏鸭，将弱雏放在笼的上层、温度较高的地方。平养的要将强雏放在育雏室的近门口处，弱雏放在鸭舍中温度最高处。第二次分群是在吃料后 3 d 左右，将吃料少或不吃料的放在一起饲养，适当增加饲喂次数，比其他雏鸭的环境温度提高 1～2℃。对患病的雏鸭要单独饲养或淘汰。以后可根据雏鸭的体重来分群，每周随机抽取 5%～10%的雏鸭称重，未达到标准的要适当增加饲喂量，超过标准的要适当减少饲喂量。

(2)从小调教下水，逐步锻炼放牧。下水要从小开始训练，千万不要因为小鸭怕冷、胆小、怕下水而停止。开始 1～5 d，可以与小鸭“点水”(有的称“潮水”)结合起来，即在鸭篓内“点水”，第 5 天起，就可以自由下水活动了。注意每次下水上来，都要让它在无风温暖的地方梳理羽毛，使身上的湿毛尽快干燥，千万不可带着湿毛入窝休息。下水活动，夏季不能在中午烈日下进行，冬季不能在阴冷的早晚进行。

5 日龄以后，即雏鸭能够自由下水活动时，就可以开始放牧。开始放牧宜在鸭舍周围，适应以后，可慢慢延长放牧路线，选择理想的放牧环境，如水稻田、浅水河沟或湖塘，种植荸荠、芋艿的水田，种植莲藕、慈姑的浅水池塘等。放牧的时间要由短到长，逐步锻炼。放牧的次数也不能太多，雏鸭阶段，每天上、下午各放牧一次，中午休息。每次放牧的时间，开始时 20～30 min，以后慢慢延长，但不要超过 1.5 h。雏鸭放牧水稻田后，要到清水中游洗一下，然后上岸理毛休息。

(3)搞好清洁卫生，保持圈窝干燥。随着雏鸭日龄增大，排泄物不断增多，鸭篓和圈窝极易潮湿、污秽，这种环境会使雏鸭绒毛沾湿、弄脏，并有利于病原微生物繁殖，必须及时打扫干净，勤换垫草，保持篓内和圈窝内干燥清洁。换下的垫草要经过翻晒晾干，方能再用。育雏舍周围的环境，也要经常打扫，四周的排水沟必须畅通，以保持干燥、清洁、卫生的良好环境。

(4)建立稳定的管理程序。蛋鸭具有集体生活的习性，合群性很强，神经类型较敏感，其各种行为要在雏鸭阶段开始培养。例如，饮水、吃料、下水游泳、上岸理毛、入圈歇息等，都要定时、定地，每天有固定的一整套管理程序，形成习惯后，不要轻易改变，如果改变，也要逐步进行。饲料品种和调制方法的改变也如此。

三、育成鸭的饲养管理

育成鸭一般指5～16周龄的青年鸭。育成鸭饲养管理的好坏，直接影响产蛋鸭的生产性能和种鸭的种用价值。育成鸭具有生长发育快、羽毛生长速度快、器官发育快、适应性强等特点。育成阶段要特别注意控制生长速度和群体均匀度、体重和开产日龄，使蛋鸭适时达到性成熟，在理想的开产日龄开产，迅速达到产蛋高峰，充分发挥其生产潜力。

(一)育成鸭的放牧饲养

放牧养鸭是我国传统的养鸭方式，它利用了鸭场周围丰富的天然饲料，适时为稻田除虫，同时可使鸭体健壮，节约饲料，降低成本。

1.选择好放牧场所和放牧路线

早春放浅水塘、小河小港，让鸭觅食螺蛳、鱼虾、草根等水生生物。春耕开始后在耕翻的田内放牧，觅取田里的草籽、草根和蚯蚓、昆虫等天然动植物饲料。稻田插秧后从分蘖至抽穗扬花时，都可在稻田放牧，既除害虫杂草，又节省饲料，还增加了野生动物性蛋白的摄取量。待水稻收割后再放牧，可觅食落地稻粒和草籽，这是放鸭的最好时期。

每次放牧，路线远近要适当，鸭龄从小到大，路线由近到远，逐步锻炼，不能使鸭太疲劳；往返路线尽可能固定，便于管理。过河过江时，选水浅的地方；上下河岸，选坡度小、场面宽广之处，以免拥挤践踏。在水里浮游，应逆水放牧，便于觅食；有风天气放牧，应逆风前进，以免鸭毛被风吹开，使鸭受凉。每次放牧途中，都要选择1～2个可避风雨的阴凉地方，在中午炎热或遇雷阵雨时，都要把鸭赶回阴凉处休息。

2.采食训练与信号调教

为使鸭群及早采食和便于管理，采食训练和信号调教要在放牧前几天进行。采食训练根据牧地饲料资源情况，进行吃稻谷粒、吃螺蛳等的训练，方法是先将谷粒、螺蛳撒在地上，然后将饥饿的鸭群赶来任其采食。

信号调教是用固定的信号和动作进行反复训练，使鸭群建立起听从指挥的条件反射，以便于在放牧中收拢鸭群。

3.放牧方法

(1)一条龙放牧法　这种放牧法一般由2～3人管理(视鸭群大小而定)，由最有经验的牧鸭人(称为主棒)在前面领路，另有二名助手在后方的左右侧压阵，使鸭群形成5～10层次，缓慢前进，把稻田的落谷和昆虫吃干净。这种放牧法适于将要翻耕、泥巴稀而不硬的落谷田，宜在下午进行。

(2)满天星放牧法　即将鸭驱赶到放牧地区后，不是有秩序地前进，而是让它们散开，自由采食，先将有迁徙性的活昆虫吃掉，适当“闯鲜”，留下大部分遗粒，以后再放。这种放牧法适于干田块，或近期不会翻耕的田块，宜在上午进行。

(3)定时放牧法　群鸭的生活有一定的规律性，在一天的放牧过程中，要出现3～4次积极采食的高潮，3～4 次集中休息和浮游。根据这一规律，在放牧时，不要让鸭群整天泡在田里或水上，而要采取定时放牧法。春末至秋初，一般采食四次，即早晨、上午 10 点左右、下午 3 点左右、傍晚前各采食一次。秋后至初春，气候冷，日照时数少，一般每日分早、中、晚采食三次。饲养员要选择好放牧场地，把天然饲料丰富的地方留作采食高潮时放牧。如不控制鸭群的采食和休息时间，整天东奔西跑，使鸭子终日处于半饥饿状态，得不到休息，既消耗体力，又不能充分利用天然饲料，是放牧鸭群的大忌。

4. 放牧鸭群的控制

鸭子具有较强的合群性，从育雏开始到放牧训练，建立起听从放牧人员口令和放牧竿指挥的条件反射，可以把数千只鸭控制得井井有条，不致糟蹋庄稼和践踏作物。当鸭群需要转移牧地时，先要把鸭群在田里集中，然后用放牧竿从鸭群中选出 10～20 只作为头鸭带路，走在最前面，叫作“头竿”，余下的鸭群就会跟着上路。只要头竿、二竿控制得好，头鸭就会将鸭群有秩序地带到放牧场地。

（二）育成鸭的圈养饲养

育成鸭的整个饲养过程均在鸭舍内进行，称为圈养或关养。圈养鸭不受季节、气候、环境和饲料的影响，能够降低传染病的发病率，还可提高劳动效率。

1. 合理分群，掌握适宜密度

（1）分群　合理分群能使鸭群生长发育一致，便于管理。鸭群不宜太大，每群以 500 只左右为宜。分群时要淘汰病、弱、残鸭，要尽可能做到日龄相同、大小一致、品种一样、性别相同。

（2）保持适宜的饲养密度　分群的同时应注意调整饲养密度，适宜的饲养密度是保证青年鸭健康、生长良好、均匀整齐，为产蛋打下良好基础的重要条件。值得一提的是，在此生长期，羽毛快速生长，特别是翅部的羽轴刚出头时，密度大易相互拥挤，稍一挤碰，就疼痛难受，会引起鸭群践踏，影响生长。这时的鸭很敏感，怕互相撞挤，喜欢疏散。因此，要控制好密度，不能太拥挤。饲养密度会随鸭的品种、周龄、体重大小、季节和气温的不同而变化。冬季气温低时每平方米可以多养 2～3 只，夏季气温高时可少养 2～3 只。饲养密度的参考值见表 5-13。

表 5-13　育成鸭饲养密度　　只/m^2

周龄	5～8	9～12	13～16
饲养密度	12～18	10～13	8～10

2. 日粮及饲喂

圈养与放牧完全不同，鸭采食不到鲜活的野生饲料，必须靠人工饲喂。圈养时要满足青年鸭生长阶段所需要的各种营养物质，饲料尽可能多样化，以保持能量与蛋白质的适当比例，使含硫氨基酸、多种维生素、矿物质都有充足的供给。育成鸭的营养水平宜低不宜高，饲料宜粗不宜精，使青年鸭得到充分锻炼，长好骨架。要根据生长发育的具体情况增减必需的营养物质，如绍鸭的正常开产日龄是 130～150 日龄，标准开产体重为 1.4～1.5 kg，如体重超过 1.5 kg，则认为超重，影响开产，应轻度限制饲养，适当多喂些青饲料和粗饲料。对发育差、体重轻的鸭，要适当提高饲料质量，每只每天的平均喂料量可掌握在 150 g 左右，另加少量的动物性鲜活饲料，以促进生长发育。

育成鸭的饲料不宜用玉米、谷、麦等单一的原粮，最好是粉碎加工后的全价混合粉料，喂饲前加适量的清水，拌成湿料生喂，饮水要充足。动物性饲料应切碎后拌入全价饲料中喂饲，青绿饲料可以在两次喂饲的间隔投放在运动场，由鸭自主选择采食。青绿饲料不必切碎，但要洗干净。每日喂3～4次，每次喂料的间隔时间尽可能相等，避免采食时饥饱不均。饲料配方示例见表5-14。

表5-14 育成鸭的饲料配方示例

（赵聘. 家禽生产技术. 2011） %

饲料及营养成分		35～60日龄	60日龄至开产
饲料配比	黄玉米	55	55
	豆粕	15	10
	麦麸	4	5
	葵花仁饼	15	15
	稻糠	4	5
	羽毛粉	2	—
	鱼粉	3	2
	稻草粉	—	3
	玉米秸粉	—	3
	骨粉	1.5	1.8
	贝壳粉	0.5	0.2
	L-赖氨酸（外加）	0.03	—
	DL-蛋氨酸（外加）	0.02	—
	多维（外加）	1	1
	硫酸钠（外加）	—	0.4
营养成分	代谢能/（MJ/kg）	11.50	11.29
	粗蛋白	18	15
	钙	0.8	0.8
	磷	0.45	0.45
	赖氨酸	0.9	0.65
	蛋氨酸	0.3	0.25

3. 育成鸭管理要点

（1）加强运动。鸭在圈养条件下适当增加运动可以促进育成鸭骨骼和肌肉的发育，增强体质，防止过肥。冬季气温过低时每天要定时驱赶鸭在舍内做转圈运动。一般天气，每天让鸭群在运动场活动两次，每次1～1.5 h；鸭舍附近若有放牧的场地，可以定时进行短距离的放牧活动。每天上、下午各2次，定期驱赶鸭子下水运动1次，每次10～20 min。

（2）提高鸭对环境的适应性。在育成鸭时期，利用喂料、喂水、换草等机会，多与鸭群接触。如喂料的时候，人可以站在旁边，观察采食情况，让鸭子在自己的身边走动，遇有“娇鸭”静伏在身旁时，可用手抚摸，久而久之，鸭就不会怕人，也提高了鸭子对环境的适应能力。

（3）控制好光照。舍内通宵点灯，弱光照明。育成鸭培育期，不用强光照明，要求每天标准的光照时间稳定在 8～10 h,在开产以前不宜增加。如利用自然光照,以下半年培育的秋鸭最为合适。但是,为了便于鸭子夜间饮水,防止因老鼠或鸟兽走动时惊群,舍内应通宵弱光照明。如 30 m^2 的鸭舍,可以安装一盏 15 W 灯泡,遇到停电时,应立即点上有玻璃罩的煤油灯(马灯)。长期处于弱光通宵照明的鸭群,一遇突然黑暗的环境,常引起严重惊群,造成很大伤亡。

(4)加强传染病的预防工作。育成鸭时期的主要传染病有两种:一是鸭瘟,一是禽霍乱。免疫程序:60～70 日龄,注射一次禽霍乱菌苗;100 日龄前后,再注射一次禽霍乱菌苗。70～80 日龄,注射一次鸭瘟弱毒疫苗。对于只养一年的蛋鸭,注射一次即可;利用两年以上的蛋鸭,隔一年再预防注射一次。这两种传染病的预防注射,都要在开产以前完成,进入产蛋高峰后,尽可能避免捉鸭打针,以免影响产蛋。以上方法也适用于放牧鸭。

(5)建立一套稳定的作息制度。圈养鸭的生活环境比放牧鸭稳定,要根据鸭子的生活习性,定时作息,制订操作规程。形成作息制度后,尽量保持稳定,不要经常变更。

(6)选择与淘汰。当鸭群达到 16 周龄的时候可以对鸭群进行一次选择,将有严重病、弱、残的个体淘汰,因为这些鸭性成熟晚、产蛋率低、容易死亡或成为鸭群内疾病的传播者。如果是将来作种鸭的,不仅要求选留的个体要健康、体况发育良好,而且体型、羽毛颜色、脚蹼颜色要符合品种或品系标准。

四、蛋鸭的饲养管理

母鸭从开始产蛋到淘汰(17～72 周龄)称为产蛋鸭。

(一)产蛋规律

蛋用型鸭开产日龄一般在 21 周左右,28 周龄时产蛋率达 90%,产蛋高峰出现较快。产蛋持续时间长,到 60 周龄时才有所下降,72 周龄淘汰时仍可达 75%左右。蛋用型鸭每年产蛋 220～300 枚。鸭群产蛋时间一般集中在凌晨 2～5 点,白天产蛋很少。

(二)商品蛋鸭的饲养管理

1.饲养

(1)饲料配制　圈养产蛋母鸭,饲料可按下列比例配给:玉米粉 40%、麦粉 25%、糠麸 10%、豆饼 15%、鱼粉 6.2%、骨粉 3.5%、食盐 0.3%,另外,还应补充多种维生素和微量元素添加剂。也可以根据养鸭户的能力和条件做一些替换饲料,如缺少鱼粉,可捕捞小杂鱼、小虾和蜗牛等饲喂,可以生喂,也可以煮熟后拌在饲料中喂。饲料不能拌得太黏,达到不沾嘴的程度就可以。食盆和水槽应放在干燥的地方,每天要刷洗一次。每天要保证供给鸭充足的饮水,同时在圈舍内放一个沙盆,准备足够、干净的沙子,让母鸭随便吃。

(2)饲喂次数及饲养密度　饲养中注意不要让母鸭长得过肥,因为肥鸭产蛋少或不产蛋。但是,也要防止母鸭过瘦,过瘦也不产蛋。每天要定时喂食,母鸭产蛋率不足 30%时,每天应喂料 3 次;产蛋率在 30%～50%时,每天应喂料 4 次;产蛋率在 50%以上时,每天喂料 5 次。鸭夜间每次醒来,大多都会去吃料或去喝水。因此,对产蛋母鸭在夜间一定要喂料 1 次。对产蛋的母鸭要尽量少喂或者不喂稻糠、酒糟之类的饲料。在圈舍内饲养母鸭,饲养的数量不能过多,每平方米 6 只较适宜,如有 30 m^2 的房子,可以养产蛋鸭 180 只左右。

2. 圈舍的环境控制

圈舍内的温度要求在10～18℃之间。0℃以下母鸭的产蛋量就会大量减少，到－4℃时，母鸭就会停止产蛋。当温度上升到28℃以上时，由于气温过热，鸭吃食减少，产蛋也会减少，并会停止产蛋，开始换羽。因此，温度管理的重点是冬天防寒，夏天防暑。在寒冷地区的冬天，产蛋母鸭圈舍内要烧火炉取暖，以提高舍内温度。要给母鸭喝温水，喂温热的料，增加青绿饲料，如白菜等，以保证母鸭的营养需要。另外，要减少母鸭在室外运动场停留的时间。夏季天气炎热时，要将鸭圈的前后窗户打开，降低鸭舍内的温度，同时要保持鸭圈舍内的干燥，不能向地面洒水。

3. 不同阶段的管理

(1)产蛋初期(开产至200日龄)和前期(201～300日龄) 不断提高饲料质量，增加饲喂次数，每日喂4次，每日每只150 g料。光照逐渐加至16 h。本期内蛋重增加，产蛋率上升，体重要维持开产时的标准，不能降低，也不能增加。要注意蛋鸭初产习性的调教。设置产蛋箱，每天放入新鲜干燥的垫草，并放鸭蛋作“引蛋”，晚上将产蛋箱打开。为防止蛋鸭晚间产蛋时受伤害，舍内应安装低功率节能灯照明。这样经过10 d左右的调教，绝大多数鸭便去产蛋箱产蛋。

(2)产蛋中期(301～400日龄) 此期内的鸭群因已进入高峰期而且持续产蛋100多天，体力消耗较大，对环境条件的变化敏感，如不精心饲养管理，难以保持高产蛋率，甚至引起换羽停产，因而这也是蛋鸭最难养的阶段。此期内日粮中的粗蛋白质水平比产蛋前期要高，达20%；并特别注意钙的添加，日粮含钙量过高影响适口性，为此可在粉料中添加1%～2%的颗粒状钙，或在舍内单独放置钙盆，让鸭自由采食，并适量喂给青绿饲料或添加多种维生素。光照时间稳定在16 h。

(3)产蛋后期(401～500日龄) 产蛋率开始下降，这段时间要根据体重与产蛋率来定饲料的质量与数量。如体重减轻，产蛋率80%左右，要多加动物性蛋白；如体重增加，发胖，产蛋率还在80%左右，要降低饲料中的代谢能或增喂青料，蛋白保持原水平；如产蛋率已下降至60%左右，就要降低饲料水平，此时再加好料产蛋量也不能恢复。80%产蛋率时保持16 h光照，60%产蛋率时加到17 h。

(4)休产期的管理 产蛋鸭经过春天和夏天几个月的产蛋后，在伏天开始掉毛换羽。自然换羽时间比较长，一般需要3～4个月，这时母鸭就不产蛋了，为了缩短换羽时间，降低喂养成本，让母鸭提早恢复产蛋，可采用人工强制的方法让母鸭换羽。

(三)种鸭的饲养管理

鸭产蛋留作种用的称种鸭。种鸭与产蛋鸭的饲养管理基本相同，不同的是，养产蛋鸭只是为了得到商品食用蛋，满足市场需要；而养种鸭，则是为了得到高质量的可以孵化后代的种蛋。所以，饲养种鸭要求更高，不但要养好母鸭，还要养好公鸭，才能提高受精率。

1. 选留

留种的公鸭经过育雏、育成期、性成熟初期三个阶段的选择，选出的公鸭外貌符合品种要求，生长发育良好，体格强壮，性器官发育健全，第二性征明显，精液品质优良，性欲旺盛，行动矫健灵活。种母鸭要选择羽毛紧密，紧贴身体，行动灵活，觅食能力强；骨骼发育好，体格健壮，眼睛突出有神，嘴长、颈长、身长；体形外貌符合品种(品系)要求的标准。

2. 饲养

有条件的饲养场所饲养的种公鸭要早于母鸭 1～2 月龄，使公鸭在母鸭产蛋前已达到性成熟，这样有利于提高种蛋受精率。育成期公、母鸭分开饲养，一般公鸭采用以放牧为主的饲养方式，让其多采食野生饲料，多活动，多锻炼。饲养上既能保证各器官正常生长发育，又可以防止过肥或过早性成熟。对开始性成熟但未达到配种期的种公鸭，要尽量早地放牧，少下水，减少公鸭间的相互嬉戏、爬跨，以防形成恶癖。

营养上除按母鸭的产蛋率高低给予必需的营养物质外，还要多喂维生素、青绿饲料。维生素 E 能提高种蛋的受精率和孵化率，饲料中应适当增加，每千克饲料中加 25 mg，不低于 20 mg。生物素、泛酸不仅影响产蛋率，而且对种蛋受精率和孵化率影响也很大。同时，还应注意不能缺乏含色氨酸的蛋白质饲料，色氨酸有助于提高种蛋的受精率和孵化率，饼、粕类饲料中色氨酸含量较高，配制日粮时必须加入一定饼、粕类饲料和鱼粉。种鸭饲料中尽量少用或不用菜籽粕、棉籽粕等含有毒素影响生殖功能的原料。

3. 公、母的合群与配比

青年阶段公、母鸭分开饲养。为了使得同群公鸭之间建立稳定的序位关系，减少争斗，使得公、母鸭之间相互熟悉，在鸭群将要达到性成熟前进行合群。合群晚会影响公鸭对母鸭的分配，相互间的争斗和争配对母鸭的产蛋有不利影响。

公、母配比是否合适对种蛋的受精率影响很大。国内蛋用型麻鸭体型小而灵活，性欲旺盛，配种能力强，其公、母配比在春、冬季为 1∶18，夏、秋季为 1∶20，这样的性比例可以保持高的种蛋受精率；康贝尔鸭公、母配比为 1∶(15～18)比较合适。

在繁殖季节，应随时观察鸭群的配种情况，发现种蛋受精率低，要及时查找原因。首先要检查公鸭，发现性器官发育不良、精子畸形等不合格的个体要淘汰，发现伤残的公鸭要及时调出补充。

4. 提高配种效率

自然配种的鸭，在水中配种比在陆地上配种的成功率高，其种蛋的受精率也高。种公鸭在每天的清晨和傍晚配种次数最多。因此，天气好应尽量早放鸭出舍，迟关鸭，增加户外活动时间。如果不是建在水库、池塘和河渠附近则种鸭场必须设置水池，最好是流动水，要延长放水时间，增加活动量。若是静水应常更换，保持水清洁不污浊。

5. 及时收集种蛋

种蛋清洁与否直接影响孵化率。每天清晨要及时收集种蛋，不让种蛋受潮、受晒、被粪便污染，尽快进行熏蒸消毒。种蛋在垫草上放置的时间越长所受的污染越严重。

收集种蛋时，要仔细地检查垫草下面是否埋有鸭蛋；对于伏卧在垫草上的鸭要赶起来，看其身下是否有鸭蛋。

五、肉鸭的饲养管理

肉鸭分大型肉鸭和中型肉鸭两类。大型肉鸭又称快大鸭或肉用仔鸭，一般养到 50 d，体重可达 3.0 kg 左右，中型肉鸭一般饲养 65～70 d，体重达 1.7～2.0 kg。

(一)肉仔鸭的饲养管理

1. 环境条件及其控制

(1)温度 雏鸭体温调节机能较差,对外界环境条件有一个逐步适应的过程,保持适当的温度是育雏成败的关键,鸭育雏温度控制可参考表 5-15。

表 5-15 鸭育雏温度参考标准

(段修军. 怎样办好家庭养鸭场. 2008)

日龄	温度/℃		
	加热器下	活动区域	周围环境
1～3	45～42	30～29	30
3～7	42～38	29～28	29
7～14	38～36	27～26	27
14～21	36～30	26～25	25
21～28	30	24～22	22
28～40	遵照冬季环境	20	22～18
40 以上	标准逐步脱温	18	17

(2)湿度 若舍内高温低湿会造成干燥的环境,很容易使雏鸭脱水,羽毛发干。但湿度也不能过高,高温高湿易诱发多种疾病,这是养禽最忌讳的环境,也是球虫病暴发的最佳条件。地面垫料平养时特别要防止高湿。因此育雏第 1 周应该保持稍高的湿度,一般相对湿度为 65%,以后随日龄增加,要注意保持鸭舍的干燥。要避免漏水,防止粪便、垫料潮湿。第 2 周湿度控制在 60%,第 3 周以后为 55%。

(3)通风 保温的同时要注意通风,以排除潮气等,其中以排出潮湿气最为重要。良好的通风可以保持舍内空气新鲜,有利于保持鸭体健康、羽毛整洁,夏季通风还有助于降温。开放式育雏时维持舍温 21～25℃,尽量打开通气孔和通风窗,加强通风。

(4)光照 光照可以促进雏鸭的采食和运动,有利于雏鸭健康生长。商品雏鸭 1 周龄要求保持 24 h 连续光照,2 周龄要求每天 18 h 光照,2 周龄以后每天 12 h 光照,至出栏前一直保持这一水平。但光的强度不能过强,白天利用自然光,早、晚提供微弱的灯光,只要能看见采食即可。

(5)密度 密度过大,雏鸭活动不开,采食、饮水困难,空气污浊,不利于雏鸭生长;密度过小使房舍利用率低,多消耗能源,不经济。育雏期饲养密度的大小要根据育雏室的结构和通风条件来定,一般每平方米饲养 1 周龄雏鸭 25 只,2 周龄为 15～20 只,3～4 周龄 8～12 只,每群以 200～250 只为宜。

2. 雏鸭的饲养管理

(1)选择 肉用商品雏鸭必须来源于优良的健康母鸭群,种母鸭在产蛋前已经免疫接种过鸭瘟、禽霍乱、病毒性肝炎等疫苗,以保证雏鸭在育雏期不发病。所选购的雏鸭大小基本一致,体重在 55～60 g,活泼,无大肚脐、歪头拐脚等,毛色为蜡黄色,太深或太淡均淘汰。

(2)分群 雏鸭群过大不利于管理,环境条件不易控制,易出现惊群或挤压死亡,所以为了提高育雏率,应进行分群管理,每群 200～250 只。

(3)饮水 水对雏鸭的生长发育至关重要,雏鸭在开食前一定要先饮水。在雏鸭的饮水中加入适量的维生素 C、葡萄糖、抗生素，效果会更好，既增加营养又提高雏鸭的抗病力。提供饮水器数量要充足，不能断水，但也要防止水外溢。

(4)开食　雏鸭出壳 12～24 h 或雏鸭群中有 1/3 的雏鸭开始寻食时进行第一次投料，饲养肉用雏鸭用全价的小颗粒饲料效果较好，如果没有这样的条件，也可用半生米加蛋黄饲喂，几天后改用营养丰富的全价饲料饲喂。

(5)饲喂方法　第 1 周龄的雏鸭应让其自由采食，保持饲料盘中常有饲料，一次投喂不可太多，防止长时间吃不掉被污染而引起雏鸭生病或者浪费饲料，因此要少喂常添，第 1 周按每只鸭子 35 g 饲喂，第 2 周 105 g，第 3 周 165 g。

(6)预防疾病　肉鸭网上密集化饲养，群体大且集中，易发生疫病。因此，除加强日常的饲养管理外，要特别做好防疫工作。饲养至 20 日龄左右，每只肌肉注射鸭瘟弱毒疫苗 1 mL；30 日龄左右，每只肌肉注射禽霍乱菌苗 2 mL，平时可用 0.01%～0.02% 的高锰酸钾饮水，效果也很好。

(二)育肥期的饲养管理

肉用仔鸭从 4 周龄到上市这个阶段称为生长育肥期。根据肉用仔鸭的生长发育特点，进行科学的饲养管理，使其在短期内迅速生长，达到上市要求。

1. 舍饲育肥

育肥鸭舍应选择在有水塘的地方，用砖瓦或竹木建成，舍内光线较暗，但空气流通。育肥时舍内要保持环境安静，适当限制鸭的活动，任其饱食，供水不断，定时放到水塘活动片刻。这样经过 10～15 d 肥育饲养，可增重 0.25～0.5 kg。

2. 放牧育肥

南方地区采用较多，与农作物收获季节紧密结合，是一种较为经济的育肥方法。通常一年有三个肥育饲养期，即春花田时期、早稻田时期、晚稻田时期。事先估算这三个时期作物的收获季节，把鸭养到 40～50 日龄，体重达到 2 kg 左右，在作物收割时期，体重达 2.5 kg 以上，即可出售屠宰。

3. 填饲育肥

(1)填饲期的饲料调制　肉鸭的填肥主要是用人工强制鸭子吞食大量高能量饲料，使其在短期内快速增重和积聚脂肪。当体重达到 1.5～1.75 kg 时开始填肥。前期料中蛋白质含量高，粗纤维也略高；而后期料中粗蛋白质含量低(14%～15%)，粗纤维略低，但能量却高于前期料。填饲料参考配方见表 5-16。

表 5-16　填饲期的饲料配方　%

配方	玉米	大麦	小麦面	麸皮	鱼粉	菜籽饼	骨粉	碳酸钙	食盐	豆饼
1	59.0	4.8	15.0	2.2	5.4	—	1.9	0.4	0.3	11.0
2	60.0	—	15.0	10.8	3.5	5.0	—	1.4	0.3	4.0

(2)填饲量　填喂前，先将填料用水调成干糊状，用手搓成长约 5 cm，粗约 1.5 cm，重 25 g 的剂子。一般每天填喂 4 次，每次填饲量为：第 1 天填 150～160 g，第 2～3 天填 175 g，第 4～5 天填 200 g，第 6～7 天填 225 g，第 8～9 天填 275 g，第 10～11 天填 325 g，第 12～13 天填

400 g,第 14 天填 450 g,如果鸭的食欲好则可多填,应根据情况灵活掌握。

(3)填饲管理 填喂时动作要轻,每次填喂后适当放水活动,清洁鸭体,帮助消化,促进羽毛的生长;舍内和运动场的地面要平整,防止鸭跌倒受伤;舍内保持干燥,夏天要注意防暑降温,在运动场搭设凉棚遮阴,每天供给清洁的饮水;白天少填晚上多填,可让鸭在运动场上露宿;鸭群的密度为前期每平方米 2.5～3 只,后期每平方米 2～2.5 只;始终保持鸭舍环境安静,减少应激,闲人不得入内;一般经过 2 周左右填肥,体重在 2.5 kg 以上便可出售上市。

任务5 鹅的饲养管理

一、鹅的生理特点与生活习性

(一)生理特点

1.鹅的消化生理特点

鹅的消化道发达,喙扁而长,边缘呈锯齿状,能截断青饲料。食管膨大部较宽,富有弹性,肌胃肌肉厚实,肌胃收缩压力强。食量大,每天每只成年鹅可采食青草 2 kg 左右。因此,鹅对青饲料的消化能力比其他禽类要强。

2.鹅的生殖生理特点

(1)季节性 鹅繁殖存在明显的季节性,主要产蛋季在冬、春两季。

(2)就巢性 鹅具有很强的就巢性。在一个繁殖周期中,每产一窝蛋后就要停产抱窝。

(3)择偶性 公母鹅有固定配偶交配的习惯。有的鹅群中有 40%的母鹅和 22%的公鹅是单配偶。

(4)繁殖时间长 母鹅的产蛋量在开产后的前三年逐年提高,到第四年开始下降。种母鹅的经济利用年限可长达 4～5 年之久,公鹅也可利用 3 年以上。因此,为了保证鹅群的高产、稳产,在选留种鹅时要保持适当的年龄结构。

(二)生活习性

鹅有很多生活习性与鸭相同,如喜水合群、反应灵敏、生活有规律、耐寒等。另外,鹅还有一些特殊的习性。

(1)食草性 鹅是较大的食草性水禽,肌胃、盲肠发达,能很好地利用草类饲料,因此,能大量食用青绿饲料。

(2)警觉性 鹅听觉灵敏,警惕性高,遇到陌生人或其他动物,就会高声叫或用喙啄击,用翅扑击,国外有的地方用鹅看家。

(3)等级性 鹅有等级次序,饲养时应保持鹅群相对稳定,防止因打斗而影响正常生产力的发挥。

二、雏鹅的饲养管理

0～4 周龄的幼鹅称为雏鹅。该阶段雏鹅体温调节机能差，消化道容积小，消化吸收能力差，抗病能力差等，此期间饲养管理的重点是培育出生长速度快、体质健壮、成活率高的雏鹅。

(一)选择

雏鹅质量的好坏，直接影响雏鹅的生长发育和成活率。健康的雏鹅体重大小符合本品种要求，绒毛洁净而有光泽，眼睛明亮有神，活泼好动，腹部柔软，抓在手中挣扎有力，叫声响亮。腹部收缩良好，脐部收缩完全，周围无血斑和水肿。雏鹅的绒毛、喙、跖、蹼的颜色等应符合本品种要求，跖和蹼伸展自如、无弯曲。

(二)饲养

(1)“潮口”　雏鹅出壳后 12～24 h 先饮水，第一次饮水称为“潮口”。多数雏鹅会自动饮水，对个别不会自动饮水的雏鹅要人工调教，把雏鹅放入深度 3 cm 的水盆中，可把喙浸入水中，让其喝水，反复几次即可。饮水中加入 0.05%高锰酸钾，可以起到消毒饮水、预防肠道疾病的作用；加入 5%葡萄糖或按比例加入速溶多维，可以迅速恢复雏鹅体力，提高成活率。

(2)开食　必须遵循“先饮水后开食”的原则。开食时间一般以饮水后 15～30 min 为宜。一般用黏性较小的籼米和“夹生饭”作为开食料，最好掺一些切成细丝状的青菜叶、莴苣叶、油菜叶等。第一次喂食不要求雏鹅吃饱，吃到半饱即可，时间为 5～7 min。过 2～3 h 后，再用同样的方法调教采食。一般从 3 日龄开始，用全价饲料饲喂，并加喂青饲料。为便于采食，粉料可适当加水拌湿。

(3)饲喂次数及饲喂方法　要饲喂营养丰富、易于消化的全价配合饲料和优质青饲料。饲喂时要先精后青，少吃多餐。雏鹅的饲喂次数及饲喂方法参考表 5-17。

表 5-17　雏鹅饲喂次数及饲喂方法

项目	2～3 日龄	4～10 日龄	11～20 日龄	21～28 日龄
每日总次数	6	8～9	5～6	3～4
夜间次数	2～3	3～4	1～2	1
日粮中精料所占比例	50%	30%	10%～20%	7%～8%

(三)环境控制

(1)温度　雏鹅自身调节体温的能力较差，饲养过程中必须保证均衡的温度。保温期的长短，因品种、气温、日龄和雏鹅的强弱而异，一般需保温 2～3 周。

(2)湿度　地面垫料育雏时，一定要做好垫料的管理工作，防止垫料潮湿、发霉。在高温高湿时，雏鹅体热散发不出去，容易引起“出汗”，食欲减少，抗病力下降；在低温高湿时，雏鹅体热散失加快，容易患感冒等呼吸道疾病和拉稀。

鹅育雏期适宜温、湿度见表 5-18。

表 5-18　鹅育雏期适宜的温湿度

日龄	育雏器温度/℃	育雏室温度/℃	相对湿度/%
1～7	32～28	15～18	60～65
8～14	28～24	15～18	60～65
15～21	24～20	15	65～70
12～28	20～16	15	65～70
29 日龄以后	15	15	65～70

(3)通风　夏秋季节，通风换气工作比较容易进行，打开门窗即可完成。冬春季节，通风换气和室内保温容易发生矛盾。在通风前，先使舍温升高 2～3℃，然后逐渐打开门窗或换气扇，避免冷空气直接吹到鹅体。通风时间多安排在中午前后，避开早晚时间。

(4)光照　育雏期间光照时间和光照强度要求见表 5-19。

表 5-19　光照时间和强度安排

(NY 5267—2004 无公害食品 鹅饲养管理技术规范)

日龄	光照时间/h	光照强度/lx
0～7	24	25
8～14	18	25
15～21	16	25
22 以后	自然光照，晚上加夜宵灯($100\ m^2$ 1 个 20 W 灯，灯泡高度 2 m)	

(5)饲养密度　育雏期间饲养密度见表 5-20。

表 5-20　肉鹅适宜饲养密度

(NY 5267—2004 无公害食品 鹅饲养管理技术规范)　　只/m^2

类型	1 周龄	2 周龄	3 周龄	4～6 周龄	7 周龄至上市
小型鹅种	12～15	9～11	6～8	5～6	4.5
中型鹅种	8～10	6～7	5～6	4	3
大型鹅种	6～8	6	4	3	2.5

(四)管理

(1)及时分群　雏鹅刚开始饲养，一般每群 300～400 只。分群时按个体大小、体质强弱来进行。第一次分群在 10 日龄时进行，每群 150～180 只；第二次分群在 20 日龄时进行，每群 80～100 只；育雏结束时，按公母分栏饲养。在日常管理中，发现残、瘫、过小、瘦弱、食欲不振、行动迟缓者，应早作隔离饲养、治疗或淘汰。

(2)适时放牧　放牧日龄应根据季节、气候特点而定。夏季，出壳后 5～6 d 即可放牧；冬春季节，要推迟到 15～20 d 后放牧。刚开始放牧应选择无风晴天的中午，把鹅赶到棚舍附近的草地上进行，时间为 20～30 min。以后放牧时间由短到长，牧地由近到远。每天上下午各放牧一次，中午赶回舍中休息。上午放牧要等到露水干后进行，以上午 8:00～10:00 为好；下午要避开烈日暴晒，在 15:00～17:00 进行。

(3)做好疫病预防工作　雏鹅应隔离饲养，不能与成年鹅和外来人员接触。定期对雏鹅、鹅舍进行消毒。购进的雏鹅，首先要确定种鹅有无用小鹅瘟疫苗免疫，如果种鹅未接种，雏鹅在 3 日龄皮下注射 10 倍稀释的小鹅瘟疫苗 0.2 mL，1～2 周后再接种一次；也可不接种疫苗，对刚出壳的雏鹅注射高免血清 0.5 mL 或高免蛋黄 1 mL。

三、肉用仔鹅的饲养管理

饲养 90 日龄作为商品肉鹅出售的称为肉用仔鹅。

(一)生产特点

(1)鹅是肉用家禽。养鹅业主要产品是肉用仔鹅、肥鹅肝及其加工产品。

(2)生长迅速，体重大。一般 10～12 周龄体重可达 5 kg 以上，即可上市销售。

(3)适应性和抗病力强。肉用仔鹅适应性和抗病力均较强。容易饲养，成活率高。

(4)生产具有明显的季节性。肉用仔鹅生产多集中在每年的上半年，这是由鹅的季节性繁殖造成的。

(5)放牧饲养，生产成本低。鹅可以很好地利用青绿饲料，采用放牧饲养，生产成本低。特别是我国南方地区青绿饲料可常年供应，为鹅的放牧饲养提供了良好条件。

(二)饲养

1. 选择牧地和鹅群规格

选择草场、河滩、湖畔、收割后的麦地、稻田等地放牧。牧地附近要有树林或其他天然屏障，若无树林，应在地势高燥处搭简易凉棚，供鹅遮阴和休息。放牧时确定好放牧路线，鹅群大小以 250～300 只一群为宜，由 2 人管理放牧；若草场面积大，草质好，水源充足，鹅的数量可扩大到 500～1 000 只，需 2～3 人管理。

农谚有“鹅吃露水草，好比草上加麸料”的说法，当鹅尾尖、身体两侧长出毛管，腹部羽毛长满、充盈时，实行早放牧，尽早让鹅吃上露水草。40 日龄后鹅的全身羽毛较丰满，适应性强，可尽量延长放牧时间，做到“早出牧，晚收牧”。出牧与放牧要清点鹅数。

2. 正确补料

若放牧期间能吃饱喝足，可不补料；若肩、腿、背、腹正在脱毛，长出新羽时，应该给予补料。补料量应看草的生长状态与鹅的膘情体况而定，以充分满足鹅的营养需求为前提。每次补料量，小型鹅每天每只补 100～150 g，中、大型鹅补 150～250 g。补饲一般安排在中午或傍晚。补料调制一般以糠麸为主，掺以甘薯、瘪谷和少量花生饼或豆饼。日粮中还应注意补给 1%～1.5%骨粉、2%贝壳粉和 0.3%～0.4%食盐，以促使骨骼正常生长，防止软脚病和发育不良。一般来说，30～50 日龄时，每昼夜喂 5～6 次，50～80 日龄喂 4～5 次，其中夜间喂 2 次。参考饲料配方如下：

肉鹅育雏期：玉米 50%、鱼粉 8%、麸(糠)皮 40%、生长素 1%、贝壳粉 0.5%、多种维生素 0.5%，然后按精料与青料 1∶8 的比例混合饲喂。

育肥期：玉米 20%、鱼粉 4%、麸(糠)皮 74%、生长素 1%、贝壳粉 0.5%、多种维生素

0.5%，然后按精料与青料 2∶8 的比例混合制成半干湿饲料饲喂。

3.观察采食情况

凡健康、食欲旺盛的鹅表现动作敏捷抢着吃，不择食，一边采食一边摆脖子往下咽，食管迅速增粗，嘴呷不停地往下点；凡食欲不振者，采食时抬头，东张西望，嘴呷含着料不下咽，头不停地甩动，或动作迟钝，呆立不动，此状况出现可能是有病，要挑出隔离饲养。

(三)管理

(1)鹅群训练调教。要本着“人鹅亲和，循序渐进，逐渐巩固，丰富调教内容”的原则进行鹅群调教。训练合群，将小群鹅并在一起喂养，几天后继续扩大群体；训练鹅适应环境、放牧；培育和调教“头鹅”，使其引导、爱护、控制鹅群；放牧鹅的队形为狭长方形，出牧与收牧时驱赶速度要慢；放牧速度要做到空腹快，饱腹慢，草少快，草多慢。

(2)做好游泳、饮水与洗浴。游泳增加运动量，提高羽毛的防水、防湿能力，防止发生皮肤病和生虱。选水质清洁的河流、湖泊游泳、洗浴，严禁在水质腐败、发臭的池塘里游泳。收牧后进舍前应让鹅在水里洗掉身上污泥，舍外休息、喂料，待毛干后再赶到舍内。凡打过农药的地块必须经过 15 d 后才能放牧。

(3)搞好防疫卫生。鹅群放牧前必须注射小鹅瘟、副黏病毒病、禽流感、禽霍乱疫苗。定期驱除体内外寄生虫。饲养用具要定期消毒，防止鼠害、兽害。

(四)育肥

肉鹅经过 15～20 d 育肥之后，膘肥肉嫩，胸肌丰厚，味道鲜美，屠宰率高，产品畅销。生产上常有以下 4 种育肥方法。

(1)放牧育肥　当雏鹅养到 50～60 日龄时，可充分利用农田收割后遗留下来的谷粒、麦粒和草籽来肥育。放牧时，应尽量减少鹅的运动，搭临时鹅棚，鹅群放牧到哪里就在哪里留宿。经 10～15 d 的放牧育肥后，就地出售，防止途中掉膘或伤亡。

(2)棚育肥　用竹料或木料搭一个棚架，架底离地面 60～70 cm，以便于清粪，棚架四周围以竹条。食槽和水槽挂于栏外，鹅在两竹条间伸出头来采食、饮水。育肥期间喂以稻谷、碎米、番薯、玉米、米糠等碳水化合物含量丰富的饲料为主。日喂 3～4 次，最后一次在晚上 10:00 喂饲。

(3)圈养育肥　常用竹片(竹围)或高粱秆围成小栏，每栏养鹅 1～3 只，栏的大小不超过鹅的 2 倍，高为 60 cm，鹅可在栏内站立，但不能昂头鸣叫，经常鸣叫不利育肥。饲槽和饮水器放在栏外。白天喂 3 次，晚上喂一次。饲料以玉米、糠麸、豆饼和稻谷为主。为了增进鹅的食欲，隔日让鹅下池塘水浴一次，每次 10～20 min，浴后在运动场日光浴，梳理羽毛，最后赶鹅进舍休息。

(4)填饲育肥　即“填鹅”，是将配制好的饲料填条，一条一条地塞进食管里强制鹅吞下去，再加上安静的环境，活动减少，鹅就会逐渐肥胖起来，肌肉丰满、鲜嫩。此法可缩短育肥期，肥育效果好，主要用于肥肝鹅生产。

四、种鹅的饲养管理

种鹅饲养通常分为育雏期、后备期、产蛋期和休产期四个阶段。育雏期的饲养管理可参照肉用仔鹅育雏期的饲养管理技术，以下主要介绍种鹅后备期、产蛋期和休产期的饲养管理技术。

(一)后备种鹅的饲养管理

后备种鹅是指从1月龄到开始产蛋的留种用鹅。种鹅的后备期较长，在生产中又分为5～10周龄、11～15周龄、16～22周龄、22周龄到开产四个阶段。每一阶段应根据种鹅的生理特点不同，进行科学的饲养管理。

1.5～10周龄

这一阶段的鹅又称为中鹅或青年鹅，是骨骼、肌肉、羽毛生长最快的时期。饲养管理上要充分利用放牧条件，节约精料，锻炼其消化青绿饲料和粗纤维的能力，提高适应外界环境的能力，满足快速生长的营养需要。

中鹅以放牧为主要饲养方式，有经验的牧鹅者，在茬地或有野草种子草地上放牧，能够获得足够的谷实类精料，具体为“春放草塘，夏放麦茬，秋放稻茬，冬放湖塘”。在草地资源有限的情况下，可采用放牧与舍饲相结合的饲养方式。

2.11～15周龄

这一时期是鹅群的调整阶段。首先对留种用鹅进行严格的选择，然后调教合群，减少“欺生”现象，保证生长均匀度。

(1)种鹅的选留　种鹅71日龄时，已完成初次换羽，羽毛生长已丰满，主翼羽在背部交翅，留种时首先要淘汰那些羽毛发育不良的个体。

后备种公鹅要求具有品种的典型特征，身体各部发育均匀，肥度适中，两眼有神，喙部无畸形，胸深而宽，背宽而长，腹部平整，脚粗壮有力、距离宽，行动灵活，叫声响亮。

后备种母鹅要求体重大，头大小适中，眼睛明亮有神，颈细长灵活，体型长圆，后躯宽深，腹部柔软容积大，臀部宽广。体重要求达到成年标准体重的70%。

(2)合群训练　以30～50只一群为宜，而后逐渐扩大群体，300～500只组成一个放牧群体。同一群体中个体间日龄、体重差异不能太大，尽量做到“大合大，小并小”，提高群体均匀度。合群后要保证食槽充足，补饲时均匀采食。

3.16～22周龄

这一阶段是鹅群生长最快的时期，采食旺盛，容易引起肥胖。因此，这一阶段饲养管理的重点是限制饲养，公母分群饲养。

后备母鹅100日龄以后逐步改用粗料，日喂2次。草地良好时，可以不补饲，防止母鹅过肥和早熟。但是在严寒冬季青绿饲料缺乏时，则要增加饲喂次数(3～4次)，同时增加玉米的喂量。

4.22周龄到开产

这一阶段历时1个月左右，饲养管理的重点是加强饲喂和疫苗接种。

(1)加强饲喂　为了让鹅恢复体力，沉积体脂，为产蛋做好准备，从151日龄开始，要逐步放食，满足采食需要。饲料要由粗变精，促进生殖器官的发育。饲喂次数增加到每天3～4次，自由采食。饲料中增加玉米等谷实类饲料，同时增加矿物质饲料。

(2)疫苗接种　种鹅开产前一个月要接种小鹅瘟疫苗和禽霍乱菌苗。禁止在产蛋期接种疫苗，防止发生应激反应，引起产蛋量下降。

(二)产蛋期种鹅的饲养管理

鹅群进入产蛋期以后,饲养管理要围绕提高产蛋率,增加合格种蛋量来做。

1. 产蛋前的准备工作

在后备种鹅转入产蛋舍时,要再次进行严格挑选。公鹅除外貌符合品种要求、生长发育良好、无畸形外,重点检查阴茎发育是否正常,最好通过人工采精的办法来鉴定公鹅的优劣,选留能够顺利采出精液、阴茎较大者。母鹅只剔除少量瘦弱、有缺陷者,大多数都要留下做种用。

2. 产蛋期的饲喂

随着鹅群产蛋率的上升,要适时调整日粮的营养浓度。建议产蛋母鹅日粮营养水平为:代谢能 10.88～12.13 MJ/kg、粗蛋白质 15%～17%、粗纤维 6%～8%、赖氨酸 0.8%、蛋氨酸 0.35%、胱氨酸 0.27%、钙 2.25%、磷 0.65%、食盐 0.5%。

喂料要定时定量,先喂精料再喂青料。青料可不定量,让其自由采食。每天饲喂精料量,大型鹅种 180～200 g,中型鹅种 130～150 g,小型鹅种 90～110 g。每天喂料 3 次,早上 9:00 喂第一次,然后在附近水塘、小河边休息,草地上放牧;14:00 喂第二次,然后放牧;傍晚回舍在运动场上喂第三次。回舍后在舍内放置清洁饮水和矿物质饲料,让其自由采食饮用。

3. 产蛋期的管理

(1)产蛋管理　母鹅具有在固定位置产蛋的习惯,生产中为了便于种蛋的收集,要在鹅棚附近搭建一些产蛋棚。产蛋棚长 3.0 m,宽 1.0 m,高 1.2 m,每千只母鹅需搭建三个产蛋棚。产蛋棚内地面铺设软草做成产蛋窝,尽量创造舒适的产蛋环境。

母鹅的产蛋时间多集中在凌晨至上午 9:00 以前,因此每天上午放牧要等到 9:00 以后进行。放牧时如发现有不愿跟群、大声高叫,行动不安的母鹅,应及时赶回鹅棚产蛋。母鹅在棚内产完蛋后,应有一定的休息时间,不要马上赶出产蛋棚,最好在棚内补饲。

(2)合理交配　为了保证种蛋有高的受精率,要合理安排公母比例。我国小型鹅种公母比例为 1∶(6～7),中型鹅种 1∶(5～6),大型鹅种 1∶(4～5)。鹅的自然交配在水面上完成。种鹅在早晨和傍晚性欲旺盛,要利用好这两个时期,保证高的受精率。早上放水要等大多数鹅产蛋结束后进行,晚上放水前要有一定的休息时间。

(3)搞好放牧管理　产蛋期间应就近放牧,避免走远路引起鹅群疲劳。放牧过程中,特别要注意防止母鹅跌伤、挫伤而影响产蛋。

(4)控制光照　许多研究表明,每天 13～14 h 光照时间、5～8 W/m^2 的光照强度即可维持正常的产蛋需要。在秋冬季光照时间不够时,人工补充光照。在自然光照条件下,母鹅每年(产蛋年)只有一个产蛋周期,采用人工光照后,可使母鹅每年有两个产蛋周期,多产蛋 5～20 枚。

(5)注意保温　严寒的冬季正赶上母鹅临产或开产的季节,要注意鹅舍的保温。夜晚关闭鹅舍所有门窗,门上要挂棉门帘,北面的窗户要在冬季封死。为了提高舍内地面的温度,舍内要多加垫草,还要防止垫草潮湿。天气晴朗时,注意打开门窗通风,同时降低舍内湿度。受寒流侵袭时,要停止放牧,多喂精料。

(三)休产期种鹅的饲养管理

母鹅一般当年 10 月到第二年 4～5 月份产蛋,经过 7～8 个月的产蛋期,产蛋明显减少,蛋形变小,畸形蛋增多,不能进行正常的孵化。这时羽毛干枯脱落,陆续进行自然换羽。公鹅性欲下降,配种能力变差。这些变化说明种鹅进入了休产期。休产期种鹅饲养管理上应注意以下几点:

1.调整饲喂方法

种鹅停产换羽开始,逐渐停止精料的饲喂,应以放牧为主,舍饲为辅,补饲糠麸等粗饲料。为了让旧羽快速脱落,应逐渐减少补饲次数,开始减为每天喂料一次,后改为隔天一次,逐渐转入 3～4 d 喂一次,12～13 d 后,体重减轻大约 1/3,然后再恢复喂料。

2.人工拔羽

公鹅应比母鹅提前一个月进行人工拔羽,保证母鹅开产后公鹅精力充沛。人工拔羽后要加强饲养管理,头几天鹅群实行圈养,避免下水,供给优质青饲料和精饲料。如发现一个月后仍未长出新羽,则要增加精料喂量,尤其是蛋白质饲料,如各种饼粕和豆类。

3.做好休产期的选择组群

为了保持鹅群旺盛的繁殖力,每年休产期间要淘汰低产种鹅,同时补充优良鹅只作为种用。更新鹅群的方法如下:

(1)全群更新　将原来饲养的种鹅全部淘汰,全部选用新种鹅来代替。种鹅全群更新一般在饲养 5 年后进行,如果产蛋率和受精率都较高的话,可适当延长 1～2 年。

(2)分批更新　种鹅群要保持一定的年龄比例,1 岁鹅 30%,2 岁鹅 25%,3 岁鹅 20%,4 岁鹅15%,5 岁鹅 10%。根据上述年龄结构,每年休产期要淘汰一部分低产老龄鹅,同时补充新种鹅。

任务6　家禽常见病毒性疾病的防制

一、新城疫

新城疫是由鸡新城疫病毒引起鸡的一种急性、高度接触性传染病。常呈败血症经过。主要特征是呼吸困难、下痢、神经机能紊乱、黏膜和浆膜出血。

鸡、野鸡、火鸡、珠鸡都有易感性,以鸡最易感。在鸡中各种年龄的鸡均可发病,以幼雏和中雏最为常见。非典型新城疫多发生于免疫鸡群,以 30～40 日龄左右的雏鸡发病较多,雏鸡和成年鸡的发病率与病死率均不高。水禽(鸭、鹅、鸬鹚)不能自然感染,但是从它们体内可分离到病毒,从许多野鸟及一些观赏鸟(八哥、孔雀、鸽子、鹦鹉)体内也能分离到病毒,因此在养鸡时不能同时饲养水禽和其他观赏鸟禽类。

病鸡和带毒鸡是传染源,病鸡在出现症状前 24 h,口、鼻分泌物和粪便内均含有病毒;痊愈鸡多数在症状消失后 5～7 d 停止排毒,慢性病鸡带毒和排毒时间较长。易感鸡主要经呼吸道和消化道感染,也可通过交配、创伤而感染。

(一)症状和病变

潜伏期一般为 3～5 d。在临诊上分为典型新城疫和非典型新城疫两种。

1.典型新城疫

根据临床表现和病程长短可分为最急性型、急性型、亚急性型或慢性型。

(1)最急性型 多见于流行初期和雏鸡,无特征症状,突然死亡。

(2)急性型 此型最为常见。初期体温升高到 43～44℃,采食减少或不吃,但有渴感,精神委顿,不愿走动、垂头缩颈、翅膀下垂、眼半开半闭似昏睡状。鸡冠、肉髯呈暗红色或暗紫色。此时母鸡产蛋停止或产软蛋。随着病程的发展,出现比较典型的症状,病鸡咳嗽,呼吸困难,常伸头张口呼吸,并发出“咕噜、咕噜”的喘鸣声或尖锐的叫声。口角流有大量黏液,为了排除黏液病鸡常摇头或吞咽。嗉囊内充满液体内容物,倒提时常有大量酸臭的液体从口流出。病鸡下痢,排黄绿色或黄白色恶臭粪便,有时混有少量血液,后期排蛋清样排泄物。有的还出现神经症状,翅、腿麻痹,最后体温下降,昏迷而死。病程 2～5 d,病死率高达 80%～100%。

(3)亚急性型或慢性型 初期症状与急性相似,不久减轻,同时出现神经症状。病鸡翅、腿麻痹,跛行或站立不稳,头颈向后或向一侧扭转,常伏地旋转,反复发作,终成瘫痪、半瘫痪。病程 10～20 d,病死率较低,多见于流行后期的成年鸡。

典型的病理变化是全身黏膜和浆膜出血,尤以消化道和呼吸道最为明显。腺胃黏膜水肿,乳头或乳头间有明显的出血点或溃疡。小肠、盲肠、直肠黏膜有大小不等的出血点,有的形成假膜,有的形成溃疡。盲肠、扁桃体常见肿大、出血和坏死。气管充血、出血。肺有时瘀血或水肿。

2.非典型新城疫

临诊表现不明显。雏鸡主要表现呼吸道症状,张口伸脖,呼吸困难,咳嗽气喘。口腔中黏液较多,不时摇头或甩头。当呼吸系统症状减轻时,趋向于康复,少数病鸡遗留歪头、扭颈、观星、站立不稳、翅下垂或腿麻痹等神经症状。产蛋鸡主要表现产蛋量下降,软蛋、畸形蛋较平时明显增多,伴有轻微的呼吸道症状。

(二)防制

1.执行严格的卫生防疫制度

防止一切带毒动物(特别是鸟类)及污染品将病原带入鸡群,工作人员不准在自家饲养鸡、水禽和其他鸟禽类。

2.免疫接种

(1)疫苗种类 当前国内使用的新城疫疫苗有活苗和死苗两大类。活苗有Ⅰ系、Ⅱ系、Ⅲ系、Ⅳ系、V4 苗以及克隆 C30 和克隆 N79 苗。死苗主要是油乳剂灭活苗。

(2)首免日龄和免疫程序 免疫母鸡可将抗体通过卵黄传给雏鸡,雏鸡在 3 日龄时抗体滴度最高,以后逐渐下降,最好在 1 周龄时首免。有免疫监测条件的鸡场可定期测定鸡群抗体水平,根据鸡群抗体消长情况,适时制定符合本场的免疫程序。无监测条件的小鸡场、专业户可参考以下免疫程序。

针对蛋鸡和种鸡于 7～10 日龄接种Ⅱ系或Ⅳ系苗,25～30 日龄重复上述免疫,60 日龄注射Ⅰ系苗,120～140 日龄注射Ⅰ系苗或油乳剂灭活苗。针对肉鸡只需上述程序中的前 2 次免疫即可。

3.发生新城疫时的处理

一旦发生典型新城疫,应采取紧急措施,封锁鸡场,分群隔离,一般分为三群,即假定健康群、可疑群、病鸡群，并按假定健康群、可疑群、病鸡群的顺序紧急免疫接种，2月龄以下的鸡发病用Ⅱ、Ⅲ、Ⅳ系苗滴鼻或点眼，2月龄以上至产蛋前期的鸡用Ⅰ系苗注射接种，正处于产蛋期的鸡用克隆N79苗饮水免疫。做好病鸡和死鸡的无害化处理，就地深埋或烧毁，对污染的羽毛、垫草以及粪便深埋或烧毁，环境消毒处理。在最后一只病例处理后2周经彻底消毒，方可解除封锁。

二、禽流感

禽流行性感冒简称禽流感，是由A型流感病毒引起禽类的一种急性传染病。鸡、火鸡、鸭、鹌鹑、野鸟、海鸟等均可感染，也可感染人类。

禽流感在鸡群中发病的严重程度变化不一，从无症状带毒到温和型的呼吸道感染再到95%以上的高致病性禽流感，发病情况多种多样，症状范围很广。高致病性禽流感传播迅速、病程短，病死率高，一旦传入便可造成巨大的经济损失。

各种家禽不分日龄大小均可感染。病禽和带毒禽(包括水禽和飞禽)是主要的传染源。可经呼吸道、消化道、损伤的皮肤和眼结膜而感染。目前尚无证据证明经蛋传播，但是一个鸡群受到感染时，其产出的种蛋和雏鸡应予以销毁。

本病发生于气候突变的早春、晚秋及寒冷的季节。另外，阴雨、潮湿、贼风、寒冷、拥挤、营养不良、寄生虫感染等因素可促进本病的发生。候鸟、散禽、水禽等携带病毒迁徙可能是禽流感世界流行的主要原因。

(一)症状和病变

潜伏期可从几小时到21 d。临床类型常见的有两种类型。

(1)高致病性禽流感　突然发生，大批急性死亡。病鸡体温升高，精神委顿，扎堆，羽毛逆立，采食减少或不吃。头部和颈部浮肿；冠和肉垂边缘有紫黑色斑点；爪部鳞片下出血。咳嗽，呼吸困难，啰音。腹泻白绿色粪便。神经机能紊乱，头向后扭转或呈观星状。蛋鸡产蛋量急剧下降或停止。

(2)低致病性禽流感　呈现无症状的隐性感染或轻微的呼吸道症状，产蛋下降5%～50%，粗壳蛋、软皮蛋、褪色蛋增多。死亡率5%～15%。

病变为全身皮下，尤其头部皮下有胶样浸润。气管、支气管黏膜充血、出血。腺胃乳头出血。肾肿大，积有尿酸盐。肝、脾肿大、出血。青年鸡或成年鸡的生殖系统病变严重，主要表现为卵黄性腹膜炎，卵泡膜出血，严重者卵黄变黑、变形、破裂，输卵管子宫部形成米粒大的水肿。

(二)防制

(1)加强养禽场管理和卫生防疫制度　避免家禽和野生鸟禽类进入饲养区，有健全的灭鼠措施。谢绝参观访问。

(2)搞好普查和监测　所有养禽场每半年至少监测一次。通过普查监测，可准确掌握疫情动态，及时做出流行预测，保证各项预防措施落实；及时发现禽流感阳性鸡并对其进行监控和扑杀，可迅速扑灭疫情，防止疫情扩散蔓延。

(3)免疫接种　所用疫苗为灭活苗。以产蛋鸡发病为主的地区，可在20～30日龄首免，

120～140 日龄二免。种鸡及禽流感高发地区，还可在 300 日龄三免。

三、传染性支气管炎

鸡传染性支气管炎是由鸡传染性支气管炎病毒引起鸡的一种急性、高度接触性传染病，简称“传支”。其特征是咳嗽、打喷嚏和气管发生啰音，雏鸡还可出现流涕；产蛋鸡产蛋减少和蛋的质量低劣；肾型传支可见白色水样下痢，肾肿大，有尿酸盐沉积。

该病具有高度传染性，感染鸡生长受阻，耗料增加。产蛋和蛋质量下降，死淘率增加。幼雏感染除引起高的死亡率外，还可造成母雏永久性的输卵管退化，失去生产性能。发生本病后还易继发感染大肠杆菌病等多种传染病。

本病仅发生于鸡，但小雉可感染发病，其他家禽均不感染。各种年龄的鸡都可发病，以 10 日龄～6 周龄的雏鸡最为严重。有母源抗体的雏鸡有一定的抵抗力。病鸡和带毒鸡是传染源，病鸡康复后可带毒、排毒。本病的主要感染途径是呼吸道，病鸡从呼吸道排出病毒，经飞沫或尘埃再传染给其他易感鸡。此外，也可通过污染的饲料、饮水等经消化道感染。

(一)症状和病变

潜伏期 36 h 或更长一些。雏鸡见不到前驱症状，而是突然出现呼吸道症状，并迅速波及全群。这是本病的特征。

6 周龄以下的鸡，呼吸困难，常表现伸颈、张口呼吸、并发出特殊叫声，打喷嚏。精神委顿，羽毛蓬乱，昏睡、两翅下垂，采食减少。个别鸡鼻窦肿胀，流黏性鼻液，眼泪多；逐渐消瘦，康复鸡发育不良。

6 周龄以上的鸡，仅表现气管啰音、咳嗽、气喘，同时伴有减食、精神委顿或下痢症状。

产蛋鸡出现轻微的呼吸道症状，伴有产蛋量下降，产软壳蛋、畸形蛋或粗壳蛋；蛋的质量变差，蛋白稀薄如水，蛋黄和蛋白分离，蛋白粘着于壳膜表面等。

病程一般为 1～2 周，有的拖延至 3 周。雏鸡的死亡率可达 25%～90%，6 周龄以上的鸡死亡率很低，康复鸡具有免疫力。

主要病变是气管下段、支气管、鼻腔和窦内有浆液性、卡他性或干酪样渗出物。气囊可能浑浊或含有黄色干酪样渗出物。在死亡鸡的气管后段或支气管中可能有一种纤维素性干酪样栓子。在大的支气管周围可见到小灶性肺炎。产蛋母鸡的腹腔内可以发现液状的卵黄物质，卵泡充血、出血、变形。18 日龄以内感染传染性支气管炎的失去产蛋能力的成年母鸡，可见输卵管发育异常，呈稚型或萎缩。

肾病变型传染性支气管炎，可见肾肿大、苍白，呈现斑驳状的“花斑肾”，肾小管和输尿管因尿酸盐沉积而扩张。在严重病例，白色尿酸盐可沉积于其他组织器官表面。

(二)防制

严格执行隔离、检疫等卫生防疫措施。鸡舍内要注意通风换气，防止过挤，注意保温，加强饲养管理，补充维生素和矿物质饲料，以增强鸡体抵抗力。同时配合疫苗进行人工免疫。

疫苗有 H_{120}、H_{52} 及其油乳剂灭活苗。H_{120} 毒力较弱，对雏鸡安全；H_{52} 毒力较强，适用于 20 日龄以上的鸡；油乳剂灭活苗对各种日龄的鸡均可使用。

一般免疫程序为5～7日龄首免，用H_{120}滴鼻或饮水；25～30日龄二免，用H_{52}滴鼻或饮水；种鸡于120～140日龄三免，用油苗注射。

本病尚无特效疗法，发病鸡群要注意保暖、通风换气和带鸡消毒，增加多维素饲用量。为了补充钠、钾损失和消除肾脏炎症，可以给予复方口服补液盐或含有柠檬酸盐或碳酸氢盐的复方制剂。如有细菌继发感染可使用抗生素治疗。

四、传染性喉气管炎

传染性喉气管炎是由传染性喉气管炎病毒引起鸡的一种急性呼吸道传染病，简称"传喉"。主要特征是呼吸困难，咳嗽，咳出带血的渗出物，产蛋鸡产蛋率下降。剖检时喉部和气管黏膜肿胀、出血并形成糜烂，有时可见黄白色纤维素性假膜。

在自然条件下，主要侵害鸡。不同年龄的鸡均易感染，以成年鸡的症状最为特征，但近几年来，雏鸡和育成鸡也有发生。病鸡和康复后的带毒鸡是主要的传染源，约有2%康复鸡可带毒，时间长达2年。所以鸡场一旦感染传染性喉气管炎病毒，如不采取"全进全出"的措施，很难净化本病。本病经呼吸道传播感染，污染的垫料、饲料和饮水可成为传播媒介。易感鸡与接种活苗的鸡长时间接触，也可感染本病。

本病在易感鸡群内传播很快，感染率可达90%，死亡率达5%～70%，平均为10%～20%，高产的成年母鸡死亡率较低，而育成鸡和雏鸡死亡率较高。

本病一年四季均可发生，以秋冬寒冷季节多发。鸡群拥挤，通风不良，维生素A缺乏，都可促进本病的发生。

(一)症状和病变

潜伏期6～12 d。发病初期常有少数鸡突然死亡。急性病例初期鼻孔有分泌物，流眼泪，并伴有结膜炎的症状。其后表现为特征性的呼吸道症状，呼吸时发出湿性啰音，继而咳嗽和气喘，并有喘鸣音。严重病例，呈现明显的呼吸困难，头颈部上伸，张口呼吸；痉挛性咳嗽，可咳出带血的黏液，悬挂于鸡笼或墙壁上，血迹斑斑。若分泌物不能咳出而堵住气管时，可窒息死亡。经口腔检查时，可见喉头黏膜上有淡黄色凝固物(假膜)附着，不易擦去。病鸡迅速消瘦，鸡冠发紫，有时排绿色稀粪。产蛋鸡的产蛋量迅速减少(可达35%)或停止，产软蛋、褪色蛋、粗壳蛋，康复后1～2个月才能恢复正常产蛋。病程5～7 d或更长。

有些较弱的毒株引起发病时，病情缓和，生长迟缓，产蛋减少；流泪，有结膜炎；严重病例见眶下窦肿胀。病程可达1个月。死亡率一般较低，不超过2%，若有细菌继发感染则引起死亡率增加。

本病的主要病变在气管和喉部组织。病初喉头和气管黏膜充血、肿胀，有黏液，进而黏膜发生出血、变性和坏死，气管腔中含有黏液或血凝块。2～3 d后喉、气管内有黄白色纤维素性干酪样假膜覆盖，可能会将气管完全堵塞。严重时炎症也可扩散到支气管、肺和气囊，甚至上行至鼻腔和眶下窦。比较缓和的病例，仅见结膜和窦内上皮的水肿和充血。

(二)防制

(1)加强饲养管理　注意通风换气，鸡舍内氨气过浓时，易诱发本病，因此平时要及时清粪，注意清洁卫生和消毒，要改善鸡舍通风。及时淘汰病愈鸡，由于本病大多由带毒鸡所传染，因此易感鸡不能与康复鸡或接种疫苗的鸡饲养在一起，这一点极其重要，最好将病愈鸡淘汰处理。对来历不明的鸡要隔离观察 2 周，不能随便带进鸡群。

(2)疫苗接种　国产或进口的传染性喉气管炎弱毒疫苗对预防本病有一定的效果。由于疫苗株大多毒力偏强，接种后鸡群的反应较大，甚至发病，接种鸡也会成为病毒携带者，存在散毒的危险，所以这种疫苗只能在发生过本病的鸡场使用。若已经使用疫苗，则必须坚持使用。首免在 5 周龄，二免在 10 周龄，采用点眼法接种，接种后 3～4 d 可发生轻度眼结膜反应，个别鸡只出现眼肿，甚至眼盲现象，可用每毫升含 1 000～2 000 IU 的庆大霉素或其他抗生素滴眼。为防止鸡发生结膜炎，稀释疫苗时每羽份加入青霉素、链霉素各 500 IU。

(3)治疗　目前尚无有效治疗药物，发病后投服抗菌药物，对防止继发感染有一定作用。为防止继发慢性呼吸道病，可在饮水中添加泰乐菌素或链霉素。对病鸡采取对症治疗，如内服牛黄解毒丸或喉症丸，或其他清热解毒利咽喉的中成药，可明显减缓呼吸道炎症，以减少死亡。还可用镊子除去喉部和气管上端的干酪样渗出物。因该病在不同鸡群间传播缓慢，对发病鸡群，病初可用弱毒疫苗点眼，接种后 5～7 d 即可控制病情。

五、鸡马立克氏病

鸡马立克氏病是由马立克氏病病毒主要引起鸡的一种淋巴组织增生性传染病。其特征是外周神经、性腺、虹膜、各种内脏器官、肌肉和皮肤发生单核细胞浸润，是一种淋巴瘤性质的肿瘤疾病。

本病主要感染鸡，其次为火鸡、野鸡、鹌鹑，其他动物不感染。不同品种或品系的鸡均可感染。感染时鸡的年龄对发病的影响很大，特别是在出雏和育雏的早期阶段感染可导致很高的发病率和死亡率。母鸡比公鸡更易感染。病鸡和带毒鸡是主要的传染源，病毒存在于病鸡羽毛囊上皮细胞中，可随脱毛、掉皮屑排出，随尘埃漂浮于鸡舍空气中，长时间保持传染性。易感鸡主要经呼吸道传播感染。

(一)症状和病变

根据病变发生的部位和症状不同，本病分为 4 种类型，即神经型、内脏型、眼型和皮肤型，有时混合发生。

(1)神经型　主要见于 3～4 月龄的鸡。主要侵害外周神经，最常侵害的是坐骨神经，病鸡呈现一只脚或两只脚不全麻痹，步态不稳，再发展至完全麻痹，不能行走，蹲伏于地上，呈现特征性的“劈叉势”，即一只脚前伸，一只脚后伸。如果臂神经受害，则发生翅下垂；颈部神经受害，发生头下垂；迷走神经受害，失声、嗉囊扩张和引起呼吸困难；腹神经受害，有拉稀症状。

(2)内脏型　临床上最常见，常见于 50～70 日龄的鸡，危害也最大，病死率高。表现精神委顿，羽毛蓬乱，采食减少，鸡冠和肉髯苍白或萎缩，渐进性消瘦，下痢，体质极度虚弱，病程较长，最后因衰竭而死亡。

(3)眼型　发生于一眼或两眼，虹膜的正常色素消失，呈现同心环状或斑点状以至弥漫性的灰白色；瞳孔边缘不整齐，严重时瞳孔只留下一个针尖大的小孔，视力模糊或丧失。因此也称为“灰眼病”、“白眼病”或“银眼病”。

(4)皮肤型　较少见，主要表现为皮表羽毛囊肿胀，毛囊周围形成大小不等的肿瘤结节，多在宰后发现。

常见的病变是外周神经病变，受害的神经粗大，比正常粗 2～3 倍以上，黄白色或灰白色，横纹消失，以腹腔神经丛、前肠系膜神经丛、臂神经丛、坐骨神经丛和内脏大神经最常见。病变常只侵害一侧，可与对侧神经比较，有助于诊断。

最常被侵害的内脏器官是卵巢，其次为肾、脾、肝、心、肺、胰、肠系膜、腺胃和肠道。肌肉和皮肤也可受害。在上述器官和组织中可见大小不等的肿瘤块，灰白色，质地坚硬而致密，有时肿瘤呈弥漫性，使整个器官变得很大。除法氏囊外，内脏的眼观变化很难与禽白血病等其他肿瘤病相区别，表 5-21 为鸡马立克氏病和淋巴性白血病的鉴别要点。法氏囊通常萎缩，极少数情况下发生弥漫性增厚的肿瘤变化。皮肤病变常与羽毛囊有关，但不限于羽毛囊，病变可融合成片，呈现清晰的白色结节，在拔毛后的胴体尤为明显。

表 5-21　马立克氏病和淋巴性白血病的鉴别要点

项目	马立克氏病	淋巴性白血病
发病周龄	4 周龄以上	16 周龄以上
麻痹或不全麻痹	经常出现	无
虹膜混浊	经常出现	极少
周围神经粗大	经常出现	无
皮肤、肌肉肿瘤	可能出现	无
法氏囊	常见萎缩，偶尔弥漫性肿大	常可形成肿瘤

(二)防制

在育雏前要严格消毒育雏室，以防雏鸡感染。并于雏鸡出壳后 24 h 以内接种疫苗。疫苗有鸡马立克氏病火鸡疱疹病毒活疫苗(HVT)，经稀释后颈部皮下注射 0.2 mL，14 d 后产生免疫力，免疫期可持续 12 个月；鸡马立克氏病 Ⅰ 型(CVI988/Rispens)活疫苗，液氮保存(－196℃)，经稀释后皮下注射 0.2 mL，1 周后产生免疫力，免疫期 18 个月。

六、鸡传染性腔上囊炎

鸡传染性腔上囊炎又称鸡传染性法氏囊病，也是一种急性高度接触性传染病，危害的主要器官是法氏囊。幼雏感染后不仅可引起死亡，还可因法氏囊受损而引起免疫抑制或免疫机能降低，致使其他的传染病，如新城疫、鸡马立克氏病等病的疫苗达不到预期的免疫效果，并容易感染其他的传染病，如大肠杆菌病。

除鸡外，火鸡、鹌鹑、鸭、麻雀也可感染。在鸡中，各种品种的鸡均可感染。在年龄方面，主要发生于 2～15 周龄的鸡，以 3～6 周龄的雏鸡发病最多，成年鸡一般呈隐性经过。病鸡和带毒鸡是该病的传染源，病鸡是主要的传染源，其粪便中含有大量的病毒。可直接接触传播，也可间接接触传播。通过被污染的饮水、饲料、器具经消化道感染。另外，也可经种蛋、呼吸道、眼结膜和损伤的皮肤感染以及昆虫传播感染。

发病率达95%以上，有时达100%。死亡率为2%～30%，在雏鸡饲养密度较高时，死亡率可高达40%以上。一般突然暴发，传播迅速，感染后2～3 d开始死亡，4～5 d达到死亡高峰，以后急剧下降，一周后死亡停止，呈现尖峰死亡曲线。

(一)症状和病变

潜伏期2～3 d。早期症状为啄自己的肛门，随后羽毛蓬乱，精神沉郁，采食减少或停食，畏寒发抖；排泄水样粪便，混有白色尿酸盐。后期不愿走动，驱赶时也不动，伏卧于地，脱水，挣扎而死亡。病程5～7 d。

一个鸡场初次发病时多呈急性经过，症状典型，以后再发生，病情也较缓和，症状也不那么典型了。

部分鸡腿肌、胸肌常有斑点状或条纹状出血。肾脏肿胀，积有尿酸盐；输尿管也有类似变化。腔上囊，初期肿大2～3倍，浆膜面及内侧黏膜皱褶面有点状或斑状或弥漫性出血，并有奶油样棕红色黏性分泌物，后期萎缩。少数鸡腺胃与肌胃交界处黏膜常有出血点或出血带。

(二)防制

(1)免疫接种。目前所用的疫苗有活苗和油乳剂灭活苗两种类型。活苗又有弱毒苗和中毒苗之分，弱毒苗接种后对法氏囊无损伤，不引起免疫抑制，但产生效力慢，抗体滴度低。中毒苗接种后对法氏囊有轻度损伤，但产生抗体快，有较高的保护率。油乳剂灭活苗用于经两次活苗免疫的种鸡，可产生较高的母源抗体，其种蛋孵化后，其中的母源抗体可维护3～4周，使雏鸡在3周龄以内有较强的免疫力。

有监测条件的鸡场可定期监测雏鸡群抗体消长情况，制定出一套符合本场的免疫程序。如无监测条件可参考以下免疫程序。

蛋雏鸡于10～14日龄用中毒苗饮水免疫，21～24日龄重复上述免疫。种鸡在上两次免疫的基础上于120～140日龄和40周龄各注射(皮下或肌肉注射)一次油乳剂灭活苗。

如果雏鸡群母源抗体较低或无母源抗体(种鸡未经接种)，应于1～3日龄用弱毒苗饮水首免，以后按上述程序免疫。

(2)重视消毒，做好平时的清洁卫生工作，定期使用百毒杀等消毒剂消毒。

(3)加强饲养管理，减少和避免各种应激因素的刺激，防止啄肛。

(4)发病时适当提高育雏温度，这在冬季是很重要的。一般提高室温3～5℃可减少死亡。饮用"口服补液盐"3～5 d，以防脱水。也可在饮水中加入5%的糖或0.1%的盐，并供给充足的水。减少和消除各种应激因素的刺激，防止继续啄肛。降低病鸡群饲料中的蛋白质含量(降为15%左右)，以减轻尿酸盐对肾脏的损害，同时把维生素A增加一倍。在饲料或饮水中加入强力霉素、庆大霉素、环丙沙星、卡那霉素等抗菌药物，以防继发感染。场内环境用2%烧碱消毒，鸡舍内用0.2%～0.3%过氧乙酸或百毒杀带鸡喷雾消毒。在发病初期，注射高免卵黄液或高免血清，疗效显著。

任务7 家禽常见其他疾病的防制

一、细菌性疾病的防制

(一)禽沙门氏菌病

禽沙门氏菌病是由多种沙门氏菌引起禽类疾病的总称,包括鸡白痢、禽伤寒和禽副伤寒。其中以鸡白痢最常见,危害最大。

禽沙门氏菌病传播方式较为复杂,最常见的是通过带菌卵而传播,带菌卵来自于康复鸡或带菌母鸡,或健康卵壳污染病菌后成为污染卵。以带菌卵和污染卵孵化时,形成死胚及病雏,病雏通过其分泌物、排泄物等污染饲料、饮水、孵化器、育雏器等,又使同群饲养的健康雏鸡经消化道、呼吸道或眼结膜而感染,耐过鸡可长期带菌,成年后产带菌卵,带菌卵再进行孵化,如此周而复始,使本病代代相传。

1.鸡白痢

鸡白痢是由鸡白痢沙门氏菌引起的传染病。主要见于2～3周龄的雏鸡,以排白色糊状粪便为特征。发病率和死亡率很高。成年鸡呈慢性或隐性感染或呈带菌状态。

(1)症状和病变　雏鸡多于出壳后3～4 d开始发病,7～10 d病雏增多,2～3周龄达到高峰。

最急性者,无明显症状突然死亡。

急性者表现精神委顿,羽毛蓬乱,两翼下垂,昏睡,离群蹲伏。食欲废绝,进而腹泻,排白色糊状粪便,肛门周围羽毛被粪便污染,干结后影响排粪,病鸡常因疼痛发出叽叽的尖叫声。有些病鸡出现眼盲,或肢关节肿胀和跛行,亦可发生肺炎,出现呼吸困难。病程一般4～7 d。病死率达40%～70%。耐过鸡成为带菌鸡,发育不良。中雏症状与幼雏相似,但腹泻明显,粪色不一,病程较长,病死率在10%～20%。

成年鸡多为隐性带菌,母鸡产蛋量下降或停止产蛋,受精率降低。少数病鸡也表现下痢、“垂腹”,最后因卵黄囊炎引起腹膜炎而死亡。

雏鸡的病理变化较多,在肝、心肌、脾、肺、肾、肌胃等器官有黄白色坏死灶或灰白色结节;胆囊充盈;输尿管充满白色尿酸盐,扩张变粗;盲肠中有干酪样栓塞物阻塞肠腔;常见腹膜炎。几日龄内的雏鸡有出血性肺炎,肺有结节和灰白色肝变。

育成鸡肝肿大2～3倍,呈暗红或深紫色,有的略带土黄色,表面散在或弥漫小红色或黄白色坏死灶,质脆易碎。

成年鸡的病理变化主要是卵黄囊炎和腹膜炎。母鸡卵子变色,呈白色、灰白色、灰绿色;变形,大小不一,表面凹凸不平;变质,内容物为油脂样或干酪样。有的还有长短不一的卵蒂(柄状物)与卵巢相连,有的脱落,坠入腹腔,有的停留于输卵管内,引起阻塞,引起广泛性的腹膜炎和腹腔脏器粘连。公鸡睾丸肿大或缩小,有点状坏死灶,输精管闭塞。

(2)防制　目前此病尚无有效疫苗,针对养鸡各环节应采取综合性措施。

①孵化环节　挑选健康种蛋,种蛋应来自健康种鸡群。入孵前用福尔马林对种蛋、孵化器、孵化室等进行熏蒸消毒。

②育雏阶段　严格消毒育雏室。出壳后用0.01%高锰酸钾溶液饮水1～2 d。在2～3周龄时用抗菌药物(氟哌酸、环丙沙星、庆大霉素等)饮水或拌饲,剂量为治疗量的一半。为防止长期应用单一的药物预防引起耐药菌株的出现,应将药物交替使用。

③成年种鸡　每年定期检疫,检出的阳性鸡淘汰处理,使鸡群逐步净化。

④治疗　用药前最好做药物敏感试验,选择最敏感的药物可收到更好的效果。

2.禽伤寒

禽伤寒是由鸡伤寒沙门氏菌引起的传染病。主要见于中年鸡和成年鸡。特征是黄绿色腹泻,肝脏肿大。

(1)症状和病变　潜伏期4～5 d,雏鸡感染后症状和病变与鸡白痢相似。急性者突然停食,精神委顿,羽毛松乱,冠和肉髯暗紫色或呈苍白皱缩,排黄绿色稀粪,体温升高,一般经5～10 d死亡,有的可迅速死亡。病死率达10%～50%。亚急性或慢性病例,食欲减退,生长发育不良,腹泻,病死率较低,耐过者长期带菌。

雏鸡病变与鸡白痢相似。成年鸡最急性型眼观变化不明显,亚急性型和慢性型病变具有特征性,肝脏肿大,呈青铜色,表面有粟粒大、灰白色坏死灶。卵子及腹腔病变与鸡白痢相同。

(2)防制　参照鸡白痢。

3.禽副伤寒

禽副伤寒的病原为一群有运动性的沙门氏菌。各种禽类均可感染,以鸡、火鸡和鸭最多见,常在10日龄内严重暴发,死亡率可达20%。1月龄以上的家禽很少死亡,成年鸡呈隐性或慢性经过。临床特征是下痢和内脏器官坏死。

(1)症状和病变　潜伏期12～18 h,2周龄以内的雏鸡多呈急性败血症,日龄较大的鸡呈亚急性、慢性或隐性经过。

卵内感染或孵化器内感染者,多在1周内发病死亡。有的在啄壳前或啄壳时死亡。多数病例表现嗜睡,缩头闭目,两翅下垂,羽毛蓬乱,怕冷拥挤在一起,采食减少,饮水增加,呈现白色水样下痢,肛门周围污染严重。病程约1～4 d。

急性死亡的病雏,一般不见明显的病变。病程稍长者可见消瘦、脱水,卵黄凝固。肝、脾充血、肿大,有条纹状出血和点状坏死灶。肾脏和肺脏出血。有心包炎。十二指肠呈出血性炎症,盲肠内有干酪样物质。

成年鸡慢性感染或带菌时,常无明显病变。少数病鸡可见肝、脾、肾充血肿胀;有出血性或坏死性肠炎,心包炎,腹膜炎,卵泡异常,但不如鸡白痢明显和常见。

(2)防制　参照鸡白痢。

(二)禽大肠杆菌病

禽大肠杆菌病是由致病性大肠杆菌引起的局部性或全身性传染病。有急性败血症、气囊炎、输卵管炎、腹膜炎、滑膜炎、全眼球炎、大肠杆菌肉芽肿和脐炎等。

本病的发生贯穿整个养鸡周期,从胚胎期至产蛋期均可发生。近年来,大肠杆菌病的发病率越来越高,在细菌性传染病中以此病对鸡的危害最大,超过了鸡新城疫、传染性法氏囊病、传染性支气管炎等病毒病的危害。

在自然条件下可发生于不同日龄的鸡，以雏鸡最易感，鸡龄愈大对大肠杆菌的抵抗力愈强。肉鸡较其他品种鸡易感。大肠杆菌在自然环境中(饲料、饮水、垫草、灰尘、鸡的体表、孵化场、孵化器等设备)普遍存在，感染途径很多，主要有消化道、呼吸道和种蛋(蛋内带菌或蛋壳被污染)。本病一年四季均可发生，以冬末春初最为常见。环境卫生不良和饲养管理差是发生本病的一个重要诱因。气候突变，通风不良(舍内氨气及二氧化碳等有害气体浓度超标)、鸡群密度过大、饮水不足、接种疫苗、转群以及营养不均衡等多种因素可促进本病发生。

本病易与其他一些传染病混合感染或继发感染，如鸡群发生新城疫、传染性腔上囊炎、传染性支气管炎、支原体感染等传染病时，由于机体抵抗力下降，多继发大肠杆菌病。几种病相互作用，给防制工作带来很大困难。

1.症状和病变

由于细菌侵害的部位不同和鸡体抵抗力不同，临床症状和病理变化有所不同，有以下几种情况：

(1)急性败血症　常在应激极严重的情况下发生。受感染的鸡突然死亡，死亡鸡多为营养良好的鸡(肌肉丰满，嗉囊内充盈)。

剖检，一般无明显病变，有的可见肝脏呈铜绿色，脾肿大，胸肌出血。有时可引心包炎，心包膜附有多量灰白色纤维蛋白，心包腔内充满淡黄色纤维素性渗出液。并发肝周炎，肝浆膜上有一层白色纤维蛋白膜覆盖，剥脱，肝呈紫褐色。

(2)死胎、初生雏败血症及脐炎　由于幼雏脐孔不能正常愈合，由内源性带菌或外源性污染的种蛋在孵化过程中细菌大量繁殖，引起感染。多数胎儿在孵化后期或出壳前死亡；有的在出壳后 2～3 d 内发生败血症死亡；有的病雏腹部膨胀，脐炎，卵黄吸收不良；有的还发生腹膜炎。死亡率达 10%～12%。

注意：葡萄球菌和沙门氏菌感染也可引起脐炎。

(3)气囊炎　常为继发感染所致，鸡群感染新城疫、传染性支气管炎、支原体或接种这些病的疫苗时，造成呼吸道损伤，大肠杆菌趁机侵入，并在气囊增殖。主要发生于 5～12 周龄的肉鸡，多以 6～9 周龄为发病高峰期。病鸡表现呼吸困难和咳嗽等症状。死亡率为 8%～10%。

剖检，气囊膜增厚、混浊，严重者囊腔内有白色或淡黄色干酪样渗出物，也可出现心包炎、肝周炎以及输卵管炎，在输卵管内出现淡黄色干酪样渗出物。

(4)卵黄性腹膜炎和输卵管炎　主要发生于产蛋期的母鸡，采食减少，鸡冠萎缩，肛门周围羽毛上粘着蛋白或蛋黄状物质，产蛋量锐减或停产。死亡率时高时低，与气候变化和治疗情况有关。多见于管理差，环境污染严重的鸡场。

剖检，打开腹腔便会闻到一股腥臭味，并积有多量的卵黄状物，卵子变形，呈灰色、褐色，有的卵子脱落于腹腔，蛋黄液广泛分布于肠系膜表面，使肠系膜发生炎症，肠道互相粘连，病程稍长的在腹腔器官及肠系膜上有纤维蛋白物附着，卵黄凝固成块状，沉积于腹腔中后部。输卵管膨大，黏膜出血，壁变薄，管内有条索状的干酪样物质。

(5)出血性肠炎　主要病变在消化道，特别是小肠黏膜充血、出血，严重时在浆膜可见到出血点，肠道内容物稀薄，并混有黏液性、血性物。

(6)肉芽肿　生前无特征症状，病鸡主要表现消瘦，衰弱。

主要病变在肝、十二指肠、盲肠、肠系膜等部位出现肉芽肿结节，大至核桃大，灰白色，外观与鸡马立克氏病的肿瘤结节相似。

(7)全眼球炎 鸡舍内空气中大肠杆菌密度过高,雏鸡感染引起眼球炎,呈单侧性或双侧性,开始可见眼睑肿胀、闭合、突出、眼内积脓液或干酪样物,角膜浑浊,后期失明。

大肠杆菌病在多数情况下为继发性疾病,与原发疾病的症状混杂在一起,症状出现多样化和复杂化,本病没有特征性症状,在诊断中应注意与其他疾病相鉴别。

2.防制

加强种鸡饲养管理是预防本病的关键。大肠杆菌病是一种条件性疾病,在良好的饲养管理条件下,可以不发生或少发生。重视种蛋孵化前的消毒、孵化室和孵化设备的消毒,平时用百毒杀、威岛或过氧乙酸等坚持带鸡消毒。

对于发病的鸡场,如果药物一时难以控制,可以考虑接种疫苗,用本场分离的菌株制成大肠杆菌多价油苗,能有效防制本病的发生。种鸡于开产前接种疫苗后,在产蛋期大肠杆菌病发病较少,种蛋受精率、孵化率都能提高,初生雏发病率也能降低。

在使用药物前最好做药物敏感试验,以便获得理想的治疗效果。高敏药物有庆大霉素、丁胺卡那霉素、新霉素、环丙沙星、恩诺沙星、氧氟沙星等,但这不是固定不变的,同一种药在甲场可能为高敏药物,在乙场可能为中敏或低敏药物,而且大肠杆菌极易产生抗药性。值得注意的是,20日龄以上的鸡单纯发生大肠杆菌病者较少,常与某些病原体混合感染,所以在确诊的基础上还要选择对另一种病原体有效的药物治疗。若有发病的诱因存在,应注意消除诱因,以提高治疗效果。

用药原则:初次投药时一定要达到治疗量,一个疗程后,鸡群即使停止死亡,也要在停药2~3 d后再使用一个疗程,以防复发。慢性病例的鸡群,要周期性给药。发病期间在日粮中可增添维生素A、维生素E、维生素C来增强机体抵抗力,从而减少死亡。

(三)禽巴氏杆菌病(禽霍乱)

禽巴氏杆菌病又称禽霍乱,是由多杀性巴氏杆菌引起家禽的一种接触性传染病。急性型呈败血症和剧烈下痢,慢性型发生肉髯水肿和关节炎。以3~4月龄的鸡和成年产蛋鸡多发,而2月龄以内的鸡很少发病。

1.症状和病变

(1)最急性型 常见于流行初期,以产蛋高的鸡最常见。病鸡突然发病死亡,或无明显病状,仅见倒地挣扎、拍翅、抽搐,经数分钟或数小时死亡。常无特殊的病理变化,仅见心冠状沟部有针尖大出血点,肝脏可能有灰白色坏死灶。

(2)急性型 最常见,体温升高达43~44℃,精神委顿,羽毛松乱,缩颈闭目,呆立不动,不食,饮水增加。鸡冠、肉髯呈黑紫色。呼吸困难,口、鼻流黏液。剧烈下痢,排黄绿色或灰黄色稀粪。最后因衰竭而死亡。病程1~3 d。

主要病变是出血和坏死。皮下组织、腹膜、肠系膜脂肪有小点出血。心包膜增厚,心包液增多,呈不透明的淡黄色,混有纤维素凝块。心冠脂肪出血点最明显。肺充血和出血。肝脏稍肿,呈棕色或黄棕色,质脆,表面有灰白色或灰黄色针尖大坏死灶。十二指肠呈卡他性或出血性炎症,肠浆膜、黏膜充血、出血,内容物混有血液。脾脏无明显变化或稍肿大。

(3)慢性型 见于流行后期,多由急性转化而来,表现慢性呼吸道炎症和慢性消化道炎症。鼻流黏液,鼻窦肿胀,喉部有少许分泌物蓄积而影响呼吸,有一定程度的呼吸困难。经常腹泻。

鸡冠苍白，肉髯肿胀。有的有关节炎、关节肿胀、跛行，常见于腿关节和翼关节。病程数周，病死率不高，康复后长期带菌。

慢性型缺乏典型病变，多呈局限性感染，如鼻窦炎、肺炎、气囊炎、化脓性关节炎、肠炎、卵巢出血或卵黄破裂。鼻腔、气管呈卡他性炎症，有多量黏性分泌物。关节肿大变形，内有脓性渗出物或干酪样渗出物。因卵巢出血，卵黄破裂，腹腔脏器表面附着有干酪样的卵黄样物质，有腹膜炎。

2. 防制

平时加强饲养管理，消除诱因。在流行地区注射菌苗，菌苗种类较多，有禽霍乱 731 弱毒菌苗、禽霍乱 G190E40 弱毒冻干苗、禽霍乱氢氧化铝甲醛苗、禽霍乱油乳剂灭活苗、禽霍乱＋鸡新城疫二联油乳剂苗，但免疫期都较短。弱毒菌苗为 3～3.5 个月，灭活苗为 3～6 个月。以禽霍乱油乳剂灭活苗、禽霍乱＋鸡新城疫二联油乳剂苗应用效果理想，注射后 14 d 产生免疫力，保护率达 75%～80%。目前尚无固定的免疫程序，一般从来未发病的鸡场和肉鸡群不进行菌苗接种，在常发区和流行严重的地区，药物治疗效果日渐降低时，才可考虑用疫苗预防。

发病时，及时隔离、淘汰病鸡，病死鸡尸体深埋或焚烧处理，对假定健康鸡群进行药物预防或紧急免疫接种。对污染的环境和用具进行彻底消毒。防治药物有 5%恩诺沙星、5%环丙沙星、强力抗治疗剂、菌克星、灭败灵、氟哌酸等，混饲或饮水。

二、寄生虫病的防制

(一)鸡球虫病

鸡艾美耳球虫病简称鸡球虫病，是由艾美耳属的多种球虫寄生于鸡的肠黏膜上皮细胞内引起的疾病。主要危害雏鸡，雏鸡感染率可达 80%～100%，死亡率为 20%～50%，有时达 80%，成年鸡常常带虫。主要特征是消瘦、贫血和血痢。

鸡艾美耳球虫有 9 种，其中致病力最强、危害最大的是柔嫩艾美耳球虫，寄生于盲肠，又称盲肠型球虫；其次为毒害艾美耳球虫，寄生于小肠，又称小肠型球虫。

病鸡和带虫鸡是感染来源。球虫病耐过鸡长期带虫，排卵囊的时间可持续 7 个月之久。鸡通过食入被卵囊污染的饲料或饮水而感染。主要感染 3 月龄以内的雏鸡，发病的最早日龄为 12 日龄，最晚为 82 日龄。气候温暖多雨、鸡舍阴暗潮湿、雏鸡拥挤、饲料品质差及缺乏维生素 A 和维生素 K、卫生条件不良时，都容易促进球虫病的发生和流行。北方地区多发生在 4～9 月份，7～8 月份为高峰期。南方各地一年四季均可发生。

1. 症状和病变

(1)盲肠型球虫病　初期雏鸡精神不振，羽毛蓬乱，缩头闭眼、呆立，采食减少；进一步发展，停食，饮水增加，嗉囊内充满液体，下痢，血便，甚至拉鲜血，迅速消瘦，贫血，鸡冠苍白。病程为 1～3 周。

剖检，盲肠高度肿胀变粗，肠腔内容物干硬，混有血液，有时血液充满整个肠腔，盲肠壁肥厚、黏膜出血，呈棕红色，如腊肠状。

(2)小肠型球虫病　食欲长期不振，间歇性下痢，有时血便，但不拉鲜血。逐渐消瘦、贫血。成年鸡多为带虫者，增重和产蛋量有影响。病程 1～2 个月。

剖检，小肠粗大，紫红色，肠腔扩张，肠腔内有多量黄色黏液和麸皮样纤维素，肠壁肥厚，有时有出血斑点和灰白色粟粒状结节。

2. 防制

该病治疗非常被动，重在预防。包括一般性预防措施和药物预防以及虫苗免疫，三者综合应用。

(1)一般性预防措施　雏鸡和成年鸡分开饲养；及时清理粪便，保持鸡舍清洁、干燥，通风良好，光照充足，避免拥挤。针对雏鸡应给予富于营养的饲料，特别要保证蛋白质和维生素 A 以及维生素 K 的需要量。

(2)药物预防　球虫药物种类繁多，作用机理不尽相同，应合理地选择球虫药。一种抗球虫药在应用一定时期后，能形成抗药性，降低对球虫的作用，应做到有计划的更换，这样才有可能达到预防的目的。

球虫药多混在饲料中饲喂，用药时必须与饲料混合均匀，以防药物中毒。常用的抗球虫药有以下几种。

①地克珠利(杀球灵)　每千克饲料加入 1 mg，混饲，无休药期。

②常山酮(速丹)　每千克饲料加入 3 mg，混饲，休药期为 5 d。

③克球威(1%海南霉素钠预混剂)　每千克饲料加入 500～750 mg，混饲，休药期为 7 d。

④莫能菌素　每千克饲料加入 100～120 mg，混饲，休药期为 3 d。

⑤盐霉素　每千克饲料加入 50 mg，混饲，休药期为 5 d。

⑥氯苯胍　每千克饲料加入 30～33 mg，混饲，休药期为 5 d。

⑦氨丙啉　每千克饲料加入 125 mg，混饲，休药期为 7 d。

上述药物中，所提供的用量均为预防量；凡连续应用者在 7～10 日龄开始给药，直至 60 日龄为止。

(3)虫苗免疫　有单价苗、三价苗、四价苗等，于 4～14 日龄饮水免疫。

(二)鸡蛔虫病

鸡蛔虫病是由鸡蛔虫寄生于鸡的小肠引起的疾病。鸡蛔虫是鸡体内最大的线虫，细线状，淡黄色或白色，雄虫长 5～7.5 cm，雌虫长 7～11.5 cm。

成年带虫鸡是感染来源。鸡舍、运动场是鸡感染的主要场所，虫卵在潮湿的鸡舍可生存 6 个月以上。散养鸡易感多发，主要感染 2～4 月龄的鸡，超过 5～6 个月的鸡对蛔虫的侵袭有抵抗力，1 年以上的鸡常为带虫鸡。鸡舍潮湿或饲料中蛋白质、维生素、矿物质不足可促进鸡蛔虫病的发生。

(1)症状　幼虫寄生阶段表现下痢，粪便中混有血液、黏液，鸡体消瘦、衰弱甚至死亡。成虫寄生时表现发育迟缓，消瘦、贫血，虫体过多时引起肠阻塞和破裂。成年鸡症状不明显，主要表现产蛋量下降。

(2)防制　及时清除鸡舍、运动场上的鸡粪，发酵处理，保持鸡舍干燥。常发地区或污染鸡舍，每年实施 2 次驱虫，第一次在 2 月龄，第二次在产蛋前 1 个月进行。驱虫药物有左旋咪唑：按每千克体重 25 mg 拌入饲料，一次口服；驱蛔灵(枸橼酸哌嗪)：按每千克体重 250 mg 拌入饲料，一次口服；丙硫咪唑：按每千克体重 5～10 mg 拌入饲料，一次口服。

三、营养代谢病的防制

(一)维生素A缺乏症

维生素A缺乏症,是由于饲料中维生素A原或维生素A不足,或胃肠道吸收机能障碍,以致维生素A缺乏所引起的一种慢性营养性疾病。维生素A主要存在于动物组织中,植物中的维生素A主要以维生素A原(胡萝卜素)的形式存在。维生素A原经动物小肠壁的胡萝卜素酶的作用而变成活性型维生素A。

维生素A对鸡的主要作用是维持一切上皮组织、细胞膜和细胞器的膜结构的完整性和正常通透性,维持神经细胞和视觉正常,促进鸡的生长发育,维持正常代谢。提高机体抵抗力,提高产蛋率、产肉率、孵化率等。当维生素A缺乏时,会表现一系列的疾病症状。

1.病因

饲料中缺乏维生素A及A原,是维生素A缺乏的主要原因,如饲料单一、长期缺乏青绿饲料、饲料存放时间过长使维生素A被氧化。日粮中其他成分的影响,如维生素C、维生素E缺乏时,饲料在消化过程中散失过多;饲料磷酸盐过多可影响维生素A在体内贮存,日粮亚硝酸盐多不利维生素A原转变等,均可促进本病发生。胃肠道疾病或某些寄生虫病也是鸡维生素缺乏的原因之一。某些应激因素可增加鸡对维生素A的需要量。

根据鸡对维生素A的需要,雏鸡和青年鸡每千克饲料应含有1 500 IU,产蛋鸡、种鸡为4 000~5 000 IU。但实际应用时,考虑到氧化和其他成分影响,实际用量比需要量要高。

2.症状

雏鸡对维生素A最敏感,当雏鸡维生素A缺乏时,一般2~3周龄内就能表现生长迟缓,发育不良,体质衰弱,消瘦。精神委顿,羽毛松乱,运动失调,喙及腿部黄色素消失。长期严重缺乏时,引起眼鼻发炎,呼吸困难,流眼泪,并有干酪样分泌物,角膜干燥,有时造成失明,若饲料中不能及时补充维生素A,死亡率可达100%。

成年鸡呈慢性表现,精神沉郁,食欲减少,消瘦,羽毛蓬乱,趾爪蜷缩,不能站立,常用尾部触地,有时发生痉挛。产蛋率、受精率和孵化率均受影响,由于机体抵抗力降低,易继发传染病、寄生虫病和其他代谢营养病。种鸡维生素A缺乏可影响下代鸡胚发育和雏鸡成活率。

3.病理变化

雏鸡表现消化道、呼吸道黏膜发生炎性坏死,肾小管和输尿管中有尿酸盐沉积,成鸡的特征性病变是喉、气管、口腔、咽及食管前部的黏膜表面被覆一层易剥离的白色膜状物,剥离后留有光滑的黏膜面或上皮缺损。此为本病的特征性病变。

4.诊断

根据发生原因、临床症状和病理学变化的特征,结合血浆或肝脏维生素A的含量才能确诊。

5.防制

在治疗时,鸡可在日粮中添加鱼肝油,按鸡的大小每日用0.5~2 mL。鸡群发病时,应在日粮中补充维生素A或维生素A原,每千克饲料可含5 000 IU。

在饲养时,平时应注意补充一些富含维生素A或维生素A原的物质,如胡萝卜、黄玉米、苜蓿等。同时注意防止饲料酸败、发酵或长时间保存，以免维生素 A 被氧化。

(二)维生素 B_1 缺乏症

维生素 B_1 缺乏症，是由于鸡硫胺素不足或缺乏所引起的一种营养缺乏病，临床上以多发性神经炎和食欲降低为特征。

1. 病因

饲料单一，长期饲喂缺乏维生素 B_1 的饲料，或鸡患有慢性消耗性疾病、慢性腹泻及高热性疾病，维生素 B_1 消耗过多所致，此外，日粮配合不当，加工、贮存等损失部分维生素 B_1。

维生素 B_1 是鸡体内碳水化合物代谢过程中的重要辅酶，当维生素 B_1 缺乏时，糖代谢障碍，能源供应不足。由于神经组织所需能量，主要靠糖有氧氧化供给，因此极易影响神经功能，使神经机能障碍，刺激外周神经末梢，引起多发性神经炎。

维生素 B_1 还可抑制胆碱酯酶活性，维生素 B_1 缺乏时，迅速分解乙酰胆碱，从而造成胃肠蠕动缓慢，消化液分泌减少，出现食欲不振、消化不良等现象。

2. 症状

幼龄鸡发病突然，成年鸡发病缓慢。初期表现厌食，继而体重下降，羽毛松乱，脚软无力。病鸡呈下痢和贫血。严重时出现麻痹或痉挛的症状，肌肉麻痹由脚趾向上发展，直至影响腿、翅和颈部肌肉。由于颈的前部肌肉麻痹而引起头向后仰，呈典型的“观星”姿势。成年鸡呈慢性发病，开始步态不稳，鸡冠发紫，体温下降，其他症状与幼鸡相似。

3. 病理变化

患鸡肾上腺肥大，母鸡比公鸡更为明显，肾上腺皮质部损害程度大。生殖器官萎缩，公鸡睾丸比母鸡卵巢明显。胃肠壁萎缩，心肌轻度萎缩。

4. 防制

谷物和谷物的副产品是维生素 B_1 的主要来源，因此，平时多喂些富含维生素 B_1 的日粮，可以预防维生素 B_1 缺乏病。饲料受潮、发热、发霉等，维生素 B_1 可遭到破坏，所以应注意保持日粮的新鲜性、多样性。

当个体鸡发生维生素 B_1 缺乏时，可口服或肌肉注射维生素 B_1。当群体发生时，饲料中可迅速补充酵母粉和维生素 B_1，能有效地控制病情发展。

(三)维生素 B_2 缺乏症

维生素 B_2(核黄素)，对热和酸相当稳定，但易被碱和光所破坏，它是一种鸡生长发育的重要物质。当维生素 B_2 缺乏时，会影响鸡体内正常的生物氧化，以致新陈代谢障碍。

1. 症状

青年鸡体内缺乏维生素 B_2 时，其生长发育受阻，逐渐变得瘦弱，有时食欲尚好，但在 1～2 周内发生腹泻，不愿走动。雏鸡特征性的病状是足趾向内蜷曲，腿部肌肉萎缩，瘫痪，行走困难，强迫行走时，常两翅展开，以飞节着地。轻度维生素 B_2 缺乏时，随着日龄的增加可自然恢复。成鸡和种鸡维生素 B_2 缺乏时，主要表现产蛋率、孵化率降低，鸡胚水肿死亡多，死亡的胚胎或出壳的雏鸡出现脚趾蜷曲，绒毛稀少。雏鸡成活率低。

2. 病理变化

胃肠黏膜萎缩，肠壁变薄。腿部肌肉萎缩，坐骨神经和臂神经显著肿大和松软，且以坐骨神经变化明显。

3.防制

一般饲料中的维生素 B_2 含量不足，且鸡体内又不能大量贮存，所以配合日粮时，应注意经常添加，并配合其他B族维生素。两月龄以前的鸡，每千克饲料不少于3.6 mg 维生素 B_2，育成鸡应保持1.8～2.2 mg，种鸡应为2.2～3.8 mg为宜。

出现轻微缺乏症时，每千克饲料加入4 mg复合维生素B，连喂10 d，疗效理想。个体发生时，可肌注维生素 B_2 或每千克体重0.1～0.2 mg复合维生素B，对早期有一定疗效，当出现脚趾变形及一些不可复的损害时，治疗也不能消除症状。

(四)维生素D缺乏症

维生素D，为固醇类衍生物，无色晶体，性质较稳定，不易被酸、碱、热及氧化剂所破坏，维生素D中最常见的有 D_2 和 D_3 两种，D_2 又名麦角钙化醇，D_3 又名胆钙化醇。D_2 和 D_3 可分别由麦角固醇和7-脱氢胆固醇经紫外线照射而得。

维生素D在鱼肝油内含量很丰富，蛋类及哺乳动物肝脏中含量也较多，一般饲料中含量较少。维生素D的主要作用是促进肠黏膜对钙、磷的吸收作用，增加血液中钙和磷的含量，有利于钙和磷沉积于骨和牙齿。同时，维生素D具有抑制甲状旁腺的作用，增强肾小管对磷的再吸收能力，因此，维生素D是调节动物体钙、磷代谢的重要因素。当维生素D缺乏时，日粮中钙、磷不能被吸收，引起机体钙、磷代谢障碍，造成动物发生佝偻病或骨软症。

鸡发生维生素D缺乏的原因，一是饲料中缺乏维生素D或维生素D原(如动物性饲料不足)，二是动物缺乏阳光照射，动物体内的D原不能被转变为活性形式的维生素D。此外，维生素D吸收时需胆汁酸盐存在，同时也受日粮中矿物油含量的影响。因此，日粮配比不当或动物本身患有胃肠道消耗性疾病时，均可造成维生素D缺乏。

1.症状

幼龄鸡维生素D缺乏时，生长迟缓，发育不良，羽毛粗乱或生长不良。在2～3周龄间，其嘴、爪变软而易弯曲。两腿无力，行走不稳，常以跗关节着地。

产蛋母鸡，在维生素D缺乏2个月以后出现症状，初期表现产薄壳蛋和软壳蛋的数量逐渐增加。随后产蛋量显著减少，孵化率降低。产薄壳蛋和软壳蛋可能呈时好时坏的周期性变化。严重表现双腿软弱无力，呈现像企鹅蹲着的特殊姿势，有时瘫痪，不能行走。爪、喙和龙骨变软且易弯曲。肋骨变软，肋骨与椎骨结合部向内陷，肋软骨变形。

2.病理变化

维生素D缺乏的特征性变化是骨及软骨的变化和甲状旁腺的增生肿大。骨骼柔软但易折断。在肋骨与肋软骨连接处有明显的肿胀，沿肋弓呈“串球状”。胸骨弯曲。雏鸡，肋骨与脊椎连接处出现肋骨弯曲。

3.防制

鸡日粮中供给足量的维生素D和钙、磷，雏鸡和青年鸡每千克饲料维生素D含量不少于200 IU，产蛋鸡和种鸡饲料中应添加200～500 IU。同时增加运动和日光照射，可有较好的防制作用。

治疗小鸡佝偻病时，一次大剂量喂给每千克体重1.5万～2万IU维生素D，比应用大剂量的维生素D加入饲料中饲喂，效果更好。

过量维生素 D 对鸡有一定的损害作用，应用时应控制剂量。

（五）钙缺乏症

钙是鸡体生长发育及维持正常活动所不可缺少的物质。生长中的雏鸡日粮中的钙主要用于骨骼形成，成年母鸡则主要用作蛋壳的形成。钙还参与凝血过程，降低神经系统的兴奋性，和钠、钾等物质维持心脏的正常活动，同时又与保持酸碱平衡相关。

1. 病因

引起动物缺钙的原因很多，饲料中钙源不足或饲料中磷的相对过量而致钙的绝对或相对缺乏，如以谷物、豆科植物的籽实、块根等为主要饲料时，可出现高磷低钙性缺乏症。

钙在小肠前段被吸收，酸性环境促进吸收，碱性环境则抑制吸收。草酸盐、腐殖酸盐中的酸根离子，可与钙形成不溶性的钙盐而影响吸收。饲料中低蛋白含量亦可降低钙的吸收作用。

此外，饲料中维生素 D 不足或鸡体胃肠机能和肾功能障碍时，也可影响钙的吸收。

2. 症状

当生长中小鸡日粮缺钙时，常伴有维生素 D 的缺乏，雏鸡生长发育受阻，食欲不佳，由于软骨钙化不全而表现佝偻病的发生。产蛋母鸡需要大量的钙形成蛋壳，当钙缺乏时，可出现产蛋减少，蛋壳变薄，蛋表面粗糙或形状异常，产软壳蛋或无壳蛋，当时间久时，还消耗骨骼中的钙，而致出现骨骼变脆易碎，骨质疏松，有时出现自发性骨折。

3. 防制

日粮中钙的含量要考虑到饲料中影响钙吸收利用的因子，合理添加配比。雏鸡和育成鸡，每千克饲料中钙含量维持在 0.7%～1.5% 为宜，产蛋母鸡饲料中钙含量以 1.6%～3.2% 为佳。同时调整日粮中磷的比例和补充维生素 D，可预防本病发生。

（六）磷缺乏症

磷、钙和维生素 D 三者的代谢是密切相关的，钙和磷的吸收利用决定于日粮中是否存在足量的维生素 D。当维生素 D 缺乏时，生长中的小鸡骨骼中钙与磷的沉着减少，骨骼异常。

磷除对骨骼形成的作用外，磷在碳水化合物和脂肪代谢中起着重要作用，同时由它形成的盐类对保持动物体内的酸碱平衡也有重要作用。另外磷对钙的吸收及蛋的形成也是必需的。

鸡对磷的需要主要是无机磷，以产蛋母鸡需要量最高，因为蛋中含有较多的磷脂和磷蛋白，蛋壳中也有一定的磷。鸡对磷的需要，在排除干扰因子外，一般日粮中应含 0.5%～0.7%。

鸡缺磷的原因有原发性和继发性两种。原发性缺磷是由于饲料中缺磷，而饲料缺磷又是由于土壤缺磷。但土壤中磷含量不能作为可利用磷的指标。因为部分磷以不可利用的结合态存在。继发性磷缺乏主要是日粮中含有过量的钙、铁、铝等离子或维生素 D 不足，影响了磷的吸收利用所致。

磷缺乏时，由于常常和钙、维生素 D 缺乏相伴发生，其临床表现是维生素 D 和钙缺乏症的共同表现，主要以小鸡的佝偻病和成鸡的骨软症及生产力下降为特征。

在维生素 D 正常的日粮中，合理调整日粮中钙与磷的比例，较容易预防，钙、磷最适宜的比例是：雏鸡为 2.2∶1，青年鸡为 1.5∶1，产蛋鸡为 5.5∶1。在维生素 D 缺乏时，除合理调整日粮中钙磷比例外，还要适当添加维生素 D 的含量。

【案例分析】

产蛋鸡的饲养管理方案

一、禾丰公司 BP300 蛋鸡高产盈利模式

按照蛋鸡生理阶段饲养，确保性成熟前各周龄阶段体重达标、均匀度理想(Body weight & uniformity)，强化预产期营养，加强产蛋期营养调控，发挥蛋鸡生产潜力(至 72 周龄，入舍母鸡总产蛋数达 300 枚以上，Performance)和实现养殖效益最大化的有效方案，简称 BP300 高产盈利模式。

(一)预产期(16 周龄至 5%产蛋率)

预产期生殖系统快速发育，输卵管长度从 8～10 cm 长到 50～60 cm，卵巢重量从 7 g 左右迅速增加到 40 g 左右，骨腔中髓骨开始形成，是产蛋前加快体能储备的关键时期。

1. 管理目标

(1)体重增长符合品种标准，18 周龄达到目标体重(海兰褐 1 480 g)，且均匀度理想(85%以上)。

(2)适时开产，顺利进入产蛋期。

2. 生理特点

(1)生殖系统迅速发育，卵巢重量和体积迅速增加，输卵管迅速变粗、变长，耻骨逐渐开张。

(2)髓骨开始形成，钙、磷沉积加快。

(3)体能储备加快。

(4)各种营养素累积加快，肝脏、肾脏功能加强。

(5)临产母鸡出现生理性厌食现象(每日采食量比 28～72 周龄少约 8 g)。

3. 营养方案

(1)营养指标：粗蛋白质 16.5%～17%，蛋氨酸 0.4%～0.43%，赖氨酸 0.73%～0.78%，钙 1.8%～2%，有效磷 0.4%，代谢能 11.09～11.29 MJ/kg。

(2)提高预产期营养水平，确保卵巢、输卵管的充分发育，确保产蛋高峰前的体能储备；确保疫苗免疫后，抗体产生快、离散度小且达到保护值以上；合理的钙磷水平，确保钙的合理过渡和钙磷的储备，解决初产母鸡腹泻(粪便稀)和新母鸡综合征(瘫痪、软皮蛋、猝死)的问题。

(3)饲喂方案：建议使用禾丰预产期配合料(如 3335)，饲喂量 1.1～1.2 kg/只。

4. 管理方案

(1)换料　根据季节和鸡的体况发育，一般在 16 周龄或 20%鸡冠、髯开始变红时，将育成料逐渐过渡为预产料(过渡期 3～5 d)；当产蛋率达 2%～3%时，逐渐换为产蛋高峰料(过渡期 5～7 d)。

(2)光照　适时加光刺激，实现体成熟与性成熟同步化。

加光前应称重，达到目标后(海兰褐 1 480 g)开始给予光照刺激，一次加光 1 h，光照强度增加到 10 lx，否则，推后 1～2 周，待体重达标后再增加光照。

(3)称重与调整鸡群　选择固定笼位称重，计算平均体重与均匀度；调整鸡群，淘汰病、残鸡。

(二)产蛋高峰期(5%产蛋率至59周龄)

产蛋高峰期是蛋鸡生产潜力充分发挥的关键时期。是回报率最高阶段、同时也是最为脆弱阶段。

1.管理目标

(1)快速达到产蛋高峰,高峰上得高。

(2)高峰持续时间长,高峰后产蛋率下降缓慢。

(3)保持体重与产蛋率的同步增长。

(4)获得适宜的蛋重和良好的蛋壳质量。

2.生理特点

(1)激素分泌旺盛,对光照敏感。

(2)鸡只陆续开产,快速进入产蛋高峰。

(3)高峰前期营养需求高,满足体重、产蛋率、蛋重同步增加。

(4)代谢旺盛,消化能力强。

3.营养方案

(1)营养指标:粗蛋白质16%~16.5%,蛋氨酸大于0.37%,赖氨酸大于0.7%,代谢能10.87~11.29 MJ/kg。

(2)原料质量好,来源稳定,消化吸收率高;营养充足且平衡,采食量合理,料蛋比低,鸡群健康,确保高产稳产;综合考虑提高蛋壳质量的营养素,蛋壳硬度好,色泽好。

(3)饲喂方案:饲喂禾丰高档配合料(如3435S)、浓缩料或预混料。

4.管理方案

(1)换料 产蛋率达5%时,更换为高档产蛋高峰料。

建议每天下午空槽1~2 h,至少40%~50%的日粮在下午后半段时间内采食完;同时,确保水质达标,饮水充足。

(2)光照 从加光到产蛋高峰,连续刺激8次以上为宜,一般每周加光15~30 min,达到16 h后恒定,光照强度为10~20 lx。

加光期间不得随意改变光照强度。

建议使用自动光照控制系统。

(3)环境控制 保持鸡舍安静,尽可能避免各种应激。

产蛋鸡适宜温度为18~22℃,相对湿度为45%~55%。加强通风,确保空气新鲜。

(4)疫病控制 新城疫、禽流感(H_5、H_9)抗体至少每月监测一次,抗体水平低于保护值时,及时进行免疫接种。

(5)日常管理 每天至少巡视鸡群一次,观察记录鸡群精神状态、呼吸、排泄、采食、饮水情况,若发现异常,应及时查找原因,采取措施。

每周进行1~2次带鸡消毒。

(三)产蛋后期(60周龄至淘汰)

产蛋后期是生理机能逐渐衰退,生产性能持续降低的时期。

1. 管理目标

(1)延缓产蛋下降速度。

(2)减少鸡蛋破损率,保持适宜的蛋重和良好的蛋壳质量,提高鸡蛋商品率。

(3)确保下架鸡体重前提下,控制体重增长,防止脂肪过度沉积,降低死淘率。

2. 生理特点

(1)产蛋率持续降低。

(2)蛋壳质量变差,破损率增加。

(3)脂肪沉积加快。

(4)抗病力降低,死淘率增加。

3. 营养方案

(1)营养指标:粗蛋白质 15%~15.5%,蛋氨酸 0.34%~0.35%,赖氨酸 0.7%,代谢能 10.87~11.09 MJ/kg。

(2)合理设计日粮能量、蛋白质和氨基酸的营养浓度,确保产蛋率下降缓慢;调整日粮中钙、磷比例,保证蛋壳质量,提高鸡蛋商品率;加强营养性添加剂的使用,控制饲养成本,提高养殖效益。

(3)饲喂方案:饲喂禾丰产蛋后期配合料(如 3435)、浓缩料或预混料。

4. 管理方案

(1)产蛋率低于 80%,将高峰期料逐渐换成产蛋后期料。

(2)及时淘汰病鸡、低产鸡。

二、蛋鸡高产盈利模式分析

禾丰公司设计的蛋鸡高产盈利模式主要有以下特点:

(1)按照生理阶段饲养。将蛋鸡的生产周期分为预产期(16 周龄至 5%产蛋率)、产蛋高峰期(5%产蛋率至 59 周龄)、产蛋后期(60 周龄至淘汰)三个阶段进行饲养,提供相应的营养方案和管理方案,有助于性成熟前(产蛋率 5%)各周龄阶段体重达标、均匀度理想,确保产蛋阶段生产潜力发挥。

(2)强化预产期营养。预产期是生殖系统快速发育、髓骨开始形成、产前体能储备的关键时期。强化预产期营养,有助于适时达到性成熟体重和理想的均匀度,解决初产蛋鸡腹泻和新母鸡综合征的问题,确保顺利开产。

(3)加强产蛋期营养调控。产蛋期是蛋鸡生产潜力充分发挥的关键时期,也是回报率最高阶段。加强产蛋期营养调控,有助于快速达到产蛋高峰并保持高产稳产,确保实现养殖效益最大化。

该模式按照蛋鸡不同阶段的生理特点和营养需要进行分段饲养,充分发挥蛋鸡的生产潜力,提高了养殖生产效益。目前该模式已在全国各地的禾丰公司蛋鸡养殖企业和蛋鸡客户进行推广,取得了很好的应用效果,具有良好的市场推广前景。

【阅读材料】

雏鸡的断喙技术

一、方法步骤

(1)断喙器的检查 检查断喙器是否通电、刀片是否锋利等。

(2)接通电源 将断喙器预热至适宜温度(刀片呈暗桃红色)。

(3)正确握雏 左手提稳鸡的双脚、右手拇指压鸡后脑,食指按喉部。

(4)切喙 上喙切除1/2(喙端至鼻孔),下喙切除1/3,上喙比下喙略短或上下喙平齐。

(5)止血 切后将喙在刀片上烙2~3 s。

二、注意事项

(1)断喙时,上喙切除从喙尖至鼻孔1/2的部分,下喙切除从喙尖至鼻孔1/3的部分,种用小公鸡只断去喙尖,注意切勿把舌尖切去。

(2)断喙前后1~2 d内在每千克饲料中加入2 mg维生素K,在饮水中加0.1%的维生素C及适量的抗生素,有利于凝血和减少应激。

(3)断喙后2~3 d内,料槽内饲料要加得满些,以利于雏鸡采食,防止鸡喙啄到槽底,断喙后不能断水。

(4)断喙应与接种疫苗、转群等错开进行,在炎热季节应选择在凉爽时间断喙。此外,抓鸡、运鸡及操作动作要轻,不能粗暴,避免多重应激。

(5)断喙器应保持清洁,定期消毒,以防断喙时交叉感染。

(6)断喙后要仔细观察鸡群,对流血不止的鸡只,要重新烧烙止血。

【考核评价】

鸡的称重与均匀度的测定技术

一、考核题目

鸡的体重抽测和鸡群均匀度的测定方法。

二、评价标准

(1)称测数量 在进行均匀度测定时,称测种鸡的数量以从鸡群中随机抽取2%~5%(不得少于50只)的鸡只为宜。

(2)称测时间 从第4周开始直到产蛋高峰前,必须在每周同一天的同一时间进行空腹称重。每日限饲的种鸡在喂料后4~6 h称重,隔日限饲的在停饲日称重。

(3)称重设备 称重设备有多种类型可以选择,但要使用精确度可达到±20 g的设备,同一鸡群多次或反复称重必须使用同一类型的称重器。所有的称重器都需要校准并随时准备好标准的重量砝码以检测称重器是否称重准确。每次抽样称重前后都要对称重器进行校准。

(4)方法 随机在种鸡群中用捕捉围网把种鸡围住,每次围圈50~100只鸡逐只单个称重,一人抓鸡,一人称重,一人记录。为避免任何选择偏差,所有被围圈的鸡只都必须称重。如果栏内或舍内的鸡群数量超过1 000只,则必须在栏内或舍内两个不同的位置进行抽样称重。

(5)均匀度的计算方法 将所称鸡只(如50只)的单个体重相加,再除以鸡只数(如50只),

即得出抽测群的平均体重。如抽测平均体重为 1 500 g，再对这 50 只抽测鸡逐个查看体重，数出体重在抽测群平均体重±10%范围内的鸡只数，然后除以抽测数，即得出均匀度。如下式：

均匀度=(体重在抽测群平均体重±10%的鸡数)/抽测群总数×100%

如体重在抽测群平均体重±10%(1 350～1 650 g)的鸡有 40 只，则该群鸡的均匀度为 80%(40/50×100%)。

【信息链接】

1. NY/T 5038—2006 无公害食品 家禽养殖生产管理规范
2. NY/T 1337—2007 肉用家禽饲养 HACCP 管理技术规范
3. NY/T 5339—2006 无公害食品 家禽饲养兽医防疫准则
4. NY/T 828—2004 肉鸡生产性能测定技术规范
5. NY/T 33—2004 鸡饲养标准
6. NY/T 828—2004 肉鸡生产性能测定技术规范

项目六

家禽的养殖成本和效益分析

【学习目标】

了解养鸡经营方向的确定方法；掌握家禽场经营管理的方法；掌握养禽生产主要的成本项目；掌握养鸡经济效益分析的基本方法。

【学习任务】

任务1　家禽养殖的产业化经营

一、家禽场生产经营模式

近年来，随着畜牧业的发展，养禽业也获得了长足的发展。但随着市场经济的进一步推进，一些矛盾和问题逐渐暴露出来。表现在：一是分散的一家一户小规模生产经营难以适应千变万化的大市场；二是生产（饲养）领域（与加工、销售领域相比）的效益低，影响了饲养户生产积极性和收入的增加；三是分散经营的小规模饲养，不能有效吸纳科技力量和难以获得规模效益；四是产供销不能很好衔接，常常出现“买难”、“卖难”现象。家禽业产业化是适应经济发展的要求创立的新的经营模式。一体化经营是把贸易、加工、生产三个部分合为一个部门，种植、饲养、加工各个环节合为一条龙经营，使生产专业化、经营规模化、管理科学化。

家禽业产业化基本经营形式是：市场＋中介组织（企业、技术协会或经纪人等）＋农户。

其中“贸工牧”一体化，“产供销”、“种养加”一条龙是产业化经营的具体形式。“公司＋农户”是贸工牧一体化的通俗说法。从组成畜牧业产业化基本要素的关系看，市场是导向，中介组织是连接养禽场与市场的纽带和桥梁，农户（饲养户）是产业化的主体，规模化是基础。在产业化进程中，各地根据本地资源和市场优势，因地制宜，又形成了多种具体形式，可分为以下几种：

(一)按产品种类划分

(1)单一经营　只进行一个生产项目,或只生产一种产品。如孵化场只经营孵化,蛋鸡场只生产商品蛋。

(2)综合经营　如育种场不仅提供祖代种雏,也出售父母代甚至商品代种蛋与初生雏;有的大型蛋鸡场除生产商品蛋外,其自营的饲料厂也外售饲料等。

(二)按产业化经营龙头带动作用的性质划分

(1)龙头企业带动型　是指由"公司+基地+农场+农户"组成,以某一农产品加工、冷藏、运销企业为"龙头",围绕一个农业的分产业或产品,实行供应、生产、加工、销售一体化经营,形成龙头连基地、基地连农户的专业化、商品化、规范化生产经营格局。龙头企业外连国内外市场,内联农户生产经营,形成利益共享、风险共担的经济共同体。见图 6-1。

(2)主导产业、产品带动型　从"名、优、特、新"产品开发入手,对资源优势突出,经济优势明显,生产优势稳定的项目,进行重点培养,形成新的支柱产业,围绕主导产业进行产销加一体化经营。

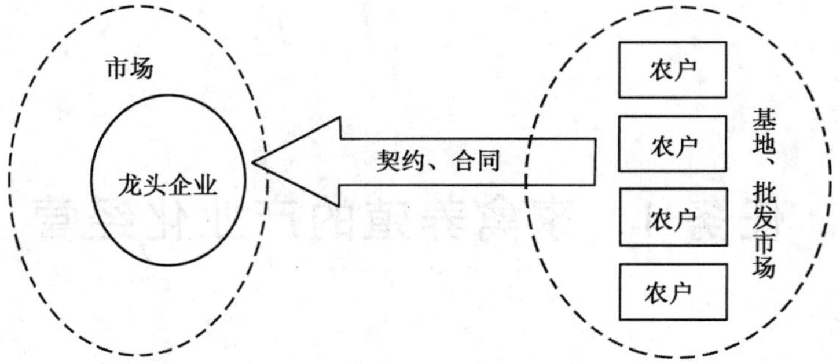

图 6-1　龙头企业带动型示意图

(3)市场牵动型　主要形式是"市场+农户",通过围绕当地优势产业,培育产品市场,提供市场信息以及生产资料,带动优势产业扩大生产规模。农户则主要以市场为窗口,及时调整产业结构,提供质量合格、数量足够的产品。从而形成产销加一条龙的生产经营体系。

(4)中介组织联动型　是以各种中介组织(包括各类农村专业合作组织、供销社、技术协会、销售协会以及农民合作社)为纽带,组织产前、产中、产后全方位服务,使众多分散的小规模生产经营者联合起来形成统一的较大规模的经营群体,实现规模效益。这种模式是对龙头企业带动型模式的改进,在发达和欠发达地区都较为普遍。见图 6-2。

(5)乡村组织推动型　也称合作社一体化模式,是指由农民成立合作社,在合作社发展壮大后成立企业实体来销售、加工合作社内部成员(和外部成员)生产的农产品,从而实现农业生产的产、加、销和贸、工、农一体化经营(图 6-3)。这种模式对合作社的投资能力要求很高。

(6)科技实体启动型　养殖专业合作社具有较强依靠科技进步促进发展的意识,积极开展多种形式的产学研合作,通过科技成果转化应用,带动养殖产业发展的经营形式。

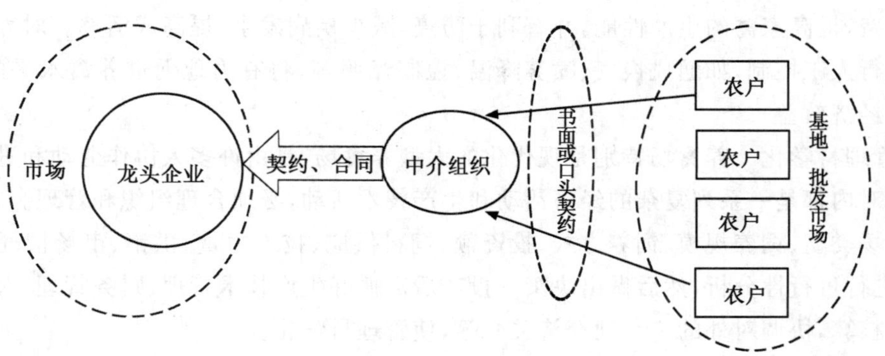

图 6-2　中介组织联动型示意图

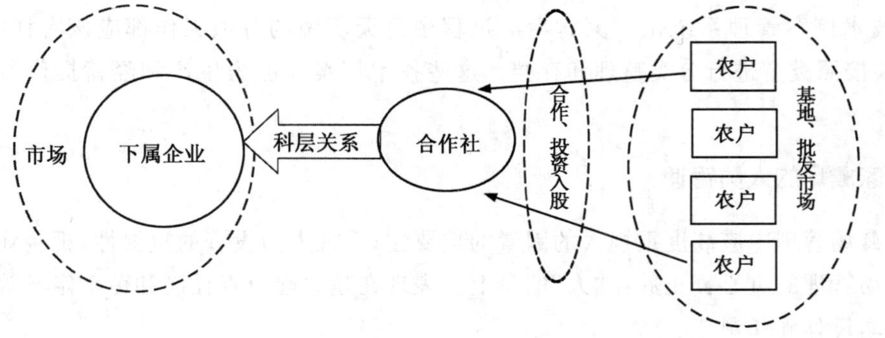

图 6-3　合作社一体化模式示意图

(7)新型专业合作社型　是指合作社以统一组织提供家禽苗、统一饲养防疫、统一培训、统一提供饲料、统一产品销售一条龙服务，实施标准化养殖、规模化运作和产业化经营。

二、家禽场经营管理的主要内容

(一)家禽场的技术管理

(1)优良品种的选择　我国养禽历史悠久，家禽的品种资源比较丰富，并培养了许多新品种、新品系。另外还从国外引进了许多优良蛋鸡、肉鸡品种。选择适应性强、市场容量大、生长速度快、产蛋率高、饲料转化率高的优良品种，对提高生产水平，取得好的经济效益有十分重要的作用。

(2)饲料全价化　饲料成本在养殖生产中约占总成本的 70%。因此，必须根据家禽的不同生物学阶段的营养需要，合理配制日粮，提高饲料利用率，降低饲料费用，这是饲养管理的中心工作之一。

(3)设备标准化　现代化养禽业的特点是高效、高产、低耗，把良种、饲料、机械、环境、防疫、管理等因素有机地辩证统一起来。因此，必须利用先进的机械，提高集约化生产水平，取得较高的经济效益。实践证明：利用先进的机械可以大幅度提高劳动生产率，节约饲料成本，减少饲料浪费，提高家禽的生产性能，并有利于防疫，减少疾病发生，提高成活率。对养禽舍内环境条件进行人工控制，如通风换气、喷雾降温、控制光照等，将有力地促进养禽水平的提高，取得更好的经济效益。

(4)管理科学化　养禽场特别是现代化的大型养禽场，是由许多人协作劳动和进行社会化的生产。对内都是一系列复杂的经济活动和生产技术活动，必须合理组织和管理。在建场时，就需对禽场类型、饲养规模、饲养方式、投资额、饲料供应、技术力量、供销、市场情况等进行深入调查，进行可行性分析，然后做出决策。投产后需抓好生产技术管理、财务管理、人员管理和加强经济核算，协调对外的一系列经济关系等，使管理科学化。

(5)防疫规范化　家禽场一般采用集约化饲养，受疫病的威胁比较严重。因此，要在加强饲养管理的基础上严格消毒防疫制度，采用“全进全出”的饲养方式，制订科学合理的免疫程序，严防传染性疾病的发生。

(6)技术档案管理系统化　家禽生产过程中每天所做的每项工作都应该有详细记录，而且，记录要按照类型进行分类整理和存档。这些技术档案能够为生产和经营提供科学的参考依据。

(二)家禽场的人员管理

在家禽场管理中应高度重视人的因素的重要性，重视人力投资的重要性，把企业经营管理特别是劳动管理的重心真正放在“人”的身上。表现在建立岗位责任制和劳动定额等方面。

1.建立岗位责任制

在禽场的生产管理中，要使每一项生产工作都有人去做，并按期做好，使每个职工各得其所，能够充分发挥主观能动性和聪明才智，需要建立联产计酬的岗位责任制。

根据各地实践，对饲养员的承包实行岗位责任制大体有如下几种方法：

(1)全承包法　饲养员停发工资及一切其他收入。每只禽按入舍计算交蛋，超出部分全部归己。育成禽、淘汰禽、饲料、禽蛋都按场内价格记账结算，经营销售由场部组织进行。

(2)超产提成承包法　这种承包方法首先保证饲养员的基本生活费收入，因为养禽生产风险很大，如鸡受到严重传染病侵袭，饲养员也无能为力。承包指标为平均先进指标，要经过很大努力才能超额完成。奖罚的比例也是合适的，奖多罚少。这种承包方法各种禽场都可以采用。

(3)有限奖励承包法　有些养禽场为防止饲养员因承包超产收入过高，可以采用按百分比奖励方法。

(4)计件工资法　养禽场有很多工种可以执行计件工资制。生产人员生产出产品，获取相应的报酬。销售人员取消工资，按销售额提成。只要指标制定恰当，就能激发工作的积极性。

(5)目标责任制　现代化养禽企业高度机械化和自动化，生产效率很高，工资水平也很高，在这种情况下采用目标责任制，按是否完成生产目标来决定薪酬。这种制度适用于私有现代化养禽企业。

建立了岗位责任制，还要通过各项记录资料的统计分析，不断进行检查，用计分方法科学计算出每一职工、每一部门、每一生产环节的工作成绩和完成任务的情况，并以此作为考核成绩及计算奖罚的依据。

2. 制定劳动定额

关于养禽场工作人员的劳动定额，应根据集约化养禽的机械化水平、管理因素、所有制形式、个人劳动报酬和各地区收入差异、劳动资源等综合因素进行考虑。

(1)影响劳动定额的因素 ①集约化程度。大型养禽场集约化程度高，专业化程度高，有利于提高劳动效率。②机械化程度。机械化主要减轻了饲养员的劳动强度。因此，机械化程度有利于提高劳动定额。③管理因素。管理科学，效率高。

(2)劳动定额 表 6-1 所列鸡场各项劳动定额，在制定本场的劳动定额时可供参考。

表 6-1 鸡场劳动定额表

工种	内容	定额/(只/人)	工作条件
肉种鸡育雏育成	平养；一次清粪。	1 800～3 000	饲料到舍，供水自动，人工取暖，或集中取暖。
肉种鸡育雏育成	笼养；经常清粪，人工取暖。	1 800～3 000	饲料到舍，供水自动，人工取暖，或集中取暖。
肉种鸡	笼养；全部手工操作，人工输精。	3 000	手工供料，自动供水。
蛋鸡 1～49 日龄	四层笼养。	3 000	自动饮水，人工饲喂，清粪。
育成鸡 50～140 日龄	三层育成笼；饲喂、清粪。	6 000	自动饮水，人工饲喂，清粪。
一段育成 1～140 日龄	笼养；平面网上。	6 000	自动饮水，机械喂料，刮粪
蛋鸡	笼养；机械喂饲、手工拣蛋。	5 000～10 000	粪场位于 200 m 以内，自动供水，机械饲喂，刮粪。
蛋种鸡	笼养（祖代减半）；饲喂、人工授精	2 000～2 500	乳头自动饮水。
孵化	孵化操作与雌雄鉴别，注射疫苗，清粪。	3 万～4 万	粪由笼下人工刮出来运走，粪场 200 m 以内。

(三)家禽场日常管理

(1)经常性检测各项生产环境指标 禽舍内的温度、湿度、通风和光照应满足家禽不同饲养阶段的需求，饲养密度要适宜，保证家禽有充足的空间，以降低禽群发生疾病的机会。只有禽舍内温度适宜、通风良好、光照适当、密度适中才能使家禽健康地生长发育。饲养人员要定时检查这些方面的舍内环境条件，发现问题，及时做出调整，避免环境应激。还需要定期检测舍内空气中的微生物的种类和数量，对舍内环境质量进行定期监测。

(2)推广"全进全出"的饲养制度 舍内饲养同一批家禽，便于统一饲喂、光照、防疫等措施的实施，提高群体生产水平，前一批出栏后，留 2～4 周的时间打扫消毒禽舍，可切断病源的循环感染，使疫病减少，死亡率降低，禽舍的利用率也高。另外，禽舍要有防鼠、防虫、防蝇等设施。

(3)卫生管理制度执行要严格 饲养员要穿工作服，并固定饲养员和各项工作程序。与生产无关的人员谢绝进入禽场生产区，饲养人员和技术人员入场前要经过洗澡间洗浴，之后消毒。入舍前要在场门口的消毒池内浸泡靴子，上料前要洗手。饲养人员不得随便串舍。严禁各舍间串用工具。

(4)保持环境安静　观察禽群健康状态,保持环境安静,减少应激的产生。

(5)减少饲料浪费　饲料要满足禽群的营养需要,减少饲料浪费。按照不同家禽不同时期的饲养标准,在饲养时科学配制饲料,用尽可能少的饲粮全面满足其营养需要,既能使家禽健康正常,也能充分发挥生产性能,以取得良好的经济效益。饲料费用占养殖总支出的60%~70%,节约饲料能明显提高养禽场的经济效益。

(6)做好生产记录　做好生产记录包括每天家禽的数量变动情况(存栏、销售、死亡、淘汰、转入等)、饲料消耗情况(每个禽舍每天的总耗料量、平均每只的耗料量、饲料类型、饲料更换等情况)、家禽的生产性能(产蛋量、产蛋率、种蛋合格率、种蛋受精率、平均体重、增重耗料比、蛋料比等)、疫苗和药物使用情况、气候环境变化情况、值班工作人员的签名。

任务2　鸡场的经营方向及饲养规模确定

养鸡场的经营方向,是指办什么类型的鸡场和养什么代次的鸡,是养父母代种鸡,还是养商品代蛋鸡。这必须根据市场需要、当地饲养条件,并兼顾市场价格、生产成本而确定。

确定经营方向的一般程序是:①充分了解行业信息,决定是否养鸡;②调查分析禽业市场行情,确定是养种鸡还是商品蛋鸡;③了解所处地理环境是否适合选择的方向;④了解本地区肉(种)鸡行业是否具备经营条件;⑤根据资金实力,确定饲养规模;⑥综合各方面情况,认真进行效益分析。在确定养鸡场的经营方向上,必须明确是搞专业化养鸡场还是综合性养鸡场。

一、鸡场的经营方向

办鸡场时,确定鸡场的经营方向是鸡场经营管理中的首要问题。鸡场的经营方向,大体上可分为专业化鸡场和综合性鸡场。

1. 专业化鸡场

专业化鸡场可分为种鸡场、肉鸡场、蛋鸡场三大类。

(1)种鸡场　种鸡场的主要任务是培养、繁殖优良鸡种,向社会提供种蛋或种雏。其中又可分为蛋用鸡种鸡场和肉用鸡种鸡场,一般一个场只能饲养一个品种。这类鸡场对养鸡业实行良种化,对提高养鸡业的生产水平有着重要作用,但这类鸡场投资大,技术要求高,通常由国家或经济技术基础好的集体单位经营,尤其是一些原种鸡场(曾祖代场)均由国家经营。

(2)肉鸡场　肉鸡场是专门饲养肉用仔鸡的商品代鸡场,为社会提供肉用鸡。这类鸡场规模可大可小,国家、集体、个人均可经营,一般饲养至49日龄均可出售,体重可达2 kg。肉鸡场可向父母代鸡场购买雏鸡或种蛋,如购入种蛋则要附设孵化厂(坊)。

(3)蛋鸡场　专门饲养商品蛋鸡,向社会提供食用商品蛋和淘汰母鸡。这类鸡场规模可大可小,国家、集体、个人均可经营,但一般饲养规模以5万~10万只为宜,太小不能产生规模效益,太大难于管理。这类鸡场多向种鸡场购进商品代雏鸡或青年鸡,但也有些鸡场饲养部分父母代种鸡,进行自繁自养。

2.综合性鸡场

综合性鸡场的特点是投资大，生产规模大，经营项目多，集约化程度高，形成供应、生产、加工、销售一体化的联合企业体系，是现代化养鸡场的代表。综合性鸡场多见于经济发达的大城市郊区。这类鸡场设有饲料厂、祖代鸡场、父母代鸡场、孵化厂、商品鸡场、屠宰加工厂，为社会提供种蛋、种雏、商品鸡、分割鸡肉，销往国内外市场。

鸡场经营方向的确定，要进行市场调查和市场预测。只有经营方向正确，产品适销对路，符合社会发展需要，鸡场才有发展前途，并从中获得利润，这也是鸡场经营决策的依据和经营成败的关键。

市场调查的内容：①鸡肉、鸡蛋、雏鸡的供求关系；②市场销售渠道、销售方法和销售价格；③产品的竞争能力；④农贸市场肉鸡、鸡蛋、种雏、商品代雏鸡的成交情况；⑤养鸡设备供应情况等。

市场预测的内容：①本地区近阶段有何资源开发，新工矿区和新城镇建设及新交通干线的通行(航)所带来的人口增长对肉鸡、鸡蛋、雏鸡需求量的变化；②近阶段国内有何新品种引进可能引起对原有品种种雏销售的冲击；③国际市场需求的变化可能造成的对肉鸡、鸡蛋及其制品出口量增减的影响；④饲料价格变化对养鸡业发展的影响等。

二、养鸡场的适度规模经营

(一)规模经营应具备的条件

养鸡场要实现规模经营，形成规模生产力，取得规模效益，其规模经营必须具备以下基本条件：

(1)规模经营单位应是自主经营、自负盈亏、自我约束和自我发展的经济实体。

(2)规模经营必须有稳定的产品产出数量，与市场紧密结合，具有较强的市场竞争力和应变力，行业的地域布局较合理。

(3)规模经营应具有进行规模生产的比较先进的技术和设备条件，适应市场经济的较先进的管理方法和手段，是较现代化的生产经营。

(4)规模经营应有较完善的社会化服务体系作保障，并且产供销、种养加、科牧贸工结合紧密，处于市场经济条件下的综合性生产经营体系之中。

(二)养鸡场“适度”规模经营的目标选择

对于舍饲养鸡场的经营，由于其可以相对独立于大耕地之外，其适度规模经营应是在各生产要素的合理组合与聚集过程中形成更高的畜牧业生产能力，从而达到提高劳动生产率和获得经济效益的双重目标；对于放牧养鸡场的适度规模经营，还要增加提高草地生产率的指标。

(三)衡量养鸡场经营规模大小的指标

(1)禽类数量　畜牧业生产经营单位不论经营何种禽类，其规模大小首先体现为家禽数量的多少。并且这一指标是最常用最直观的指标，因而也是主要的指标。

(2)投入量　即用生产资料如禽舍、饲料、禽药、机械设备等的投入量来衡量，也就是固定资产、流动资产等的投入量。这些生产资料的投入量也可用价值形态来表示，此时称为资金投入量。

(3)产出量　如产蛋量、活重、出栏活重、产肉量、出栏率及相应的产值等指标。很多情况下都可用产出总量或销售总量(或者总产值、销售总额)来衡量规模大小。

家禽只数、投入量、产出量越大，则规模越大；反之，越小。

家禽只数、投入量、产出量三者变动趋势是一致的。投入量与产出量一般地讲往往又取决于家禽只数。

(四)饲养时间

对于肉用家禽的生产，其产出量与饲养时间有密切的关系，因此，饲养时间可作为规模的一个间接衡量指标。如果说家禽只数是肉用禽规模经营的横向衡量指标，则家禽增重、活重、出栏活重、饲养时间就作为规模经营的纵向衡量指标。两者从横纵两个方面构成一个完整的缺一不可的综合衡量。

(五)适度规模经营的评价指标

经营规模是否最佳，关键在于其规模是否“适度”，规模经营是否适度，体现为其规模是否使技术和经济指标达到了最佳状态，这需要用一些指标来衡量和评价。以下指标是用以衡量“适度”与否的指标：

(1)单位产品成本　在一定条件下，最佳的规模应是此条件下的单位产品成本最低的规模。

(2)纯收入或利润　在一定条件下，纯收入最大才能说明在此条件下的规模取得了最好的经济效益。

(3)家禽的生产水平　最佳规模应是使家禽发挥最大的生产能力，使产量增加。

(4)资金利润率和成本利润率　这两个相对指标越大，说明规模的效益越好。适度规模经营的资金利润率与成本利润率应是在“一定条件下”最高的。

(5)劳动生产率　适度规模经营的劳动生产率即平均每个职工在单位劳动时间内生产的产品数量应比非适度规模经营的情况下更高。

以上几个指标既有产量方面的指标，又有效益方面的指标，它们相互联系，并反映不同侧面，从而构成评价畜牧业适度规模经营的指标体系。

(六)影响养鸡场经营规模的因素

养鸡场的“适度”规模经营，实质就是在一定条件下的养鸡场最佳规模经营。具体条件不同，相对最佳规模就不一样，要想找出在此条件下的最佳经营规模，必须首先搞清哪些因素影响经营规模。具体分析有以下几个方面：

1.内部影响因素

(1)资金状况　资金状况好坏直接影响养鸡场的规模大小。规模经营应有一定的资金保证，尤其是流动资金的保证。

(2)生产设备及防疫条件　鸡舍、机械设备等的数量及水平也是影响养鸡场规模的重要因素。先进的技术设备及防疫设施等是规模经营的重要保证。

(3)饲养方式、生产方向及不同的品种　养鸡场中鸡的饲养方式也直接影响规模大小。如采用笼养方式就比采用平养方式饲养的鸡只数量多,因而规模大。同时,生产方向不同,经营的鸡的种类不同、品种不同,规模也不同。

(4)生产单位内部的技术力量和经营管理水平　生产单位内部的科研队伍壮大,畜牧兽医技术力量雄厚,经营管理水平高,有利于扩大规模,反之,不利于扩大规模。

(5)劳动者的职业和技术素质　于生产第一线直接从事家禽饲养、饲料或产品加工、销售等的职工的技术水平和思想素质高,每个劳动者负责的家禽多,承担的工作量大,质量好,则有利于扩大经营规模,否则,不利于规模扩大。

2.外部影响因素

(1)社会化服务水平　健全发达的社会化服务,能为经营者提供良好的技术咨询、交通运输、生产资料供应、产品销售等产前、产中、产后的服务,因而,将有利于规模扩大的经营,反之,将会影响规模经营的发展。

(2)畜牧科学技术发展状况　畜牧科学技术先进,有利于大规模生产,并能进行良好的防疫,从而将有利于规模较大的经营;反之,则不利于大规模的经营。另外,当新的畜牧技术出现之后,规模较大的经营,则有利于采取较为先进的技术;规模小,则会妨碍新技术的应用。

(3)市场需求、市场竞争及畜牧业生产的集中程度　市场需求量大,将有利于生产规模扩大。规模大的企业,在市场竞争中往往处于有利地位,因而市场竞争也将促进企业经营规模扩大。畜牧业生产集中的地区,因市场竞争激烈,也会促进经营规模的扩大。

(4)信贷条件　信贷条件好,能够获得充足的资金来源,有利于促进规模的扩大;信贷条件差,则不利于规模扩大。

(5)饲料资源状况　充足、营养丰富的饲料资源是畜牧业生产的基础。饲料资源丰富,能够保证充足的饲料供应,规模可以扩大;饲料资源不足,生产经营规模就会受到影响。

任务3　家禽的生产成本及盈亏平衡分析

养禽场的生产目的是通过向社会提供禽类产品而获得利润。无论哪一个养禽场,首先要做到能够保本,即通过销售产品能保证抵偿成本。只有保住成本,才能为获得利润打好基础。所以要经常根据生产资料和生产水平了解产品的成本,算出全场盈亏和效益的高低。生产成本分析就是把养禽场为生产产品所发生的各项费用,按用途、产品进行汇总、分配,计算出产品的实际总成本和单位产品成本的过程。

一、家禽生产成本的构成

家禽生产成本一般分为固定成本和可变成本两大类。

1.固定成本

固定成本由固定资产(养禽企业的房屋、禽舍、饲养设备、运输工具、动力机械、生活设施、研究设备等)折旧费、基建贷款利息等组成,在会计账面上称为固定资金。特点是使用期长,以完整的实物形态参加多次生产过程，并可以保持其固有物质形态。随着养禽生产不断进行，其价值逐渐转入到禽产品中，并以折旧费用方式支付。固定成本除上述设备折旧费用外，还包括利息、工资、管理费用等。固定成本费用必须按时支付，即使禽场不养禽，只要这个企业还存在，都得按时支付。

2.可变成本

可变成本是养禽场在生产和流通过程中使用的资金，也称为流动资金，可变成本以货币表示。其特点是仅参加一次养禽生产过程即被全部消耗，价值全部转移到禽产品中。可变成本包括饲料、兽药、疫苗、燃料、能源、临时工工资等支出。它随生产规模、产品产量而变化。

在成本核算账目计入中，以下几项必须记入账中：工资、饲料费用、兽医防疫费、能源费、固定资产折旧费、种禽摊销费、低值易耗品费、管理费、销售费、利息。

通过成本分析可以看出，提高养禽企业的经营业绩的效果，除了市场价格这一不由企业决定的因素外，成本则应完全由企业控制。从规模化集约化养禽的生产实践看，首先应降低固定资产折旧费，尽量提高饲料费用在总成本中所占比重，提高每只禽的产蛋量、活重和降低死亡率。其次是降低料蛋价格比、料肉价格比控制总成本。

二、生产成本支出项目的内容

根据家禽生产特点，禽产品成本支出项目的内容，按生产费用的经济性质，分直接生产费用和间接生产费用两大类。

(一)直接生产费用

即直接为生产禽产品所支付的开支。具体项目如下：

(1)工资和福利费　指直接从事养禽生产人员的工资、津贴、奖金、福利等。

(2)疫病防治费　指用于禽病防治的疫苗、药品、消毒剂和检疫费、专家咨询费等。

(3)饲料费　指禽场各类禽群在生产过程中实际耗用的自产和外购的各种饲料原料、预混料、饲料添加剂和全价配合饲料等的费用，自产饲料一般按生产成本（含种植成本和加工成本）进行计算，外购的按买价加运费计算。

(4)种禽摊销费　指生产每千克蛋或每千克活重所分摊的种禽费用。

种禽摊销费(元/kg)＝(种禽原值－种禽残值)/禽只产蛋重

(5)固定资产修理费　是为保持禽舍和专用设备的完好所发生的一切维修费用，一般占年折旧费的5%～10%。

(6)固定资产折旧费　指禽舍和专用机械设备的折旧费。房屋等建筑物一般按10～15年折旧，禽场专用设备一般按5～8年折旧。

(7)燃料及动力费　指直接用于养禽生产的燃料、动力和水电费等，这些费用按实际支出的数额计算。

(8)低值易耗品费用　指低价值的工具、材料、劳保用品等易耗品的费用。

(9)其他直接费用　凡不能列入上述各项而实际已经消耗的直接费用。

(二)间接生产费用

即间接为禽产品生产或提供劳务而发生的各种费用。包括经营管理人员的工资、福利费；经营中的办公费、差旅费、运输费；季节性、修理期间的停工损失等。这些费用不能直接计入某种禽产品中，而需要采取一定的标准和方法，在养禽场内各产品之间进行分摊。

除了上两项费用外，禽产品成本还包括期间费。所谓期间费就是养禽场为组织生产经营活动发生的、不能直接归属于某种禽产品的费用。包括企业管理费、财务费和销售费用。企业管理费、销售费是指禽场为组织管理生产经营、销售活动所发生的各种费用。包括非直接生产人员的工资、办公、差旅费和各种税金、产品运输费、产品包装费、广告费等。财务费主要是贷款利息、银行及其他金融机构的手续费等。按照我国新的会计制度，期间费用不能进入成本，但是养禽场为了便于各禽群的成本核算，便于横向比较，都把各种费用列入来计算单位产品的成本。

以上项目的费用，构成禽场的生产成本。计算禽场成本就是按照成本项目进行的。产品成本项目可以反映企业产品成本的结构，通过分析考核找出降低成本的途径。

三、生产成本的计算方法

生产成本的计算是以一定的产品对象，归集、分配和计算各种物料的消耗及各种费用的过程。养禽场生产成本的计算对象一般为种蛋、种雏、肉仔禽和商品蛋等。

1.种蛋生产成本的计算

每枚种蛋成本=(种蛋生产费用-副产品价值)/入舍种禽出售种蛋数

种蛋生产费为每只入舍种禽自入舍至淘汰期间的所有费用之和，包括种禽育成费、饲料、人工、房舍与设备折旧、水电费、医药费、管理费、低值易耗品等。副产品价值包括期内淘汰禽、期末淘汰禽、禽粪等的收入。

2.种雏生产成本的计算

种雏只成本=(种蛋费+孵化生产费-副产品价值)/出售种雏数

孵化生产费包括种蛋采购费、孵化生产过程的全部费用和各种摊销费、雌雄鉴别费、疫苗注射费、雏禽发运费、销售费等。副产品价值主要是未受精蛋、毛蛋和公雏等的收入。

3.雏禽、育成禽生产成本的计算

雏禽、育成禽的生产成本按平均每只每日饲养雏禽、育成禽费用计算。

雏禽(育成禽)饲养只日成本=(期内全部饲养费-副产品价值)/期内饲养只日数

期内饲养只日数=期初只数×本期饲养日数+期内转入只数×自转入至期末日数-死淘禽只数×死淘日至期末日数

期内全部饲养费用是上述所列生产成本核算内容中9项费用之和，副产品价值是指禽粪、淘汰禽等项收入。雏禽(育成禽)饲养只日成本直接反映饲养管理的水平。饲养管理水平越高，饲养只日成本就越低。

4.肉仔鸡生产成本的计算

每千克肉仔鸡成本=(肉仔鸡生产费用-副产品价值)/出栏肉仔鸡总重(kg)

每只肉仔鸡成本=(肉仔鸡生产费用-副产品价值)/出栏肉仔鸡只数

肉仔鸡生产费用包括入舍雏鸡鸡苗费与整个饲养期其他各项费用之和,副产品价值主要是鸡粪收入。

5.商品蛋生产成本的计算

每千克禽蛋成本=(蛋禽生产费用-副产品价值)/入舍母禽总产蛋量(kg)

蛋禽生产费用指每只入舍母禽自入舍至淘汰期间的所有费用之和。

四、总成本中各项费用的大致构成

1.育成鸡的成本构成

达20周龄育成鸡总成本的构成可见表6-2。有了此表,只要知道一项开支即可推算出总成本额。例如,知道饲料费开支多少,那么只要将饲料费除以65%,即可推算出该鸡养至20周龄时的总成本。

2.鸡蛋的成本构成(表6-3)

表6-2 育成鸡(达20周龄)总成本构成

项 目	每项费用占总成本的比例/%
雏鸡费	17.5
饲料费	65.0
工资福利费	6.8
疫病防治费	2.5
燃料水电费	2.0
固定资产折旧费	3.0
维修费	0.5
低值易耗品费	0.3
其他直接费用	0.9
期间费用	1.5
合 计	100

表6-3 鸡蛋的总成本构成

项 目	每项费用占总成本的比例/%
后备鸡摊销费	16.8
饲料费	70.1
工资福利费	2.1
疫病防治费	1.2
燃料水电费	1.3
固定资产折旧费	2.8
维修费	0.4
低值易耗品费	0.4
其他直接费用	1.2
期间费用	3.7
合计	100

五、养禽场盈亏分析

(一)盈亏分析的基本原理

当总收入刚好补偿总成本时,即不盈不亏,此时的销售量或销售额称为盈亏平衡点(或称保本点)。

设 Q 为销售量，S 为销售收入，C 为总成本，F 为固定成本，V 为单位可变成本 $\left(V=\frac{C-F}{Q}\right)$，$P$ 为销售价格，在盈亏平衡点时则有：

$$Q\times P=V\times Q+F$$

$$Q=\frac{F}{P-V}$$

Q 为不盈不亏的销售量，这时的收入为：

$$S=Q\times P=P\times\frac{F}{P-V}=\frac{F}{1-V/P}$$

如果要实现利润 R，则销售量为：

$$Q'\times P=F+V\times Q'+R$$

$$Q'=\frac{F+R}{P-V}$$

同理，

$$S'=Q'\times P=\frac{F+R}{1-V/P}$$

(二)盈亏分析法应用举例

例 1　某肉鸡饲养场固定成本为 30 万元，平均每千克活鸡的可变成本为 5 元，销售价格为每千克 8 元，求盈亏平衡点的销售量及销售额和以 9 万元利润为目标的销售量及销售额。

(1)求盈亏平衡点的销售量 Q_1 及销售额 S_1：

$$Q_1=\frac{F}{P-V}=\frac{30}{8-5}=10(\text{万 kg})$$

$$S_1=Q\times P=10\times 8=80(\text{万元})$$

(2)求利润达到 9 万元的销售量 Q_2 及销售额 S_2：

$$Q_2=\frac{F+R}{P-V}=\frac{30+9}{8-5}=13\ (\text{万 kg})$$

$$S_2=Q\times P=13\times 8=104(\text{万元})$$

例 2　某种鸡饲养场年产鸡苗 100 万只，固定成本为 30 万元，每只鸡苗的可变成本为 1.2 元，求达到盈亏平衡点时鸡苗最低售价应为多少？

由 $Q\times P=V\times Q+F$ 得

$$P=\frac{F}{Q}+V=\frac{30}{100}+1.2=1.5\ (\text{元/只})$$

所以鸡苗最低售价应为 1.5 元。

(三)增加利润的途径

例 3　以上面例 1 为基础，假如该养鸡场决定将原来利润提高 25%，即由原来的 9 万元增加到 11.25 万元，问可采取哪些措施来保证实现所增加的 2.25 万元利润。

(1)可减少固定成本，计算如下：

$$F'=Q(P-V)-R'=13\times(8-5)-11.25=27.25\ (\text{万元})$$

$$\Delta F=F-F'=30-27.25=2.75(\text{万元})$$

则必须使固定成本从30万元减少到27.25万元，即降低9.17%。

(2)可减少单位可变成本，计算如下：

$$V'=P-\frac{R'+F}{Q}=8-\frac{11.25+30}{13}=4.83(\text{元})$$
$$\Delta V=V-V'=5-4.83=0.17(\text{元})$$

则必须使单位可变成本从5元降低到4.83元，即降低3.40%。

(3)可提高销售单价，计算如下：

$$P'=\frac{R'+F}{Q}+V=\frac{11.25+30}{13}+5=8.17(\text{元})$$
$$\Delta P=P'-P=8.17-8=0.17(\text{元})$$

则必须把销售单价由8元提高到8.17元，即提高2.13%。

(4)可扩大销售量，计算如下：

$$Q'=\frac{R'+F}{P-V}=\frac{11.25+30}{8-5}=13.75(\text{万 kg})$$

$$\Delta Q=Q'-Q=13.75-13=0.75(\text{万 kg})$$

则必须使销售量从13万kg增加到13.75万kg，即提高5.77%。

在现实生活中，往往不是仅从一个方面采取措施，而是从多方面，例如既从减少固定成本，又从减少单位可变成本挖掘潜力，全面降低成本还可从改进产品质量入手，通过提高销售单价或增加销售数量来实现目标利润，即采取综合措施来实现。

现又在例3基础上假设该养鸡场扩大产品销路有困难，销售价格也很难提高，因此只能从降低产品成本中找出路。经研究讨论得知通过挖掘潜力可使单位可变成本降低1.6%，问固定成本降低到什么水平才能实现目标利润。

由 $$R'=(Q+\Delta Q)\times[(P+\Delta P)-(V-\Delta V)]-(F-\Delta F)$$

得 $$\begin{aligned}\Delta \text{F} &= R'+F-Q[P-V(1-1.6\%)]\\ &=11.25+30-13\times[8-5\times(1-1.6\%)]\\ &=1.21(\text{万元})\end{aligned}$$

因此，该养鸡场为了增加2.25万元利润，除了要把单位可变成本降低1.6%以外，还须减少固定成本1.21万元。

【案例分析】

商品蛋生产成本分析

一、案例简介

某鸡场一栋半开放式鸡舍投资20 000元(预计15年折旧完)，购买配套饲养设备8 000元(预计6年折旧完)，全阶梯式三层笼养蛋鸡，采用自然通风、人工补充光照、人工拣蛋、人工清粪。转入140日龄青年蛋鸡2 000只，承包给一职工管理(年薪6 000元)。504日龄全群淘汰，全程死亡率5%，入舍母鸡平均产蛋率78%，平均蛋重59g/枚，全程平均耗料量40.5 kg/只，饲料价格1.7元/kg，防疫治疗费0.4元/只。分摊期间费用300元/年，年水电燃料费600元，转入的140日龄蛋鸡的鸡身价值15元/只，大群淘汰鸡收入8元/只，鸡粪收入1 500元。

二、案例分析

(一)生产成本构成

该鸡舍生产全程成本项目如下：

(1)工资　直接生产人员的全程工资为6 000元。

(2)饲料费

全程耗料量＝全程只均耗料量×入舍母鸡数×(1－死亡率/2)

＝40.5×2 000×(1－5%/2)

＝78 975(kg)

全程饲料费＝全程耗料量×单价＝78 975×1.7＝134 257.5(元)

注：死亡鸡只饲料消耗按一半折算。

(3)疫病防治费　0.4×2 000＝800(元)

(4)水电燃料费　全程共600元。

(5)固定资产折旧费　(20 000÷15)＋(8 000÷6)＝2 666.67(元)

(6)鸡身价值　15×2 000＝30 000(元)

(7)期间费用　全程分摊期间费300元。

(二)商品蛋生产成本计算

(1)蛋鸡生产费用　全程蛋鸡生产费用为上述(1)～(7)项成本之和。

蛋鸡生产费用＝6 000＋134 257.5＋800＋600＋2 666.67＋30 000＋300

＝174 624.17(元)

(2)副产品价值　包括淘汰鸡收入和鸡粪收入两项。

淘汰鸡收入＝8×2 000×(1－5%)＝15 200(元)

副产品价值＝15 200＋1 500＝16 700(元)

(3)入舍母鸡总产蛋量＝平均蛋重×入舍母鸡平均产蛋率×入舍母鸡数×饲养日数

＝59×78%×2 000×365

＝33 594.6(kg)

(4)每千克鸡蛋成本

$$每千克鸡蛋成本=\frac{蛋鸡生产费用-副产品价值}{入舍母鸡总产蛋量}\times 100\%$$

$$=\frac{174\ 624.17-16\ 700}{33\ 594.6}=4.70(元/kg)$$

即每千克鲜蛋成本为4.70元，说明如果市场蛋价高于4.70元/kg，鸡场就盈利；市场蛋价低于4.70元/kg，鸡场就会亏损。

【阅读材料】

家禽养殖经营面临的新形势

近来，由于美国次贷危机衍生的金融危机影响，包括美国、欧盟在内的许多国家和地区相继产生“多米诺骨牌”效应，使世界各地经济不同程度地受到波及和影响，作为社会经济的一个方面，家禽养殖业也未能幸免。面对这种新形势，家禽养殖经营者该如何实施变革以求得逆境中的发展先机呢？

一、家禽养殖经营面临的形势变化

由于席卷世界各地的金融危机影响，各地都在调整经济、金融等相关政策积极救市。当前，随着我国宏观调控力度不断加大，许多家禽养殖经营单位和经营者正面临着严峻挑战，诸如“融资难”、“销售难”、“市场差”、“风险大”等各种各样的不利因素纷至沓来，相交互织，从而催生了市场疲软、成本上升、企业竞争加剧、发展环境趋差、发展后劲乏力等新问题的出现。尤其是家禽养殖经营企业在这方面的问题更显突出，养殖用地“闸门”的严控，使新企业用地困难；物价上涨过快，使饲养原材料等养殖成本增加。这一切就相应造成了企业的生存压力加大。市场就是这样，行情好时，大小企业各得其所，行情趋坏时，为争夺市场难免相互挤压，一些中小企业势必处境艰难，有的还面临停产破产“纷纷落马”的命运。龙头企业数量少、规模小、实力弱、组织化程度低，抵御市场风险的能力不强。在当前全球金融危机的经济形势下，养殖经营者发展的困难比起 2003 年“非典”和 2004—2005 年“禽流感”的直接冲击有过之而无不及，甚至可以说是生存的压力前所未有，主要表现在以下几个方面：

(1)鸡苗和鸡肉价格暴跌　2013 年进入 10 月份以来，父母代种雏由前阶段的 25.00 元/套暴跌为 9.00 元/套左右，下跌 64%；商品雏的价格由前阶段的 3.00 元/只左右暴跌为 0.9 元/只左右，下跌 70%；毛鸡价格由 9.00 元/kg 左右暴跌为 7.00 元/kg 左右，下跌 22.22%；肉鸡出口受阻，副产品进口居高不下，使种鸡和肉鸡养殖户严重亏损。

(2)鸡肉产品消费放缓　美国次贷危机以来，世界许多国家金融机构相继发生金融危机，直接导致国内企业生产萎缩，订单减少，出口减少，企业出现停产或半停产状态，从而，严重影响社会企业团体消费对鸡肉的需求，同时给养殖企业带来直接冲击。

(3)“三聚氰胺”事件影响养鸡产业链　前阶段受“三鹿”奶粉和“大连”问题鸡蛋事件的严重影响，使肉鸡加工厂对市场前景产生恐慌而停止收鸡，导致养鸡农户“卖鸡”难，造成整个肉鸡产业链销售不畅。

(4)肉鸡生产成本增加　生产的饲料原料成本不断上涨，豆粕最高价 5 000 元/t，玉米价 2 200 元/t，磷酸氢钠高达 6 300 元/t。加上疫病导致兽药等费用的增加。另外，招工困难，社会工资上涨，进一步增加了企业劳动力成本，以前可以少支出或不支出的费用现在成了硬性指标，大大阻碍了肉鸡产业的健康有序发展。

(5)合同违约率增加　受目前市场行情影响，养殖场所订鸡苗合同不能全部兑现，有的要求取消合同，有的要求降价处理，有的要求减少进鸡数等，家禽业的生产计划被严重打乱，无奈之下把部分种鸡提前淘汰，同时把部分种雏作商品鸡苗处理，造成了一定的经济损失。另外，国际金融危机也严重挫伤了农民养鸡的积极性，有的缩小存栏数控制规模；有的清栏空棚关门闭户。显然，养禽业下一步的生产销售出现了严重的困难。

(6)资金周转困难　前几年,各养禽企业抓住机遇,调整规模,开发新产品,取得了较好的经济效益,但由于目前摊子较大,抗风险能力不强,每天生产支出费用较高,资金周转在非常时期较为困难。

(7)祖代种鸡存栏量创历史新高　近两年受肉鸡价高利好的拉动,2007 年我国祖代种鸡引种 65 万套,2008 年引种 78.3 万套,已突破历史最高水平,种鸡存栏量已达到饱和。“涨潮必有退潮时”,供求关系的改变必然导致肉鸡价格回落,这是情理之中的事。

二、当前家禽养殖经营的思路调整

(1)拓宽筹资渠道,解决“融资难”问题。产业要发展,资金是关键。资金紧缺是制约家禽养殖经营发展的重要瓶颈。近年来大部分资金都流向了城市,流向了房地产业、建材业、证券业等行业及其下游产业,而对农业产业尤其是畜牧业除国家的扶持资金外基本上是微乎其微。因此,我们要在继续积极争取财政资金、项目资金并发挥其导向作用的前提下,进一步加强招商引资工作力度,广泛吸纳民间资本、金融信贷资本及外资,还可以通过股份合作兴办实体,扩大经济收入,增强造血功能,拓宽融资渠道,形成风险共担、利益并存的多元化家禽业投资格局,从而促进家禽产业的发展。

(2)优化发展环境,解决“环境差”问题。优化发展环境主要做好两个方面的工作。一是优化投资环境,要加强政府部门各方面的工作整治,在行政审批、行政执法、行政管理等方面给家禽养殖经营者最大的便利和实惠,继续加强招商引资,引进和培育专业人才,鼓励全民创业。二是要改善服务环境。畜牧主管部门要做好调查研究,提供信息、搞好指导,推进服务质效的提高。生产部门要不断研制开发新产品,为养殖提供优质产品。加工企业要尽早与养殖农户签订收购合同,科技部门要积极做好技术服务。各部门要通力合作,共同促进家禽产业全面协调可持续发展。要大力宣传相关的法律、法规,维护家禽生产、流通秩序,为家禽业发展保驾护航。

(3)健全行业管理,解决“风险大”问题。建立养殖专业合作社是目前家禽业行之有效的行业管理措施。一方面,要集中农村各养殖大户的物资和智慧,建立家禽专业合作经济组织。同时,进一步搞好农村土地经营权的合理有序流转,向养殖大户及专业合作社集中,建立风险共担、利益均沾的经营管理机制,充分发挥行业自律和经济互补的作用,形成合力,共同防范和抵御各种市场风险,带领养殖户走共同富裕之路。另一方面,养殖企业也必须走“强强联合”之路,按照“公司＋基地＋农户”的产业化发展模式,整合资源,形成规模,增强企业核心竞争力。

(4)加强市场开发,解决“市场差”问题。市场开发方面主要搞好两大市场的建设。一是国内市场。目前国内市场对禽产品的消费需求尚不旺盛,尤其是农村市场需求始终处于原始的疲软状态,供给十分充足与需求很不旺盛的矛盾,导致禽产品消费无法维持高增长。作为家禽企业来说,一方面要搞好禽产品的消费与引导。既要宣传禽产品的营养价值与食用安全,又要强调禽肉文化的渗透。另一方面要搞好国内市场开发。国内市场体系尚不健全,大型禽产品批发市场少而不规范,尤其是农村市场开发潜力巨大。所以必须从思想上、战略上、行动上重视大型家禽产品市场建设和农村市场建设,形成系统的市场开发行动方案,通过宣传引导,实现扩大内需,培育壮大禽产品市场。二是国际市场。要在稳定现有市场的条件下,努力开拓新兴禽产品出口市场,选择和开发多国市场、多地区市场,把产品做到多个国家、多个地区,以减少相对集中的个别市场波动给家禽产品市场带来的影响,减少出口禽产品对单一市场的依存度。

(5)强化健康养殖,解决“质量劣”问题。禽产品质量是禽产品的生命线,相对来说,也是养殖经营者的生命线。近年来我国家禽业整体素质不断提高,但小规模分散式的经营方式仍占主体,标准化、集约化加工生产的要求与传统分散的养殖生产之间的矛盾比较突出。在全国禽产品质量稳步提升的大趋势下,当前禽产品质量安全仍存在不少隐患,禽产品市场尤其是国际贸易仍面临质量安全因素不稳定的巨大压力。家禽企业或经营者应按照国家规定的相关标准,建立自身的质量保证体系,管好生产、加工、流通、销售等各个环节,着重加强投入品的使用与管理,确保从"基地到餐桌"的全程监控,确保产品的健康和产业的健康。

(6)创新营销策略,解决"卖鸡难"问题。养殖者,既要埋头养鸡,又要抬头看市,要善于掌握信息,抓住商机,随机应变,化难为易。销售方式可以上门配送、连锁经营、超市经营、订单销售、网上销售等。对于养殖企业来说,还应该搞好品牌建设,通过无公害、绿色或有机食品认证,扩大产品的知名度,创立自己的养殖品牌,提高企业的效益。

三、促进养禽业健康可持续发展的对策措施

肉鸡业在整个养殖业乃至大农业范畴中产业化程度最高,带动相关产业最多,是出口创汇最大的一个产业,具有生产周期短,饲料转化率高,经济效益显著等特点,它比其他畜牧产业,特别是比传统的种植业更能体现农民增收、农业增效、企业赢利。它带动了养殖业、饲料业、兽药和生物制品、运输业、餐饮业、加工业等相关行业的快速发展,但肉鸡养殖业有着不同于工业企业的特殊市场风险和疫情风险。一是由于产品为活禽或禽蛋,必须尽快销售。二是行情好坏具有不可预测性。还有受国际贸易、相关商品的进出口和走私、国内饲料原料供应、疫情等因素的影响较大,因此,建议为家禽养殖龙头企业在政策上给予倾斜和扶持。

(1)对列入国家八部委认定的"农业产业化国家重点龙头企业"给予政策支持。就养殖企业而言,现在普遍免征企业所得税,这对原先只有国家级农业龙头企业享受的政策一下子放开了,不利于体现扶优、扶强、扶大,建议国家对列入考核的国家龙头企业制定扶助政策,以帮助养殖业集团化经营、标准化生产、外向化拓展、国际化接轨。对于一些对当地经济带动作用较大,能显著提高农民收益的企业,在龙头企业专项资金中予以优先扶持;对培养地方家禽品种,提升产业品牌竞争优势的龙头企业在国家有关项目中予以优先立项;对家禽用饲料粮,粮食部门给予政策倾斜,以提升龙头企业的竞争优势。

(2)平稳市场,进行总量控制。近几年来,我国的养禽业虽然取得了长足的进步,但是,市场大起大落的现象时有发生。有些企业由于承受不了市场大幅波动而退出养禽行业,得以生存的企业也因为市场的异常波动影响了正常的经营活动。为了避免这一现象,建议农业部对行业发展应有整体规划。畜牧主管部门和行业协会要从源头上控制祖代种鸡的进口规模,敦促在养祖代种鸡准时淘汰,杜绝超龄服役。同时适度提高祖代种鸡企业准入门槛,确保父母代种鸡的数量和质量都能满足市场需求。

(3)建立农业保险和风险基金,抵御市场风险。农业是弱势产业,农民是弱势群体。当前我国农业保险基本上还处于空白状态,农业面临着市场和疫病两大风险。而当风险发生时,除了国家和地方对突发事件有一定补偿外,基本上都是农民自我承担。农业龙头企业虽然可以对农民给予一定的扶持,但毕竟能力有限,因此不能作为农业保险的主体。建议国家对农业保险予以立法,组织各商业保险企业承担此项重任。国家也应当在财力上对参保企业和个人予以必要的财政扶持。

(4)进一步加强活禽交易管理。当前,我国城乡市场活禽交易相当普遍,但又缺乏严格的管理措施，给禽流感等重大疫病的发生和传播提供了可乘之机。建议国家在保留传统活禽交易的前提下，从加强畜禽产地检疫入手，强化各个环节上的管理，严格把好生产、流通、加工等环节上的关口，堵死一切传播疫病的漏洞，并建立相应的产品质量追溯制度，以确保产品流通的安全、可靠。

(5)进一步加大畜禽废弃物的无害化处理。畜禽粪便和病死尸体污染是造成农村环境恶化的主要原因。要把治理畜禽废弃物污染作为新农村建设的一大重点加以突破。建议国家对畜禽粪便无害化处理、实施生物沼气工程等项目给予重点支持，并鼓励和引导单位、个人加大投入，政府可根据投入治理的资金额度和实际治污绩效，给予一定的资金补助，以进一步改善农村人居环境，促进农业可持续发展，推动社会主义新农村建设。

(6)关于倡导畜禽集约化、小区化生产问题。鉴于当前农村畜禽生产仍以庭院经营为主，不利于疾病防控和安全食品生产的现状，建议政府将推广畜禽规模化、集约化、小区化生产作为新农村建设的一个重要任务来抓，在舆论导向和资金扶持上向这方面倾斜，以全面提高我国畜禽健康养殖水平和产品质量安全，并充分利用各类资源，加快节能型社会的建设。

【考核评价】

养鸡毛利润分析

一、考核题目

根据某蛋鸡场的财务记录资料(表 6-4)，一批鸡为 10 000 只，饲养周期为 5 00 d，进行毛利润分析。

表 6-4 某蛋鸡场财务资料

项目	金额
1.销售收入	
鸡蛋销售量	160 000 kg
鸡蛋价格	8.60 元/kg
粪便销售收入	14 000 元
淘汰鸡收入(10 000×19.5 元/只)	195 000 元
2.可变成本	
购买鸡数量	11 000 只
雏鸡单价	4.00/只
饲料喂量(50 kg/(只·周期)，10 000 只鸡)	500 000 kg
饲料价格	2.50 元/kg
防疫医药费(1.00 元/(只·周期)，11 000 只鸡)	11 000 元
兽医费用(2.00 元/(只·周期)，10 000 只鸡)	20 000 元
其他开支(0.50 元/(只·周期)，10 000 只鸡)	5 000 元

二、评价标准

毛利润分析，见表 6-5。

表 6-5 蛋鸡生产毛利润分析

项目	金额
1. 销售收入	
鸡蛋销售量	160 000 kg
鸡蛋价格	8.60 元/kg
鸡蛋销售收入	1 376 000 元
粪便销售收入	14 000 元
淘汰鸡收入(10 000×19.5 元/只)	195 000 元
2. 可变成本	
购买鸡数量	11 000 只
雏鸡单价	4.00/只
购鸡费用	44 000 元
饲料喂量(50 kg/(只·周期),10 000 只鸡)	500 000 kg
饲料价格	2.50 元/kg
饲料费用	1 250 000 元
防疫医药费(1.00 元/(只·周期),11 000 只鸡)	11 000 元
兽医费用(2.00 元/(只·周期),10 000 只鸡)	20 000 元
其他开支(0.50 元/(只·周期),10 000 只鸡)	5 000 元
可变成本合计	1 330 000 元
3. 毛利润	255 000 元

由毛利润分析可知,1 万只蛋鸡在 500 d 饲养周期内,可获毛利 25.5 万元。

毛利润分析法还表明,几对变项之间存在着一定的灵敏性,当对某一变项作细小的调整时,其最终数据的变化幅度极大,远远超过调整另一个变项所产生的影响,这可从实际毛利润上得到反映。毛利润对精饲料价格和鸡蛋产量的关系反应灵敏,而对饲料喂量与鸡蛋价格的关系不灵敏。比如说,科学配比的鸡饲料,其价格如果每千克降低 0.01 元,1 万只鸡 500 d 内可减少 5 000 元的投入(500 000 kg 饲料×0.01 元/kg);如果每只鸡在 500 d 内通过技术手段多产 0.1 kg 蛋,其毛利润增加 8 600 元(10 000 只鸡×0.1 kg 鸡蛋×8.60 元/kg),调整这两个变项有较高的可操作性。如果给鸡减少饲料喂量来降低投入达到增加毛利润的目的,是不可取的,减少饲料喂量必然降低鸡蛋产量,影响养殖效益;如果增大饲料喂量来提高产蛋量,鸡的消化道有一定的容积,采食量又受到限制,反而要造成饲料浪费。再说鸡蛋价格,它受市场调节而不受人为控制,要调整此项是不可能的。因此,在实际生产中,要尽量调整可操作性高的相关项目,以获得较高的效益。

【信息链接】

1. DB11/T 203.3—2003 农业企业标准体系养殖业标准体系的构成和要求第 3 部分工作标准体系

2. 财政部【2004】5 号农业企业会计核算办法——生物资产和农产品

3. 财政部【2004】5 号农业企业会计核算办法——社会性收支

4. GB/T 20014.10—2008 良好农业规范第 10 部分:家禽控制点与符合性规范

参考文献

[1] 赵聘,黄炎坤.家禽生产技术.北京:中国农业大学出版社,2011.
[2] 杨宁.现代养鸡生产.北京:中国农业大学出版社,1994.
[3] 周勤宣.中外养禽新技术全集.南京:江苏省家禽科学研究所,1993.
[4] 杨慧芳.养禽与禽病防治.北京:中国农业出版社,2006.
[5] 史延平,赵月平.家禽生产技术.北京:化学工业出版社,2009.
[6] 邱祥聘.家禽学.3版.成都:四川科学技术出版社,1993.
[7] 黄炎坤,韩占兵. 蛋鸡标准化生产技术.北京:金盾出版社,2006.
[8] 李如治.家畜环境卫生学.北京:中国农业出版社,2003.
[9] 李震钟.畜牧场生产工艺与畜舍设计.北京:中国农业出版社,2000.
[10] 蔡长霞.畜禽环境卫生.北京:中国农业出版社,2006.
[11] 靳胜福.畜牧业经济与管理.2版.北京:中国农业出版社,2008.
[12] 张力,杨孝列.动物营养与饲料.北京:中国农业大学出版社,2007.
[13] 豆卫.禽生产.北京:中国农业出版社,2001.
[14] 中国饲料数据库.中国饲料成分及营养价值表2008年第19版.中国饲料,2008.
[15] 杨山.现代养鸡.北京:中国农业出版社,2002.